Günter Faltin
Kopf schlägt Kapital

Günter Faltin

Kopf schlägt Kapital

Die ganz andere Art,
ein Unternehmen zu gründen

Von der Lust, ein Entrepreneur zu sein

HANSER

Bibliografische Information der Deutschen Nationalbibliothek
Die Deutsche Nationalbibliothek verzeichnet diese Publikation in der
Deutschen Nationalbibliografie; detaillierte bibliografische Daten sind
im Internet über http://dnb.d-nb.de abrufbar.

10   13   12

© 2008 Carl Hanser Verlag München
Internet: http://www.hanser.de
Lektorat: Martin Janik
Herstellung: Ursula Barche
Umschlaggestaltung: Büro plan.it, München, unter Verwendung eines
Bildmotivs von © Mikael Damkier-Fotolia
Satz: Presse- und Verlagsservice, Erding
Druck und Bindung: Friedrich Pustet, Regensburg
Printed in Germany

ISBN 978-3-446-41564-5

„Wirtschaften ist etwas viel zu Wichtiges,
als dass wir es allein den Ökonomen
überlassen sollten."

frei nach Otto v. Bismarck

Vorwort zur 10. Auflage

Heute hat jeder hat das Potenzial zum Gründer

Es stimmt nicht, dass Sie zum Unternehmer geboren sein müssen. Es stimmt nicht, dass Sie zwölf bis 14 Stunden am Tag arbeiten müssen, dass Sie ein Patent und viel Kapital brauchen. Es stimmt nicht, dass Sie detaillierte Kenntnisse der Betriebswirtschaftslehre, der Rechtsfragen, des Marketings oder der Finanzierung benötigen. Ich sage das nicht einfach leichtfertig dahin, sondern mit der Erfahrung und der Überzeugung aus 30 Jahren Beschäftigung mit dem Gründungsthema.

Wir leben im 21. Jahrhundert. Die Institutionen der Gründerberatung stammen aus dem 20. Jahrhundert. Die Vorstellungen, wie man gründet, stammen im Kern aus dem 19. Jahrhundert.

Was Sie wirklich brauchen, ist ein durchdachtes und ausgereiftes Konzept. Einfälle und Ideen gibt es viele, gute Gründungskonzepte dagegen sind ausgesprochen rar. Darin liegt der Engpass – nicht in fehlenden betriebswirtschaftlichen Kenntnissen oder dem Mangel an Kapital.

Ja, mit einem Einfall fängt es an. Man recherchiert, arbeitet an der Idee, brütet darüber. Sie wächst, gewinnt an Tiefe und an Umfang. Die Konturen eines Konzepts entstehen. Man verwirft, entwirft neu, erlebt Durchbrüche, Rückschläge, vermeintliche und echte Barrieren. Schiebt Teile des Konzepts hin und her, wie in einem Puzzle, bis sie – irgendwann – zur Passung gebracht werden.

Um die Energie aufzubringen, die wir brauchen, gute Konzepte zu erarbeiten, müssen wir an unseren Stärken ansetzen, nicht an unseren Schwächen. Daher muss das Konzept zu Ihrer Person passen. Muss mit Ihnen stimmig sein, mit Ihren Fähigkeiten und Werten übereinstimmen. Nur so bringen Sie die Kraft und das Durchhaltevermögen auf, ein tragfähiges Konzept zur Reife zu bringen und auch gegen Widerstände durchzusetzen.

Drei Schritte müssen Sie gehen:

- Entrepreneurship nicht länger mit Business Administration gleichsetzen. (Das ist der leichteste Schritt.)
- Eine Ausgangsidee finden, daran arbeiten, noch mehr daran arbeiten, so lange, bis Sie ein Ideenkonzept haben, das deutlich überzeugender ist als die Konventionen, die Sie vorfinden. (Das ist der schwierigste Schritt.)
- Mit bereits vorhandenen Komponenten gründen, statt alles selbst im eigenen Unternehmen aufzubauen. (Das ist der Schritt, der Sie von Kapital fast unabhängig macht.)

Unsere Gesellschaft braucht unternehmerische Konzepte, die auf die Probleme unserer Zeit antworten: mit ökonomischer, ökologischer und künstlerischer Fantasie. Entrepreneurship bietet die Chance, mit unkonventionellen Ideen und Sichtweisen zu arbeiten und gerade damit erfolgreich am Wirtschaftsleben teilzuhaben.

Die Zeit ist reif. Wir befinden uns in einer historisch einmaligen Situation. Noch nie waren die Voraussetzungen so günstig und die Mittel für jedermann so zugänglich wie heute. Eigenes unternehmerisches Handeln wird zur Perspektive für eine ganze Generation werden.

Werden Sie Entrepreneur.
Es gibt keine bessere Alternative.

Günter Faltin

Inhalt

Vorwort zur 10. Auflage VII

1 Einleitung 1

    1.1   Eigentlich muss man verrückt sein 2
    1.2   Faszination Ökonomie 3

2 Fallstudie Teekampagne 5

    2.1   Die Entstehungsgeschichte der Idee 5
    2.2   Ökonomisch vernünftig handeln 7
    2.3   Funktion statt Konvention 7
    2.4   „Keine Ahnung von der Praxis" 8
    2.5   Wie das Ganze finanzieren? 10
    2.6   Ein gutes Konzept eröffnet viele
           Möglichkeiten 11
    2.7   Der Hauptaspekt gerät in den Hintergrund 13
    2.8   Die Qualität der Idee gibt den Ausschlag 14

3 Konzept-kreative Gründungen 19

    3.1   Olivenöl 19
    3.2   Das konventionelle Büro neu denken 20
    3.3   RatioDrink 22
    3.4   Direkt zur Kanzlerin 25

**4 Stiefkind Konzept – Es lohnt,
an der Idee zu arbeiten** 29

    4.1   Es geht nicht um flüchtige
           Ideen oder Einfälle 29
    4.2   Ein eigenes Ideenkonzept entwickeln 34
    4.3   Erfindung und Innovation unterscheiden 35
    4.4   Entrepreneurship von Business
           Administration unterscheiden 37

4.5   Patente oder neue Technologien
      sind nur Rohmaterial   40
4.6   Was ein gutes unternehmerisches
      Konzept leisten muss   44
4.7   Am Puzzle arbeiten   49
4.8   Ein Ideenkunstwerk schaffen   52
4.9   Wer das Prinzip verstanden hat,
      kann viele Unternehmen gründen   55
4.10 Erfolgreiche Unternehmen entstehen
      im Kopf   58

5   Der Überforderungsfalle entgehen   65

5.1   Der Unternehmer als Alleskönner – Warum
      wir diesen Zopf abschneiden müssen   65
5.2   Wissen um die eigene Unwissenheit oder:
      Die Kunst des Beurteilens und
      Kooperierens   69
5.3   Wo die Gründungsberatung versagt –
      Das Beispiel der Künstlerin
      Dorothee   73
5.4   „Selbständig sein heißt, alles selbst zu
      machen und das ständig"   74
5.5   Einfachste kaufmännische Prinzipien
      befolgen   80
5.6   Andersartigen Konzepten Raum lassen   82
5.7   Das Abenteuerrestaurant   83
      5.7.1 Entrepreneurship und
             politisches Dogma   84
      5.7.2 Lernen außerhalb von Schule   85
      5.7.3 Die Idee   86
      5.7.4 Die Flausen ausgetrieben   88

6   Gründen aus Komponenten   91

6.1   Gründen live   91
6.2   Komponenten einsetzen   94
      6.2.1 Unternehmen mit Flügeln   95

6.2.2 Ein Beispiel 97
6.2.3 Unternehmen als Ideengebilde 100
6.3 Wachstumskrisen den Boden entziehen 101
6.4 „Embedded Knowledge"
(eingebettetes Wissen) nutzen 104

7 Im Konzert der Großen mitspielen 109

7.1 Können Sie sich vorstellen, eine
Industrieanlage zu bauen? 109
7.2 Leistungspakete einkaufen 110
7.3 Komponieren Sie Ihr Unternehmen 111
7.4 Ein Beispiel: Wie man Zahnbürsten
preiswerter macht 115
7.5 Fehlt es an Kapital? 118
7.6 Persönlichkeit statt Anonymität 121
7.7 Haben Sie selbst Lust auf eine kleine
Unternehmung bekommen? 123
7.8 Marktführer über Nacht 127
7.9 Ein Unternehmen zum Mitmachen –
Die CO_2-Kampagne 129
7.10 Gründen – noch während
der Festanstellung 132

8 Wie Sie Ihr eigenes High-Potential-Konzept
erarbeiten – Das Labor für
Entrepreneurship 135

8.1 Die Idee „öffnen" 137
8.1.1 Herausfinden, was den Gründer
wirklich bewegt 140
8.1.2 Neue Sichtachsen ausprobieren 141
8.2 Sieben Techniken zur Ausarbeitung
eines Entrepreneurial Design 144
8.2.1 Potenzial in Vorhandenem
entdecken 146
8.2.2 Funktion statt Konvention 147
8.2.3 Vorhandenes neu kombinieren 149

8.2.4 Mehr als nur eine Funktion erfüllen ... 150
8.2.5 Probleme als Chance verstehen 152
8.2.6 Arbeit in Spaß und Unterhaltung
       verwandeln 154
8.2.7 Visionen Wirklichkeit werden
       lassen 155

8.3 Über den Sinn und Unsinn von
     Businessplänen 156
8.4 ... und wie kann ich auf meine Gründung
     aufmerksam machen? 159
8.4.1 Von null auf eins 159
8.4.2 Wir sind die Marken 162
8.4.3 Lust an der Inszenierung 165
8.4.4 ... aber es geht auch ohne 168
8.5 Die Flaschenbaustein-Idee 169

9 Entrepreneurship als Herausforderung 173

9.1 Setzen Sie sich für ein Anliegen ein –
     Go for a cause 175
9.2 Mythos Gewinnmaximierung 176
9.3 Social Entrepreneurship 178
9.4 Muss man zum Entrepreneur geboren sein? ... 185
9.4.1 „Viel zu schwierig?" 186
9.4.2 Nicht die Ressource, sondern
       das Konzept gibt den Ausschlag 189
9.5 Entrepreneure braucht das Land 191
9.6 Entrepreneurship ist Abenteuerurlaub 193
9.7 Die Person rückt in den Mittelpunkt 196
9.8 Grundprinzip menschlichen
     Gestaltungswillens: Effizienz 200
9.9 Aktiv am Marktgeschehen
     teilnehmen 202
9.10 „Ein leerer Sack kann nicht aufrecht
     stehen" – Die zweite Stufe der
     Aufklärung zünden 203

**10 Von Denkgewohnheiten Abschied nehmen –
Aus der Vergangenheit nicht auf die
Zukunft schließen** 207

10.1 Was tun, wenn die ökonomische Basis
wegbricht? – Das Beispiel Manaus,
Brasilien 208

10.2 Wir brauchen innovative Gründungen 213

10.3 ... aber es muss nicht immer Hightech sein ... 214

10.4 Initialzündung im Ideenraum –
cultural entrepreneurship 217

10.5 Bereitet unser Bildungssystem auf
Entrepreneurship vor? 221

10.6 Ist der Unternehmensgeist ausgewandert? ... 224

10.7 Declaration of Independence 227

11 Aufforderung zum Tanz 231

Anhang 235

Jeder kann Entrepreneur werden
Interview mit Professor Muhammad Yunus (Auszug) ... 235

Anmerkungen 239

Literaturverzeichnis 245

Der Autor 250

Dank 252

1 Einleitung

„Viele Wege führen nach Rom."

Dieser Satz aus der Antike gilt auch für die Wege, ein Unternehmen zu gründen. Aber nicht alle Wege sind gleich. Manche scheinen eng, geheimnisvoll; andere klar und offen. Beschwerlich, mit harter Arbeit verbunden, seien sie alle – so heißt es.

Auffallend ist, dass Sie unterwegs viele Berater treffen, die vorgeben, den Weg zu kennen, ohne ihn selbst gegangen zu sein. Noch auffallender ist, dass Sie bei näherem Hinsehen den Hauptweg verschlossen finden. Wer von uns Normalmenschen verfügt schon über ein technisches Patent, ein Forschungsergebnis oder viel Kapital?

Das vorliegende Buch beschreibt einen bislang wenig erkannten Weg – einen Weg, der mehr mit Ideen und ihrer Entwicklung zu tun hat als mit Forschung und Hightech –, der sich nicht vorrangig mit kaufmännischen Techniken und Kapitalsuche beschäftigt. Einen zeitgemäßeren Weg, so könnte man sagen, der moderne, jedermann zugängliche wirtschaftliche Instrumente als Komponenten einsetzt und damit den Bereich des Unternehmerischen viel mehr Menschen zugänglich macht, als es heute der Fall ist. Ein Weg, der die Unternehmerfigur dem Künstler und Komponisten ähnlicher werden lässt als dem klassischen Unternehmer und Manager. Es ist ein Weg, den der Verfasser selbst gegangen ist und aus eigener Erfahrung beschreibt.

Auch nach Rom kann man heutzutage unbeschwerlicher und preiswerter gelangen als je zuvor.

1.1 Eigentlich muss man verrückt sein

Eigentlich muss man verrückt sein, wenn man Unternehmer
werden will: Zwölf bis 14 Stunden pro Tag müsse man arbeiten, kein Urlaub in den nächsten Jahren, wenig oder kein
Privatleben mehr. Man riskiert, Freunde oder Partner an weniger gestresste Menschen zu verlieren. Morgens im Büro der
Erste, und abends der Letzte. Von Buchhaltung sollen Sie was
verstehen und von Bilanz. Vom Steuerrecht müssen Sie Ahnung haben, vom Unternehmensrecht, vom Arbeitsrecht, aber
auch vom Vertragsrecht. Personal sollen Sie führen können.
Und auch mit den Finanzinstitutionen sprechen und geschickt
verhandeln. Natürlich müssen Sie gutes Marketing betreiben,
Ihren Laden instand halten und scharf kalkulieren. Risiken
kommen auf Sie zu, und zwar zuhauf. Überhaupt: Ihre Überlebenswahrscheinlichkeit im Markt liegt bei weniger als 50
Prozent. Manche Studien sagen, dass sogar 80 Prozent der
Gründer spätestens nach fünf Jahren gescheitert sind. In Aussicht steht also ein Bankrott – jedenfalls statistisch – für all
die wahnsinnigen Mühen, die eben aufgezählt wurden. Um
es im Klartext zu sagen: In unserer Gesellschaft und bei dem
hohen Niveau von sozialstaatlicher Fürsorge, das wir erreicht
haben, muss jemand eigentlich verrückt sein, wenn er ein
eigenes Unternehmen gründet.

Nun gibt es in einer Gesellschaft immer auch Menschen,
die nicht nur aus dem Mainstream ausscheren, sondern eine
Extremkategorie bilden: alpine Bergsteiger, die enorme Risiken auf sich nehmen; Rennfahrer, Stuntmen, Ballonfahrer à
la Virgin-Gründer Richard Branson, Bungee-Jumper, Marathonläufer, Trapezkünstler. Um in diesem Bild zu bleiben:
Unternehmensgründer fallen in unserer Gesellschaft offensichtlich in die Kategorie solcher Sonderexistenzen. Der
Gründer: Typ „Extremsportler mit masochistischem Einschlag"?

Doch unsere Gesellschaft braucht Gründer. Und nicht
nur einige wenige, sondern möglichst viele. Eine Art Volks-

Entrepreneurship. Müssen wir dann das Gründen nicht ganz anders angehen, als dies bisher der Fall ist? Die folgenden Kapitel dieses Buches schildern Wege, aus der Malaise herauszukommen. Viele Vorstellungen, die heute noch das Gros der Gründerberatung ausmachen, kann man einfach abschneiden wie einen alten Zopf. Wir brauchen eine radikale Umorientierung. Zum Glück kommen viele Entwicklungen der modernen Wirtschaft unserem Bestreben entgegen.

1.2 Faszination Ökonomie

Schon auf der Schule las ich gern von Henry Ford, Andrew Carnegie oder Joseph Schumpeter. Nicht als Unterrichtsstoff, sondern unter der Bank. Die Beschäftigung mit Ökonomie galt zu meiner Zeit als etwas Anrüchiges, ja Unanständiges. Dabei konnte ich mir kaum etwas Spannenderes und Lehrreicheres vorstellen. Ich wurde zum Sparen erzogen. Mein erstes selbst verdientes Geld gab ich nicht aus, sondern legte es in Aktien an. Meine Eltern waren entsetzt, ebenso meine Lehrer.

Klar, dass ich Ökonomie studierte. Zu meiner Überraschung erwies sich das Gebiet, das mir als so interessant und spannend erschien, an der Universität als trocken und langweilig. Was ich als höchst lebendig erfahren hatte, war in der wissenschaftlichen Darstellung nur mehr ein Leichnam, der seziert wurde. Nun fängt man ja auch im Medizinstudium im Anatomiesaal an, kommt dann aber irgendwann zum lebendigen Menschen. Darauf wartete ich im Ökonomiestudium vergeblich. Die faszinierende Figur des Unternehmers, wie ich sie bei Schumpeter kennengelernt hatte, war durch das Postulat der Gewinnmaximierung ersetzt worden. Als Student der Ökonomie beschäftigt man sich daher hauptsächlich mit Mathematik und abstrakten Modellen. Ich brachte diese Art von Wissenschaft schnell hinter mich. Ohne Examensdruck beschäftigte ich mich fortan aber umso intensiver damit, ob es denn sein muss, dass ein so faszinierendes

Feld wie Ökonomie durch diese Form von Verwissenschaftlichung zum leblosen Objekt wird.

Würde es jemandem einfallen, etwa Sport so zu lehren, dass nur noch das Interesse der Beteiligten, zu gewinnen, analysiert wird? Und dies mit mathematischen Formeln? So, dass im Sportunterricht nicht mehr Wettkampf stattfindet, etwa Handball gespielt wird, sondern nur noch Mathematik? Sie lachen? Was über den Wettkampf der Unternehmen gelehrt wird, ist genau dies: Ausgehend von der Gewinnmaximierungsannahme rücken das Formelhafte, rücken mathematische Modelle in den Vordergrund. Die Begegnung mit dem lebendigen Gegenstand in der Realität findet kaum mehr statt. Ökonomie wird zu Marketing, Finanzierung, Organisation, Buchhaltung und Rechnungswesen. Der Körper wird seziert. Auch andersartige Motive oder die Eigenschaften der beteiligten Personen kommen nicht mehr vor.

Die ausschließliche Betrachtung der Ökonomie unter einem einzigen Gesichtspunkt verkürzt den Gegenstand. Es geht hier nicht darum, ob das Gewinnmaximierungspostulat oder mathematische Formulierungen gut oder schlecht sind. Hier interessiert nur das (ungewollte) Ergebnis, dass die Faszination für das gesellschaftlich so wichtige Gebiet der Ökonomie nicht nur den meisten Studenten abhandenkommt, sondern auch vielen Menschen, die sich in ihm betätigen möchten.

Nun kommt es ja im Leben nicht selten vor, dass jemand gerade in den Bereich berufen wird, den er vorher scharf kritisiert hat. Als ich wenige Jahre später einen Ruf als Hochschullehrer erhielt, schwor ich mir, Ökonomie anders zu lehren. Wie besser könnte man dies tun, als am Beispiel einer Unternehmensgründung?

Ich, Unternehmer werden? Der Satz ging mir damals nur schwer über die Lippen. Wie soll das bitte gehen? Ist hierzu nicht ein Patent als Ausgangsbasis, viel Kapital, vor allem aber solides betriebswirtschaftliches Handwerkszeug notwendig?

So jedenfalls die herrschende Lehre ...

2 Fallstudie Teekampagne

Das Konzept der Teekampagne entwickelte sich nicht über Nacht. Zu Beginn meiner Überlegungen stand keineswegs fest, dass es um Tee gehen würde oder um Handel. Ich hatte keine fest gefügten Vorstellungen, wie „mein" Unternehmen aussehen würde. Am Anfang stand nur der Wunsch, universitäre Lehre und unternehmerische Praxis zu verbinden.[1]

Es war, als ob man ein Puzzle zusammensetzt – aber eines, dessen Ergebnis zu Beginn noch keiner kennt und dessen Einzelstücke erst noch ausgedacht werden müssen.

2.1 Die Entstehungsgeschichte der Idee

Auf vielen Reisen in Entwicklungsländer war mir aufgefallen, dass Produkte wie Kaffee, Bananen, Zucker, Tee bei uns ungefähr zehnmal mehr kosten als dort. Was macht die Produkte bei uns derart teuer? Und warum war gerade Tee in Deutschland exorbitant teuer, selbst im Vergleich zu anderen europäischen Ländern? Lag es an den Frachtkosten, der Versicherung oder etwa den hohen Gewinnspannen der Kaufleute?

Nach eingehender Recherche stellte sich heraus: Teuer machen den Tee nicht etwa diese Kosten, sondern die zahlreichen Stufen des Zwischenhandels und die handelsüblichen Kleinpackungen. Also, den Zwischenhandel umgehen und kostengünstigere größere Packungen anbieten? Das schien mir sinnvoll. Aber warum tat das niemand?

Sehen wir uns an, wie Tee bei uns üblicherweise gehandelt wird: Was macht ein gutes Teegeschäft aus? Es hat eine gute Lage, sachkundiges und freundliches Verkaufspersonal, angenehmes Ambiente, vor allem aber ein breites Sortiment an Teesorten. Ein guter Teeladen führt etwa 150 Sorten allein an Schwarztee, dazu kommen noch Grüntees und sehr viele aromatisierte Tees, wie Kirsch- oder Maracujatee.

So kommt der Einzelhändler rasch auf mehrere Hundert Teesorten. Wenn eine davon ausverkauft ist, wird er den Großhändler anrufen und nachbestellen. Der wiederum kauft beim Importeur, und dieser vom Exporteur. Bei einer Bestellung von drei bis fünf Kilo, wie der Einzelhändler sie normalerweise vornimmt, kommt er am Großhändler nicht vorbei, dazu ist die Bestellung zu klein. Auf der Importeurs- und Exporteursstufe geht es um viel größere Mengen.

Es ist also leicht dahingesagt, man solle den Zwischenhandel umgehen. Denn ein herkömmliches Geschäft kann noch nicht einmal die Großhandelsstufe umgehen. Es macht ökonomisch einfach keinen Sinn. Wer viele Sorten anbieten will, muss für jede Sorte Lager halten. Wenn ein Händler direkt im Erzeugerland einkaufen will, muss er mindestens zwei Tonnen – das ergaben meine Recherchen – pro Sorte einkaufen, damit die höheren Transportkosten und der nicht unerhebliche bürokratische Aufwand sich wirklich rechnen. Damit bekäme er selbst bei nur 150 Sorten ein Problem: Sein kleiner Laden vorne müsste ein fußballfeldgroßes Lager hinten haben.

Teehandel
(konventionelle Variante)

✔ Teegeschäft, gute Lage
✔ große Sortimentsbreite (oft mehrere Hundert Sorten Tee)
✔ Kleinpackungen
✔ mehrere Zwischenhandelsstufen notwendig
   (Einzelhandel, Großhandel, Importeur, Exporteur)

Resultat:
✔ große Auswahl
✔ hohe fixe und variable Kosten
✔ daher notwendigerweise hohe Preise

2.2 Ökonomisch vernünftig handeln

Trotzdem: Die Idee bleibt verlockend. Könnte man den Zwischenhandel ausschalten, würde dies die Einkaufskosten drastisch senken. Doch daraus folgt: Die Menge der Teesorten muss, wenn man ökonomisch vernünftig handeln will, eingeschränkt werden – und zwar erheblich.

Also, die Sortimentsbreite einschränken? Machen da die Teekäufer mit? Die Kunden wollen schließlich nicht immer den gleichen Tee trinken. Kann die Auswahl wirklich beschränkt werden? Ein breites Sortiment ist doch etwas Positives. Die Innovation im Teehandel bestand ja lange darin, sich immer neue, aromatisierte Teesorten auszudenken und auf den Markt zu bringen. Wer also bei der hergebrachten Weise bleiben will, Tee zu handeln, kommt hier nicht weiter.

Dennoch: Mich ließ der Gedanke, dass man Tee wesentlich preiswerter anbieten könnte, wenn man sich auf wenige Sorten beschränkte, nicht mehr los. Ja, so sagt einem der schlichte Menschenverstand, am wirtschaftlichsten wäre es sogar, sich radikal auf nur eine einzige Teesorte zu beschränken. Dann wäre die Einkaufsmenge groß genug, man könnte direkt im Herkunftsland einkaufen, und die Größe des Lagerhauses hielte sich gerade noch in Grenzen.

2.3 Funktion statt Konvention

Sind Verbraucher dazu zu bewegen, auf die vielen Sorten Tee zu verzichten und nur eine einzige zu wählen und sie ein Jahr lang zu trinken? Sicher nicht. „So etwas kann sich nur ein Professor ausdenken", hörte ich oft. Für einen Moment sah es so aus, als würde die Idee daran scheitern. Wenn die Kunden gewohnt sind, aus vielen Sorten auswählen zu können, warum sollten sie sich dann radikal einschränken? Eine längere Denkpause entstand.

Aber eines ließ mir keine Ruhe: Tee könnte wirklich sehr viel preiswerter werden. Außerdem: Wenn der Einkaufspreis des Tees – da im Vergleich zu allen anderen Kosten niedrig – nur eine untergeordnete Rolle spielt, dann brauche ich am Preis des Tees nicht zu sparen. Dann kann ich einen teuren, sogar einen sehr teuren Tee einkaufen. Ja – warum eigentlich nicht den besten Tee der Welt kaufen?

Es gibt so einen Tee – da sind sich die Experten einig –, er wächst an den Südhängen des Himalaja und trägt den Namen des Distrikts: Darjeeling. Dies erfuhr ich in der Bibliothek der Freien Universität; denn ich war selbst keineswegs Teekenner, nicht einmal Teetrinker. Wenn man also so einen hervorragenden Tee haben kann, und das besonders preiswert, vielleicht lässt dies die Kunden auf die Auswahl verzichten? Denn, so meine Überlegung: Wenn ich Rothschild Lafitte zum Preis von einfachem Landwein kaufen kann, trinke ich doch nur noch den Rothschild.

Die Beschränkung auf Darjeeling allein hat noch einen anderen Vorteil. Woran soll ein Kunde denn erkennen, dass mein Tee wirklich viel preiswerter ist? Schließlich behauptet jeder Händler, dass seine Ware beste Qualität und preisgünstig sei. Der Vergleich muss möglich sein, und der Maßstab, an dem gemessen wird, bekannt. Darjeeling aber ist eine bekannte Teesorte und im Handel sehr teuer. Damit konnte die Qualitätsstufe verdeutlicht und der Preisvergleich hergestellt werden.

2.4 „Keine Ahnung von der Praxis"

Der zweite große Kostenfaktor liegt in den Kleinpackungen. Der Verbraucher will natürlich unverdorbene Ware, also scheinen Kleinpackungen ein Muss. Oder doch nicht? Wie steht es um die Haltbarkeit des Tees? Sie ist wichtig, wenn Verbraucher auf Kleinpackungen verzichten sollen. Behielte Tee sein Aroma auch nur ein einziges Jahr, würde es reichen, wenn die Kunden einen Jahresvorrat einkauften. Dann könnte

man Großpackungen anbieten und erheblich an Verpackungsmaterial und -aufwand sparen.

Nach den gesetzlichen Bestimmungen hat Tee eine Haltbarkeit von drei Jahren. Warum wird Tee also nicht längst in
Großpackungen angeboten? Marketingexperten erklärten
mir, ich verstünde eben nichts von der Praxis: Die durch-
schnittliche Haushaltsgröße hätte abgenommen, der Kunde
sei kleine Abpackungen gewohnt und wünsche 100 Gramm
als Standard. Es gäbe sogar Tendenzen, dass die 50-Gramm-
Packungen, ja sogar 25-Gramm-Teedöschen immer häufiger
erfolgreich angeboten würden.

Ich war immer Kaffeetrinker gewesen und mag selbst heute noch nicht auf meinen Morgenkaffee verzichten. Irgendwann fiel mir auf, dass ich eine Kaffeetüte von 500 Gramm
in der Hand hielt. Wie das? Wieso wird gemahlener Kaffee, der weit schneller sein Aroma verliert als Tee, als Standard in 500-Gramm-Packungen angeboten, während Tee in
100-Gramm-Packungen verkauft wird? Das ergibt doch keinen Sinn. Der Standard der 100-Gramm-Packungen entpuppt
sich bei näherem Hinsehen als bloße Konvention. Wenn man
gemahlenen Kaffee 500-Gramm-weise verkauft, dann kann
Tee doch mindestens auch in solcher Verpackungsgröße angeboten werden.

Das unternehmerische Risiko der Teekampagne lag an-
fangs vor allem in der Frage: Sind die Käufer davon zu überzeugen, nur eine einzige Sorte Tee, und die nur in Großpackungen zu kaufen, wenn dies mit einem erheblichen
Preisvorteil belohnt wird? Ich war mir sicher, dass es gelingen
würde, die Kunden von einer Ökonomie der Einfachheit und
Vernunft zu überzeugen. Damit stand ich am Anfang aber
völlig allein.

Meine Studenten zweifelten, als ich das Konzept zum ersten Mal vortrug. „Gibt es dafür auch einen Schein?", war
der erste Kommentar. (Erst der praktische Erfolg überzeugte
sie.) Es war auch schwierig, jemanden zu finden, der mir
überhaupt Tee liefern wollte. Die meisten der von mir ange-
schriebenen Exporteure antworteten gar nicht; die wenigen,

Teehandel
(unkonventionelle Variante)

✔ Beschränkung auf nur eine einzige Teesorte
✔ kein Zwischenhandel
✔ nur Großpackungen
✔ Verkauf per Mailorder und Internet

Resultat:
✔ viel geringere Kosten,
    dadurch Preis- und Qualitätsführerschaft möglich

die reagierten, schrieben etwa so: „Großartig, dass Sie als Professor die Praxis kennenlernen wollen. Aber wir empfehlen Ihnen dringend, doch in ein Teegeschäft zu gehen, und zu sehen, wie Tee gehandelt wird."

2.5 Wie das Ganze finanzieren?

Noch eine andere Frage blieb: Wie soll man das Ganze finanzieren? Immerhin steht ja ein Großeinkauf am Beginn. Im internationalen Handel wird ein Zahlungsziel von 60 Tagen eingeräumt. Es bleiben also zwei Monate Zeit, bis die große Rechnung fällig wird. Das Schiff von Kalkutta nach Hamburg braucht etwa vier Wochen. In zwei bis drei Tagen ist der Tee im Hamburger Hafen abgepackt. Bleibt noch ein ganzer Monat, um möglichst viel Tee zu verkaufen. Daher der Gedanke „Kampagne". Man muss schnell verkaufen, um die große Rechnung bezahlen zu können. Kampagne heißt so viel wie: „Kunden, kauft euren Jahresvorrat jetzt, wo die Ernte eingetroffen ist!" Wer Tee per Versand bestellen wollte, musste einen Vorausscheck beilegen. Natürlich kann man nur mit einem außergewöhnlich günstigen Angebot Kunden dazu veranlassen, nicht nur eine große Menge zu kaufen, sondern auch einen Scheck im Voraus zu schicken.

2.6 Ein gutes Konzept eröffnet viele Möglichkeiten

Die Teekampagne hat noch zwei andere Aspekte in ihr Konzept eingebaut: Chemierückstände in Lebensmitteln werden Mitte der 80er-Jahre erstmals zum Thema einer großen Öffentlichkeit; auch der Umgang der reichen Industrieländer mit den Erzeugern in der Dritten Welt. Nun tut ein Unternehmen sicher gut daran, die Probleme, die die Menschen, und damit auch die eigenen potenziellen Kunden bewegen, aufzugreifen und daran zu arbeiten. Die Teekampagne tut dies, indem sie systematisch alle Einkäufe, und zwar jede einzelne Charge, auch Biotee, auf Chemierückstände hin untersucht und nur solchen Tee einkauft, der geringstmögliche Belastungen hat. Solche Rückstandsanalysen sind teuer. Ein konventioneller Teehändler würde seine Kosten damit beträchtlich erhöhen. Bei der Teekampagne fallen die Kosten nicht so stark ins Gewicht, weil nur eine einzige Teesorte in großen Mengen eingekauft wird. Damit sind die Chargen nicht klein, die Kosten verteilen sich auf eine große Menge. Die Ergebnisse der Rückstandskontrollen werden auf jeder Teetüte veröffentlicht.

Wenn man den eigenen ökonomischen Spielraum aus den Einsparungen an Material, Verpackungsaufwand, Transportwegen, vor allem aber der Ausschaltung des Zwischenhandels erzielt, braucht man am Einkaufspreis für die Ware selbst nicht zu sparen. Wir müssen also nicht, wie andere Händler, die nicht über solche Kostenvorteile verfügen, Druck auf die Einkaufspreise im Erzeugerland ausüben. Denn diese Preise sind ohnehin niedrig; die Erzeuger bekommen nur wenig von den hohen Preisen, die von den Verbrauchern hier im Westen für Tee bezahlt werden müssen. Sie sind auch deshalb schlecht, weil nicht alles, was sich Darjeeling-Tee nennt, auch wirklich aus Darjeeling stammt. Rund 10 000 Tonnen Tee werden in Darjeeling jährlich geerntet, aber 40 000 Tonnen, so schätzt der Tea Board of India, werden weltweit als Darjeeling verkauft. Das drückt die Preise der Erzeuger, und es ist unfair, weil die außergewöhnlich hohe Lage und die steilen Hänge Darjeelings nur vergleichsweise niedrige Ernteerträge ermöglichen. Mit dem Konzept der Teekampagne kann man gute Preise für Darjeeling-Tee bezahlen. Wir können es uns sogar leisten, Mittel für Projekte zur Verfügung zu stellen, die heute mit dem Begriff „Nachhaltigkeit" umschrieben werden. Wir tun dies vor allem durch Wiederaufforstung in Darjeeling, und zwar in nicht unerheblichem Maße.

Das Konzept der Teekampagne bringt also das Kunststück fertig, alles auf einmal zu leisten: hohe Qualität, deutlich niedrigere Preise als der etablierte Handel, systematische und aufwendige Rückstandskontrollen, zusätzliche Mittel für das Erzeugerland, und trotzdem Überschüsse zu erzielen, die im Unternehmen bleiben und einen Großteil der Finanzierung des Wachstums des Unternehmens darstellen.

Heute hat die Teekampagne über 200 000 Kunden, verkauft pro Jahr mehr als 400 Tonnen Darjeeling-Tee, und dies zu 90 Prozent in Großpackungen von einem Kilo.

Seit 1996 ist sie das größte Teeversandhaus in der Bundesrepublik, obwohl wir mit nur einer einzigen Sorte Tee handeln. Nach Angaben des Tea Board of India sind wir seit 1998 der weltgrößte Importeur von Darjeeling-Blatt-Tee, noch vor den international bekannten Firmen, wie Lipton, Twinings oder Unilever.

Wie konnte es sein, dass eine zwar konsequent durchdachte, aber doch insgesamt lächerlich einfache Idee das Unternehmen zum Marktführer machte? Die Erfolgsgeschichte der Firma ist mit herrschender Lehre nicht zu erklären.

Wo war der große Bedarf an Kapital, der angeblich bei der Unternehmensgründung entsteht? Liegt der Teekampagne eine Erfindung, ein Patent oder eine geniale Idee zugrunde? Sicher nicht. Sich auf eine einzige Sorte Tee zu konzentrieren ist ungewöhnlich, aber keine Erfindung. Auch das Prinzip Großpackung hat nichts Geniales an sich.

Waren meine Mitarbeiter und ich gute Manager und Betriebswirtschaftler? Wir waren es nicht. In den Anfangsjahren nach 1985 lag die Qualität unserer Organisation immer ein Jahr hinter der, die wir angesichts der vielen Aufträge hätten haben müssen. Ich erinnere mich, dass ein Student eines Tages ganz oben auf dem Aktenregal einen Karton fand, in dem sich nicht eingelöste Schecks im Wert von 10.000 Mark befanden. Sie waren einfach vergessen worden. Schlimmer noch: Es war niemandem aufgefallen, dass sie fehlten.

Entscheidend war, dass die Grundidee, das oben beschriebene Puzzle, das lange und sorgfältig durchdachte unorthodoxe Konzept, so gut war, dass es solche mittleren Katastrophen ausgehalten hat.

2.7 Der Hauptaspekt gerät in den Hintergrund

Ist die Teekampagne nur aus der spezifischen Situation heraus zu erklären? Ausgerechnet ein Hochschullehrer, wo doch sonst Professoren besonders praxisfern sind? War das Umweltbewusstsein entscheidend, das gerade in diesen Jahren gewachsen ist? Oder spielt der Aspekt der Hilfe für die Dritte Welt eine zentrale Rolle?

Ich glaube nicht. Diese Aspekte haben uns am Anfang durchaus Aufmerksamkeit eingebracht. Aber Aufmerksamkeit ist heute allzu flüchtig. Sogenanntem modernem Marketing mit seinen oft brillanten Bildern und seinem faszinierenden Flair konnten und wollten wir nichts entgegensetzen. Der Hilfsaspekt für die Dritte Welt brachte uns sicher Sympathie. Aber auch einen unübersehbaren schweren Nachteil.

Der entscheidende Aspekt der Teekampagne geriet dadurch in den Hintergrund: dass wir hochwertigen Tee viel preiswerter anbieten können als der deutsche Teehandel. Denn Hilfsprojekte zeichnen sich ja gerade *nicht* für ein gutes Preis-Leistungs-Verhältnis aus. Man kauft dort in dem Bewusstsein, etwas Gutes zu tun und gerade damit auf ein günstiges Preis-Leistungs-Verhältnis *zu verzichten*.

Dass die Teekampagne das scheinbar Unmögliche fertig-
bringt, weitaus günstigere Preise als der normale Handel zu
bieten, und trotzdem und darüber hinaus auch Mittel für ein
umfangreiches Wiederaufforstungsprojekt erwirtschaftet,
wurde erst allmählich wahrgenommen. Es war, als beleuch-
teten die Scheinwerfer im Theater eine Nebenfigur, während
der Hauptdarsteller im Schatten bleibt.

Kunden der Teekampagne, die, weil sie zu wenig Tee be-
stellt hatten, ihren Darjeeling im Teeladen oder Supermarkt
nachkaufen mussten, waren dann höchst erstaunt darüber,
wie viel Geld sie auf den Ladentisch legen mussten. Der nachhaltige Erfolg der Teekampagne resultiert aus dem hervorragenden Preis-Leistungs-Verhältnis; das haben die Rückmeldun-
gen der Kunden, aber auch unsere eigenen Kundenbefragungen
bestätigt. So positiv der Hilfsaspekt ist und so sehr er einen
Teil der Identität der Teekampagne darstellt – ich bin sicher,
wir wären noch weitaus stärker ohne diesen Hilfsaspekt
gewachsen.[2] Denn was das unternehmerische Konzept angeht, hat er uns in die falsche Ecke gestellt. So beträgt unser
Marktanteil am gesamten deutschen Teemarkt nur ungefähr
2,5 Prozent. Für ein Unternehmen, das überzeugend die Preis-
führerschaft im Markt beanspruchen kann, ist das eigentlich
ein mageres Ergebnis.

2.8 Die Qualität der Idee gibt den Ausschlag

Es ist die Qualität der Idee, die den Ausschlag gibt. Eine Idee,
die den meisten am Anfang verrückt vorkommt – nur eine
einzige Sorte Tee, nur Großpackungen. Es ist aber kein Einfall oder eine flüchtige Idee, sondern ein äußerst sorgfältig
durchdachtes Konzept. Das Prinzip heißt: Von den Funktionen her denken, statt den Konventionen zu folgen. Sucht man
systematisch nach den Faktoren, die ein Produkt wie Tee bei
uns so teuer machen, stößt man fast zwangsläufig auf diese

Lösung. Sie sieht schräg aus, ergibt aber Sinn, weil sie radikal Kosten spart. Der etablierte Handel mit Tee erscheint nur deshalb normal, weil man sich daran gewöhnt hat.

Auch Gottlieb Duttweiler, dem Gründer der Schweizer Migros, muss es so ergangen sein. Er staunte darüber, wie teuer die Züricher Einzelhändler ihre Waren verkauften. Duttweiler beschrieb 1925, dass die Hausfrauen in Zürich dreimal so viel auf den Ladentisch legen mussten, als dafür im Erzeugerland bezahlt wurde.[3] Dies gilt heute in noch weit größerem Ausmaß. Gegenwärtig liegt das Verhältnis bei eins zu zehn. Neun Zehntel betragen die Handelskosten. Trotz aller Rationalisierungen haben sich also, entgegen landläufiger Auffassung, die Kosten die der Handel vereinnahmt, wesentlich erhöht, und das vor allem durch immer höhere Aufwendungen für Marketing.

Einen ersten Hinweis darauf, dass bei einer Unternehmensgründung der Idee und ihrer Ausarbeitung viel mehr Bedeutung zukommt als bisher angenommen, finden wir bei dem Psychologen Peter Goebel. In seiner Studie *Erfolgreiche Jungunternehmer* analysierte er 50 Unternehmensgründer, die von völlig unterschiedlichen Bedingungen ausgingen. Seine ausführlichen Befragungen, auch des Umfelds der Gründer, zeigte, dass ihnen überraschenderweise nur eines gemeinsam ist: Sie brachten eine Idee zum Reifen, indem sie beharrlich immer wieder um das gleiche Problem kreisten, und dies in einer Art und mit einer Beharrlichkeit, die „normalen" Menschen schon fast als absonderlich erscheint.[4]

Wenn Sie sich die einzelnen Gedankenschritte, die zur Teekampagne geführt haben, anschauen: Gibt es da auch nur einen einzigen Schritt, den Sie nicht auch hätten gehen können? Ich sehe keinen.

Die Teekampagne war natürlich als Modell für Unternehmensgründungen gedacht. Denn wenn ich als Hochschullehrer allein mit Argumenten auftreten würde – es würde vermutlich niemanden überzeugen. Zu ungewöhnlich ist die These, dass eigentlich jeder ein erfolgreiches Unternehmen gründen kann.

Aristoteles sagt: „Jeder ist Philosoph." Joseph Beuys sagt: „Jeder ist Künstler." Wenn Beuys eine Befähigung zu künstlerischem Handeln in jedem Menschen sieht, warum sollte dies nicht umso mehr für unternehmerisches Handeln gelten, wo ja der Anreiz, eine ökonomische Lebensperspektive zu schaffen, noch zusätzlich motivierend wirkt? In einer Art erweitertem Unternehmerbegriff könnte man sagen: „Jeder ist Unternehmer." Wir müssen allerdings von überholten Vorstellungen Abschied nehmen und die grundlegend neuen Bedingungen für Entrepreneurship wahrnehmen und aufgreifen. Aber dazu später mehr.

Vielleicht werden Sie einwenden: „Ich kann es mir nicht leisten, mehrere Tonnen von einem Produkt einzukaufen mit der Gefahr, am Ende darauf sitzen zu bleiben." Das klingt zunächst plausibel. Die Angst ist aber unbegründet, wenn Sie Ihr Produkt durch eine unkonventionelle, aber kostensparende Vorgehensweise deutlich preiswerter anbieten können als am Markt üblich. Warum sollten Sie dann auf Ihrer Ware sitzen bleiben? Unseren Tee konnten wir sage und schreibe für nur ein Drittel des Preises des Marktführers anbieten. Der Tee wurde uns buchstäblich aus den Händen gerissen. Bedingung ist eben, dass Sie Ihr Vorhaben so lange durchdenken, bis Sie ein Konzept haben, mit dem sich Ihr Produkt oder Ihre Dienstleistung wie von selbst verkauft. Das ist der entscheidende Punkt: Sie müssen so lange an Ihrem Konzept arbeiten, bis Sie auf eine bessere Lösung stoßen als die am Markt bereits vorhandene.

Natürlich hat sich das Konzept im Laufe der Zeit vertieft, präzisiert, hat an Kultur gewonnen – wie immer man es nennen will. Heute können wir jede Kiste Tee zurückverfolgen bis zum Ursprung, haben als erste deutsche Firma einen Lizenzvertrag mit dem Tea Board of India für garantiert 100 Prozent reinen Darjeeling geschlossen, haben uns einen Namen gemacht mit zuverlässigen und lückenlosen Rückstandskontrollen. Solche Punkte machen es Imitatoren der Teekampagne heute schwerer als früher. Im Laufe der Jahre ist zudem ein überzeugter Kundenstamm entstanden.

Sie denken jetzt vielleicht: Ja, bei so einem simplen Produkt wie Tee funktioniert das alles. Das der Teekampagne inhärente Prinzip „Funktion statt Konvention" ist jedoch sehr brauchbar, wenn es um die Entwicklung *neuer Ideenkonzepte* geht, weil es radikal und respektlos in der Sache Konventionen infrage stellt. Mir ging es nie um Tee. Ich will zeigen, dass fast jeder Mensch in der Lage ist, von seinem Alltagswissen ausgehend ein unternehmerisches Konzept zu entwickeln, etwa indem er einfache, bekannte Prinzipien auf ein neues Gebiet überträgt.

3 Konzept-kreative Gründungen

In meinem Umfeld sind inzwischen eine ganze Reihe neuer Unternehmen entstanden. Es sind Start-ups, die versuchen, auf ein Ideenkonzept zu bauen, statt der herrschenden Lehre zu folgen.[5] Sie starten mit einfachen, aber durchdachten, ausgearbeiteten Ideen, die nur relativ geringe finanzielle Mittel erfordern. Sie gehen arbeitsteilig vor, setzen das unternehmerische Konzept möglichst aus bereits vorhandenen Komponenten zusammen – Prinzipien, die ich in den folgenden Kapiteln näher erläutern werde. Diese neuen Unternehmen kann man als eine Art „experimentelles Entrepreneurship" ansehen, das dem vorherrschenden Verständnis von Gründung praktische Alternativen gegenüberstellt.

3.1 Olivenöl

Das Unternehmen Artefakt, von Conrad Bölicke gegründet, übertrug die Prinzipien der Teekampagne auf Olivenöl. Eine Olivenölkampagne also (www.artefakt.eu). Nur mit einer kompromisslosen Qualität und Individualität von Produkt und Produzent habe der Wettbewerb gegen profillose, aber billige Massenproduzenten eine Chance. Mit dem Konzept der Großpackungen direkt an Endverbraucher, gepaart mit Transparenz zu Preis, zum Anbau und Verarbeitungsprozess konnte Artefakt schnell und erfolgreich Alternativen im Markt aufzeigen. Das Unternehmen beschäftigt 13 Mitarbeiter, bei 2,2 Mio. Euro Jahresumsatz. Thomas Fuhlrott, wie Bölicke ebenfalls ehemaliger Mitarbeiter der Teekampagne, rief die Zait GmbH ins Leben und handelt mit Produkten rund ums Olivenöl (www.zait.de). Beide Unternehmen beziehen ihr Olivenöl direkt beim Hersteller.

3.2 Das konventionelle Büro neu denken

Holger Johnson hat sich das klassische Büro aus der Perspektive von Funktion statt Konvention vorgenommen und gründlich überdacht. Wo entstehen die eigentlichen Kosten? Wie ließe sich der Einsatz der vorhandenen Ressourcen optimieren? Eine genauere Betrachtung ergibt: Ein Großteil der Kosten im Sekretariat entsteht durch die pure Anwesenheit der Sekretärin. Was alles tut also eine Sekretärin?

In den meisten Unternehmen ist die Sekretärin deshalb von früh bis spät anwesend, weil sie die eingehenden Anrufe annehmen soll. Denn Anrufe ins Leere oder auf einen Anrufbeantworter laufen zu lassen, kann sich kein Unternehmen leisten, nicht nur aus Imagegründen, sondern weil es viele Aufträge kostet. Holger hatte recherchiert, dass bei Unternehmen 2/3 aller Anrufer keine Nachricht auf einem Anrufbeantworter hinterlassen.

Die Zeit, die die Sekretärin zur konzentrierten Erledigung ihrer Aufgaben benötigt, ist aber eigentlich viel kürzer. Holger hat bei seinen Überlegungen also zwei Szenarien erkannt. Entweder die Sekretärin ist ganztags angestellt, da schließlich jemand das Telefon beantworten muss, damit aber eigentlich nicht ausgelastet. Oder die Sekretärin ist eine gut qualifizierte Assistentin und übernimmt im Unternehmen viele andere wichtige Aufgaben wie Korrespondenz, Vorbereitung von Präsentationen, Betreuung der Poststelle etc. und wird von den Anrufen immer wieder bei diesen wichtigen Dingen unterbrochen. In beiden Fällen wird die wertvolle Arbeitskraft der Sekretärin nicht optimal genutzt.

Dieses Problem wollte Holger lösen. Seine ebuero AG entwickelte eine Software, die aus den anrufenden Nummern erkennt, um welche Firma es sich handelt und alles auf dem Computer-Bildschirm anzeigt, was eine Sekretärin sonst im Kopf hat. Natürlich war diese Entwicklung komplex, sicher nicht leicht zu verwirklichen, aber die Mühe hat sich gelohnt. Denn mit der Software kann ebuero mit einer Sekretärin mehrere Büros bedienen und das, ohne dass der Anrufer merkt, dass er mit einem Dienstleister spricht. Zusätzlicher Vorteil ist, dass die Anrufannahme bei ebuero auch noch vielfach professioneller geschieht, als es in den meisten Unternehmen der Fall wäre. Die Anruferbetreuung ist nämlich die Hauptaufgabe der ebuero Sekretärin, für die sie perfekt geschult und auf die sie konzentriert ist. Und diese Kernleistung des Büros erbringt Holger zu unter zehn Prozent der konventionellen Kosten. Er hat also einen Weg gefunden, das Sekretariat moderner, effizienter und einfacher zu organisieren und ermöglicht den Unternehmen, ihre Strukturen durch die Kombination eines Teilzeitsekretariates zur Abdeckung der Kernzeiten mit einem ebuero zu verschlanken oder die Arbeitskraft der Sekretärin effizient für die Tätigkeiten zu nutzen, für die die physische Anwesenheit im Unternehmen unabdingbar ist.

Und zur finanziellen Ersparnis für den Kunden kommt noch die Entlastung von vielen Details, deren Bewältigung Sachkenntnis und Nerven beanspruchen würde, hinzu. Er muss keine Sekretärin mehr finden und sie einstellen und hat mit Arbeitsverträgen und Urlaubsvertretung nichts mehr zu tun.

Findet man leicht Geldgeber für ein solches Konzept? Man sollte denken: ja. Aber die Wirklichkeit ist anders. Eine unkonventionelle Idee, unerprobt – wer wollte solch ein Risiko wagen? Ich weiß nicht, ob ich seine erste Wahl war, als Finanzier und Business Angel. Aber wohl der Einzige, der sich auf das Abenteuer einließ – im Sommer 2000, mitten im Absturz der Nasdaq und der New Economy. Was mich letztlich überzeugte, war die Beharrlichkeit und Ausdauer, mit der Holger schon mehrere Jahre an seinem Konzept gearbeitet hatte und weiterhin arbeitet.

Holgers Erfolg ist durch seine konzeptionelle Innovationskraft im Sinne von „Funktion statt Konvention" begründet. Und ebuero hat einen bemerkenswert guten Weg gefunden, das Produkt Telefonservice für seine Interessenten greifbar zu machen. Auf der Webseite von ebuero kann man mithilfe des Live-Tests in nur 30 Sekunden sein eigenes

Sekretariat einrichten, anschließend sofort den Hörer in die
Hand nehmen und kostenfrei selbst testen, wie der Service
funktioniert. Heute ist Holger dabei, nach und nach das gesamte konventionelle Büro neu zu durchdenken. So können
Unternehmen heute bei ebuero auch Büro- und Konferenz-
räume in bester Innenstadtlage in bereits einem Dutzend
deutscher Großstädte mieten und damit ihre Kostenstruktur
optimieren. Bis heute wurde ebuero mehr als 50 Mal ko-
piert, die meisten Mitbewerber verschwanden jedoch schnell
wieder vom Markt, keiner von ihnen konnte annähernd den
gleichen Erfolg erzielen. Warum ist das so? Die wirkliche
Stärke eines Geschäftsmodells liegt oft in der Ausarbeitung
der Details. Dafür hat Holger eine Leidenschaft und deshalb
ist ebuero heute mit über 400 Mitarbeitern der größte Se-
kretariatsdienstleister in Europa. Und er selbst seit vielen
Jahren als Business Angel erfolgreicher Begleiter junger Unternehmen.

Eine unglaubliche Geschichte?

3.3 RatioDrink

Sicher ist Ihnen bereits aufgefallen, dass über 90 Prozent aller
Fruchtsäfte, die Sie trinken, aus Konzentrat hergestellt werden, dem der Abfüller Wasser hinzufügt. Können Sie das nicht
auch selbst? Natürlich. So müssen Sie das Wasser des Frucht-
safthandels nicht teuer bezahlen und auch nicht in Ihre Wohnung schleppen. Kaufen Sie einfach das Konzentrat, und das
möglichst in Großpackungen. Sie ahnen es: Es sind die Prinzipien der Teekampagne, auf Fruchtsaft angewandt. Möglichst
direkt am Ursprung kaufen, ohne Zwischenhandel. Wie bei
der Teekampagne machen Sie die Vorratshaltung selbst, statt
den Händler dafür teuer zu bezahlen.

Leitungswasser ist in Deutschland streng kontrolliert, ist
in aller Regel von guter Trinkwasserqualität. Man darf daher
die Frage stellen, ob nicht unnötig viel Wasser über unsere
Straßen gefahren wird. Saft, dem mit einem schonenden

Verfahren das Wasser entzogen wird, das Sie ihm zu Hause wieder zufügen, ist eine ökonomisch und ökologisch gute Alternative. Reines Konzentrat, ohne irgendwelche Zusätze. Keine zuckerhaltigen Limonaden oder Colagetränke, keine Aroma- oder Farbstoffe. Wie beim Reinheitsgebot des Bieres, nur reine Zutaten, hier Frucht und Wasser. Und auch in Bioqualität erhältlich, aus kontrolliert biologischem Anbau. Es sind keine Konservierungsstoffe notwendig, weil Konzentrat haltbarer ist als Saft. Der osmotische Druck konzentrierter Flüssigkeit bietet Bakterien nur schwer Angriffsmöglichkeiten. Darüber hinaus lässt das „Bag-in-Box"-Verfahren nach dem Öffnen keine Luft in die Packung, sodass die Flüssigkeit nicht mit Sauerstoff in Berührung kommt, während Sie sonst Ihren offenen Saft rasch zu Ende trinken müssen. Aber auch Direktsaft eignet sich für diese Art von Verpackung, durch die er ohne Konservierungsstoffe länger haltbar wird.

Das erste Produkt der von Rafael Kugel und mir im Jahr 2006 gegründeten RatioDrink AG ist Konzentrat aus Äpfeln der Bodensee-Region, abgefüllt in einer Drei-Liter-Großpackung. Im Fruchtsafthandel wird als Standard sieben plus eins gemischt, also sieben Teile Wasser auf einen Teil Konzentrat. Zu Hause können Sie frei bestimmen, in welcher Konzentration der Saft Ihnen am besten schmeckt und ob Sie ihn mit Leitungswasser, Mineralwasser oder etwas anderem mischen.

Die Ratio hätte keine Chance, wird uns oft gesagt. Emotionen, verführende Bilder und flotte Werbesprüche verkauften sich besser. Kann sein – aber vielleicht kommt die Vernunft einfach nur zu kopflastig daher. Wir müssen also die Vernunft „begehbar" machen, soll heißen attraktiver als die sanfte Verdummung moderner Konsumwelten. Eine intelligente und so preiswerte Lösung finden, dass es unseren Kunden leichtfällt, vernünftig zu werden.

Also so lange tüfteln, bis alle Teile stimmig zusammenpassen. Bis die Kostenersparnisse so groß sind, dass Sie für Ihren Apfelsaft sogar deutlich weniger bezahlen müssen als selbst im Discount-Handel. Darüber hinaus sparen Sie sich die Schlepperei von Saft und Wasser sowie den Aufwand mit den leeren Verpackungen. Sie bestellen bequem im Internet und bekommen den Saft frei Haus geliefert.

Auch für uns Gründer wird die Arbeit bald weniger werden und uns wieder mehr Freiheit für neue Gedanken geben: Denn wir gehen keinen der für die Apfelsaftproduktion und den Versand notwendigen Arbeitsschritte selbst. Jede notwendige Dienstleistung haben wir delegiert: Die RatioDrink AG greift auf professionell agierende Unternehmen zu und hat viel Zeit aufgewandt, hier gute und passende Partner zu finden.

Wenn man Apfelsaft haben will, muss man die Äpfel besorgen, sie pressen, den Saft in ein Gefäß bringen und verschicken. Ein Unternehmen am Bodensee sammelt die Äpfel aus der Region ein, verarbeitet sie zu Apfelsaftkonzentrat und schickt es in 1 000-Liter-Behältern an unseren Abfüller. Der wiederum hat die Aufgabe, das Konzentrat sachgerecht, das heißt sauber und keimfrei in eine Drei-Liter-Bag-in-Box-Verpackung zu füllen. Auch diese Verpackung stammt nicht von uns, sondern wird von einem professionellen Hersteller bezogen. Nach der Abfüllung beauftragen wir ein Unternehmen mit dem Transport zu unserem Versender nach Hamburg, der gemäß den Bestellungen der Kunden den Versand durchführt. Das gesamte Rechnungswesen haben wir abgegeben. Wir schaffen uns also die Hardware und Software für die Unternehmensverwaltung nicht selber an, sondern delegieren es an jemanden, der es preiswerter und professioneller macht, als wir es selber tun könnten.

Was tun wir dann noch? Wir haben uns ein unternehmerisches Konzept ausgedacht und die passenden Komponenten dazu gesucht.

Neu an dieser Geschichte ist, dass vorher niemand Fruchtsaftkonzentrat in diese Bag-in-Box-Verpackung gefüllt hat. Ein Teil der Aufgabe besteht also darin, den Hersteller des Konzentrats am Bodensee, den von uns beauftragten Abfüllbetrieb sowie den Hersteller des Verpackungsmaterials miteinander zu koordinieren. Ist das alles? Nicht ganz. Dort, wo neue Verfahren eingesetzt werden, kann es auch unvorhergesehene Probleme geben. Das Verpackungsmaterial, das wir am Anfang verwendeten, erwies sich auf Dauer als nicht stabil genug – nicht immer hielt es den Postversand aus. Es ist also nicht so, dass die Umsetzung gar keine Rolle mehr spielt. Doch der entscheidende Punkt ist, dass heute viele Abläufe delegiert und in professionelle Hände gelegt werden können. Wir hatten also mehr Raum, am Konzept zu feilen, statt uns in umfangreiche Fachgebiete einarbeiten zu müssen.

3.4 Direkt zur Kanzlerin

Caveh Zonooz arbeitet an mehreren Ideen gleichzeitig. Seine erste Idee, die er mir Anfang 2005 vorstellte, war eine Immobilienplattform. In mehr als 20 Umzügen – der Vater viel unterwegs – hatte die Familie erfahren müssen, den Beschreibungen der Makler zu misstrauen. Besser wäre es, so die Idee, die angebotenen Immobilien mit realistischen Bildern und einer sachlichen Beschreibung ins Internet zu stellen. Interessenten würden sich so viel Aufwand von Anreise und Besichtigung sparen. Ich blieb zurückhaltend, gab es doch schon große Immobilienseiten im Netz.

Die zweite Idee, Anfang 2006, zielte darauf, Universitätsvorlesungen aufzunehmen und als Podcast zur Verfügung zu stellen. Auch diese Idee war aus eigener leidvoller Erfahrung entstanden – Zonooz fiel es schwer, die Vorträge der Professoren mitzuschreiben. Daher sollten Podcasts es Studenten ermöglichen, die Lehrveranstaltung wie Hörbücher einzusetzen. Ob im Bus, beim Jogging oder im Bett – heute ist es leicht, einen MP3-Player mitzunehmen und zu nutzen. Es blieb beim Gedankenaustausch; eine ausgereifte Idee sah ich darin nicht. E-Learning tritt mit großen Versprechungen auf und hält davon eher wenig.

Zonooz' dritte Idee dagegen überzeugte mich. Prominente, so die Überlegung, erhalten viele Anfragen, werden mit Mails zugeschüttet. Wie könnte man vernünftig (und ökonomisch) damit umgehen? Die Antwort: Alle Anliegen berücksichtigen, aber die Arbeit delegieren, und zwar an die Anfragenden.

Wie das gehen soll? Alle schicken ihre Anliegen. Alle Anliegen können von den Usern gelesen und bewertet werden. Der oder die Prominente beantwortet nur die am besten bewerteten Anfragen. Das bedeutet weniger Arbeit. Nur eine kleine Anzahl von Antworten muss ausgearbeitet werden, und das auch nur in einem vorher festgelegten Turnus. Trotz dieser Einschränkung auf nur wenige Antworten ist dieses Vorgehen in hohem Maße repräsentativ. Als Nebeneffekt entsteht ein Archiv aus bereits beantworteten Fragen.

Wer sein Anliegen vorträgt, erfährt bereits beim Schreiben, ob es diese oder eine ähnliche Anfrage schon gibt. Erfährt also die Antwort oder gibt, falls eine Antwort noch nicht vorhanden, seine Stimme an eine bereits formulierte Anfrage. Dies erleichtert auch den Usern die Arbeit.

Am 3. Oktober 2006 schalteten Zonooz und seine Mitgründer Alexander Puschkin und Jörg Schiller die Website *www.direktzurkanzlerin.de* – und landeten einen Volltreffer. 20 Tage später kam der erhoffte Brief aus dem Bundespresseamt. Die Kanzlerin spiele, auch offiziell, mit. Drei Antworten gibt sie jede Woche. Der Durchbruch war erzielt. Die *Süddeutsche Zeitung* nannte die Idee gar „die Agora[6] des 21. Jahrhunderts"[7]. Was für Frau Merkel funktioniert, kann auch auf andere Prominente oder Institutionen übertragen werden. Die Idee ist skalierbar.

Im Juni 2007 kam die Anfrage aus den USA – die Deutsche Welle hatte über das Konzept berichtet –, ob die Software auch für den US-Wahlkampf eingesetzt werden kann. Zonooz und seine Kollegen wurden in die USA eingeladen. In Washington DC sprachen sie vor 200 Studenten; selbst der Bürgermeister der Hauptstadt begeisterte sich für das Innovative der Idee. Im Januar 2008 kam ein Anruf des Wahlkampfmanagers des US-Präsidentschaftskandidaten Barack Obama. Er habe von dem Projekt gehört und fände, dass es gut zu Obama passen würde. Inzwischen ist Straight2who eine Tochter der deutschen Direktzu GmbH. 500 000 Clicks hatte die Seite innerhalb von fünf Monaten. Mit dieser Internetplattform liege der seltene Fall vor, so Spiegel online, dass

Deutschland eine Web-Idee *exportiere*, während sonst nur Imitationen erfolgreicher amerikanischer Plattformen an der Tagesordnung seien.[8]

Inzwischen nutzen nicht nur bekannte Politiker, sondern auch eine Reihe von DAX-Unternehmen die Direktzu-Plattform.

Fast unnötig zu sagen, dass die Gründer ihren Kopf für wichtige Entscheidungen freihalten müssen. Ihre Zeit ist zu wertvoll, um sich in betriebswirtschaftliche Techniken einzuarbeiten. Natürlich haben sie die Buchhaltung und andere verwaltende Aufgaben in professionelle Hände abgegeben.

Die hier vorgestellten Firmen[9] sind ausnahmslos im Markt erfolgreich und haben auch gezeigt, dass man gründen kann, ohne dass die Kapitalausstattung, das Management oder gar das Rechnungswesen im Vordergrund stehen. Es lässt dies, mit gebotener Vorsicht, den Schluss zu, dass der Ansatz, mit einem Ideenkonzept zu gründen, prinzipiell übertragbar ist. Lassen Sie uns diesen Gedanken weiterverfolgen.

4 Stiefkind Konzept – Es lohnt, an der Idee zu arbeiten

Welche Rolle spielt das Ideenkonzept bei der Gründung? In der Forschung zu Entrepreneurship wie auch in der praktischen Beratung von Gründern wird der Idee nur geringes Gewicht beigemessen. Ideen gäbe es wie Sand am Meer. Was soll schon eine Idee wert sein?

Dabei gibt es eine Reihe durchaus bekannter Unternehmen, die wie die eben genannten Start-ups im Kern aus einem neuen Konzept entstanden. Beispiele sind das deutsche Unternehmen Aldi, der schwedische Konzern Ikea, Anita Roddicks Body Shop, Duttweilers Migros, aber auch Unternehmen wie Skype oder YouTube. Wir nennen sie *Konzept-kreative* Gründungen, weil sie gerade *nicht* aus einem Patent, einem neuen Forschungsergebnis oder einer neuen Technologie entstanden sind, sondern eine ganz eigene Gattung darstellen.

Die Idee kann durchaus einfach sein. So wie Aldi oder Ikea (auf teure Geschäftsausstattung zu verzichten oder Möbel vom Käufer zusammensetzen zu lassen) ihre Branche revolutionierten. Allerdings stehen einfache Ideen meist erst am Ende, nicht am Anfang eines Denkprozesses.

4.1 Es geht nicht um flüchtige Ideen oder Einfälle

Wenn ich von der Idee der Teekampagne erzähle, höre ich nicht selten: „So einfach ist das! Warum bin ich bloß nicht selbst draufgekommen?" Eine verständliche Reaktion. Man glaubt, es handle sich um einen ganz naheliegenden Einfall. Das ist es aber nicht. Was als Ergebnis einfach aussieht, ist in Wirklichkeit das Resultat eines keineswegs einfachen und nicht selten langwierigen Prozesses.

Wenn man beharrlich daran arbeitet, sein Ziel mit möglichst wenig Aufwand an Ressourcen zu erreichen, reduzieren sich manche Ideen im Laufe ihrer Entwicklung zum unternehmerischen Konzept immer mehr. Und ebenso wie Picasso ein Porträt mit wenigen Strichen vollendet, kann eine gute Idee zum Schluss ebenso einfach wie formvollendet sein. Vorausgegangen sind dem in der Regel aber endlose Denkschleifen, aus denen sich irgendwann der Kernaspekt herausschälte.

Sie wundern sich, warum so schlichten Unternehmensmodellen wie der Migros des Schweizers Gottlieb Duttweiler, aber auch unserer Teekampagne oder dem Ebuero des Holger Johnson ein so durchschlagender Erfolg beschert ist? Sie alle sind letztlich typisch für simple, aber gut durchdachte Konzepte.

Auch bei den Unternehmensideen von Ikea oder Aldi könnten Sie sagen, warum bin ich nicht selbst draufgekommen. Sehen wir genauer hin, stehen hinter den scheinbar einfachen Ideen sehr grundsätzliche Überlegungen.

Kann man sich Möbel denken, die der Kunde selbst zusammensetzt? Kann man Möbel so designen, dass sie ohne Holzbearbeitungsmaschinen oder Spezialwerkzeug zusammensetzbar sind? Muss man den Aufbau von Schränken, Tischen oder Stühlen nicht völlig neu durchdenken? Wollen sich Käufer überhaupt damit beschäftigen, Möbel selbst zusammenzubauen? Haben sie Zeit und Lust dazu? Trauen sie es sich zu? Ist es nicht eine Zumutung, dass Menschen plötzlich Möbel fertigstellen sollen? Dies sind viele ungewohnte Fragen, die sich vor Ikea-Gründer Ingvar Kamprad wahrscheinlich kaum jemand gestellt hat. Hat er in seinem Freundes- und Bekanntenkreis spontan positive Resonanz auf diese Überlegungen bekommen? Ich bin sicher, er hat es nicht. Das Ergebnis sieht einfach aus, aber es verlangt unkonventionelles Fragen und viel Gedankenarbeit, bis die Lösung so aussieht, dass Kunden die Arbeit des Zusammenfügens tun können und wollen und auch in den Preisen einen Anreiz finden, solche Möbel zu kaufen. Kamprad hat Fragen gestellt, die vor ihm entweder keiner stellte oder mit negativem Ergebnis beantwortete. Kamprad musste gegen den Common Sense und die herrschende Meinung antreten und er hatte auch die Fachexperten nicht auf seiner Seite. Und er musste seine Möbel neu durchdenken, um herauszufinden, wie man Möbel konstruieren muss, damit auch Laien sie später zu Hause selbst zusammensetzen können.

Es geht also keineswegs um Einfälle, um geniale Gedankenblitze, sondern um harte Gedankenarbeit. Solange Sie glauben, auf geniale Einfälle warten zu müssen, kommen Sie nicht weiter. Galilei fand heraus, dass sich die Erde um die Sonne dreht. Eigentlich ganz einfach, der Gedanke, nicht wahr? Wir wissen, dass es sehr grundsätzlicher, im Falle des Astronomen Galilei sogar höchst gefährlicher unkonventioneller Überlegungen und langwieriger Berechnungen bedurfte, bis es zu besagtem Ergebnis kam.

Wir schreiben die 50er-Jahre des letzten Jahrhunderts. Die Menschen in Deutschland sind dabei, sich nach dem Krieg langsam wieder gut einzurichten und die Provisorien der Nachkriegszeit abzulösen. Ist es da naheliegend, in den Läden auf gute ästhetische und – wie es uns die Werbemenschen nahelegen wollen – die Emotionen ansprechende Ausstattung zu verzichten? Als die Gebrüder Albrecht in Essen die ersten Läden eröffneten und konsequent auf die bis dahin übliche Ladenausstattung verzichteten, war dies kein naheliegender Einfall. Es war gegen die vorherrschenden Meinungen ihrer Zeit und niemand hätte geglaubt, dass dies die erfolgreichste Lebensmittelkette Deutschlands werden würde.

Was können wir aus den beiden Geschichten lernen? Die meisten Menschen assoziieren das Wort „Idee" mit einem Einfall. Aber darum geht es hier nicht. Offenbar kann man die Entwicklung einer Idee systematisch angehen und zu einem erfolgreichen Ende führen. Die Zauberformel heißt: Funktion statt Konvention. Von den Funktionen ausgehen, statt den Konventionen zu folgen.

Duttweiler hat es uns vorgemacht. Er sitzt im statistischen Amt der Stadt Zürich, durchforstet Tausende von Statistiken, vergleicht die Kleinhandelspreise in anderen Städten, rechnet hin und her und entwirft ein Konzept, das sich wie ein Kriminalroman in Zahlen liest. Titel: „Wie die Züricher Lebensmittelhändler es schaffen, die Stadt zum teuersten Territorium der Schweiz zu machen und die Bürger dabei ruhig zu halten".

1925 gründet Duttweiler mit Freunden zusammen die Firma Migros. Am 25. August, frühmorgens, fahren fünf Lastwagen los, um ihre Waren unter die Leute zu bringen. Die Wagen führen nur sechs Artikel mit sich: Kaffee, Reis, Zucker, Teigwaren, Kokosfett und Seife. Und die nur in Großpackungen. Ein Flugblatt informiert darüber, warum diese Waren trotz hoher Qualität so billig sind. Die Wagen samt Fahrern wirken wie eine Verbraucheraufklärung auf Rädern. Duttweiler, der Rechercheur und Entdecker von Naheliegendem, erweist sich mit seinem Ansatz als Preisbrecher und erfolgreicher Entrepreneur ersten Ranges.[10]

Man kann Duttweiler auch als einen Vordenker für eine neue Einfachheit sehen: die Idee, die Migros-Lastwagen so zu beladen, dass die Artikel von der einen Seite hineingeschoben und von der anderen bequem herausgenommen werden konnten. Oder der Einfall, unrunde Mengen, aber dafür runde Preise für alle Produkte einzuführen, was das Geldherausgeben wesentlich erleichterte. Schließlich, dass er trotz seiner Großpackungen Preistransparenz schaffte, indem er die Preise auf jeweils 100 Gramm umrechnete. Das sind kleine Geniestreiche am Rande, aber sie zeigen: Duttweiler dachte in Begriffen neuer Einfachheit. Die Welt wird jeden Tag komplexer; wir wären längst überfordert, wenn nicht hin und wieder jemand käme, der die Dinge einfacher machte. Vor allem aber dachte er systematisch und entwickelte daraus ein Konzept, das den Schweizer Einzelhandel revolutionierte.

Die meisten Menschen denken bei Kreativität an Brainstorming oder plötzliche Eingebung. Ich habe immer wieder die Erfahrung gemacht, dass gute Ideen nicht spontane Einfälle sind, sondern das Resultat von systematischen Überlegungen. „Luck favours the prepared mind", wusste schon Louis Pasteur. Wenn man systematisch über eine Frage nachgedacht hat, dann kann es passieren, dass schließlich die zündende Idee beim Spazierengehen, beim Tennisspielen oder beim Träumen kommt. Kreative Einstellungen und Arbeitsweisen werden durch ein *enriched environment*, also ein impulsreiches Umfeld, stimuliert und gefördert. Und man braucht einen gewissen Spielraum und eine Auszeit, in der man keiner streng zielgerichteten Tätigkeit nachgeht.[11]

Auch Karl Vesper, ein amerikanischer Professor, der über 100 erfolgreiche Unternehmensgründungen untersucht hat, kommt zu dem Schluss, dass man *systematisch* an der Entwicklung einer Idee arbeiten kann und dass dies wesentlich zum Erfolg der Gründung beiträgt.

> Die Entwicklung einer Idee kann man ganz bewusst und systematisch angehen.
>
> KARL VESPER

Nennen wir also das Folgende den intelligenten Weg zum Erfolg. Das Einzige, was Sie brauchen, ist einen Kopf zum Denken und eine gewisse Hartnäckigkeit.

Und eine Sicherheit kann ich Ihnen bieten: Sie sind nicht der oder die Erste, die diesen Weg geht. Mittlerweile gibt es bereits eine stattliche Anzahl solcher Gründungen. Über einige von ihnen wird in diesem Buch berichtet – nehmen Sie diese Menschen und Unternehmen als Anregung und Vorbild. Und erkennen Sie: Gründen kann ganz anders sein – und viel Spaß machen. Man kann sogar sagen: Starting a business is like starting a love affair.

4.2 Ein eigenes Ideenkonzept entwickeln

Ihre neue Liebesaffäre beginnt ganz risikolos. Sie brauchen nichts zu investieren, keine Durststrecken durchzustehen oder lange Arbeitszeiten hinter sich zu bringen. Es beginnt damit, dass Sie sich Gedanken bewusst machen, die Sie längst schon hatten. Was ärgert mich an manchen Produkten? „Ärger ist eine große Quelle von Energie", sagt Anita Roddick.

Was fehlt mir oder meinen Freunden? Könnte man bestimmte Dinge nicht einfacher, besser, preiswerter machen? Was würde ich gern mit anderen zusammen unternehmen? Es geht darum, eine Anfangsidee zu finden, auszuwählen, aus Themen, über die Sie sich schon früher Gedanken machten.

Wer kreativ tätig ist, in egal welchem Feld, der weiß, dass die besten Ideen oft in der Klausur entstehen – insbesondere dann, wenn kein bestehendes Puzzle zusammengesetzt, sondern ein neues Puzzle ausgedacht werden soll. Noch ein anderes Bild, das zur Verdeutlichung dieses Kerngedankens beitragen soll: Ein Schulkind, das den Aufsatz vom Nachbarn liest, ist bereits in dessen Rastern gefangen.

Etwas Originäres entsteht oft erst vor einem leeren Blatt. Gänzlich neue Ideen entstehen also eher nicht, wenn man drei erfahrene Ingenieure drei Stunden zusammensetzt. Sie haben zwar sicher jede Menge Ideen, bewegen sich aber, um nicht zu sagen sind gefangen, in ihrem Wissen und den Konventionen, die zu ihrer Umgebung Sinn machen. Neues entsteht eher dort, wo Herkömmliches radikal in Frage gestellt wird.

Gut, werden Sie jetzt denken, ich brauche also etwas radikal Neues. Heißt das nicht, ich brauche eine eigene Erfindung? Nein. Das brauchen Sie nicht. Erfinden und Gründen dürfen Sie nicht in einen Topf werfen.

4.3 Erfindung und Innovation unterscheiden

Sie klingen ähnlich, im Englischen als *inventions* und *innovations* noch mehr als im Deutschen, und scheinen eng miteinander zu tun zu haben. Viele Menschen glauben, dass am Beginn einer unternehmerischen Erfolgsgeschichte eine Erfindung stehen muss. „Der Rest" sei dann nur noch eine Frage der „Umsetzung". Diese Betrachtungsweise scheint naheliegend, ist aber hochgefährlich. Wahrscheinlich gibt es in der Geschichte von Unternehmensgründungen mehr Fälle vom Scheitern Erfolg versprechender, aber unausgereifter Ideen, als es erfolgreiche Gründungen gibt.

Ich kenne keine historische Geschichte, die den Unterschied zwischen Erfindung und Innovation deutlicher machen würde als die des Charles Goodyear.[12] Er hört von den Eigenschaften des Kautschuks, ist fasziniert und fängt an, sich mit dieser Materie zu beschäftigen. Geld hat er keines, im Gegenteil, er muss vor seinen Schuldnern fliehen (was damals einfacher war als heute). Wir schreiben das Jahr 1833 und befinden uns in Roxbury, Massachusetts. So vielversprechend der Naturkautschuk auf den ersten Blick wirkt und so vielfältig die Möglichkeiten scheinen, für die man das Material verwenden kann, so schwierig erweist es sich für Goodyear, wirklich praktische Produkte damit herzustellen. Ein Teil des Materials bleibt immer klebrig weich, vor allem, wenn es heiß ist. Dafür wird es im Winter bei großer Kälte steinhart und bricht leicht.

Goodyear fängt an, allerlei Substanzen auszuprobieren, führt diese mit dem Naturkautschuk zusammen und experimentiert. Seine Familie leidet darunter. Die drei Kinder bekommen kaum etwas zu essen. Die Frau lebt mit ihnen außerhalb der Stadt und hat nicht einmal das Geld, ihren Mann zu besuchen. Durch Zufall stößt er auf einen Hinweis, dass Schwefel eine gute Substanz ist, die Fähigkeiten des Naturkautschuks zu verbessern. Später kommt Bleioxid dazu. Wiederum durch Zufall und Glück passiert etwas, worüber es in der Geschichte der Forschung viele Legenden gibt. Ein Teil des Kautschuks gerät aus Versehen auf den heißen Herd – und siehe da, die Hitze verändert das Material positiv. Goodyear geht später in die Geschichte als der Erfinder der Vulkanisierung des Naturkautschuks ein.

Trotzdem bleibt die Firma wenig erfolgreich. Ein erster hoffnungsvoller Auftrag, Säcke für die amerikanische Post, 150 Stück, lässt ihn auf Einnahmen hoffen, aber bei der Fabrikation stellt sich heraus, dass das Material doch nicht die notwendigen Eigenschaften für Säcke aufweist. So reihen sich viele Rückschläge aneinander. Eines Tages wird eines der Kinder krank. Goodyear kann sich den Arzt nicht leisten, das Kind stirbt. Auch für die Beerdigung ist kein Geld da. Der Sohn wird verscharrt. Es sei die armseligste Bestattung gewesen, die man je gesehen hätte, so die Nachbarn.

Nach vielen Jahren zeigt die Experimentierphase Erfolge, und mithilfe von Geldern von Investoren entsteht eine kleine Fabrik. Doch wieder schlägt das Schicksal zu. Ein raffinierter Unternehmer hat sich das Wissen Goodyears zu eigen gemacht. Ein Schuster, den Goodyear nicht bezahlen konnte, hatte aus Wut den Großteil der Fabrikationsgeheimnisse verraten. Durch den Imitator laufen die Geschäfte schlecht, schließlich muss ein Prozess geführt werden, den Goodyear aber gewinnt. Sie denken: Jetzt kommt das Happy End. Zum ersten Mal wird Geld verdient, der imitierende Unternehmer muss rückwirkend Patentgebühren bezahlen. Da wird Goodyear schwer krank. Die jahrelange Beschäftigung mit Bleioxid zeigt Wirkung. Er stirbt.

Wo ist das Happy End? Schließlich, wie wir wissen, gibt es ein großes Unternehmen mit dem Namen „Goodyear". Wieso taucht diese Firma in der Geschichte nicht auf? Ganz einfach. Sie hat nichts mit Goodyear zu tun – jedenfalls nicht mit dem Gründer. Zwei Einwanderer aus Deutschland, viele Jahre später, machen sich seine Kenntnisse zunutze und gründen – immerhin im Andenken an Goodyear – das Unternehmen mit seinem Namen.

Die Geschichte des Charles Goodyear ist keineswegs ein Einzelfall. Die Zahl der Erfinder, die es nie zur praktischen Verwertung brachten, weil immer noch irgendein Detail übersehen worden war oder deren Erfindung von ganz anderen zum Erfolg gebracht wurde, ist Legion: Der Ökonom Schumpeter hat daraus eine zentrale Unterscheidung getroffen. Erfindung und Innovation seien zwei grundverschiedene Prozesse. Wenn wir von „Unternehmensgründungen" sprechen, so Schumpeter, spielten die Innovatoren die Hauptrolle, nicht die Erfinder.

4.4 Entrepreneurship von Business Administration unterscheiden

Eine zweite Differenzierung ist noch wichtiger. Wir entnehmen sie dem angelsächsischen Sprachraum. Er grenzt *entrepreneurship* ab von *business administration*. Während der letztere Begriff die Bewältigung der Unternehmensaufgaben unter den mehr organisatorischen und verwaltenden Aspekten beschreibt, lenkt uns der Begriff „Entrepreneurship" auf die eher kreativen, innovativen Teile einer Neugründung. Diese Unterscheidung findet sich im Deutschen nicht. Während die angelsächsische Tradition durch die längere Auseinandersetzung mit dem Gegenstand eine begrifflich schärfere Unterscheidung trifft, fehlen im deutschen Sprachraum hierfür eigene Begriffe. (Wo das Verständnis für das Gebiet nicht differenziert vorhanden ist, fehlen notwendig auch die begrifflichen Instrumente.) Während die wissenschaftliche Diskussion auch in Deutschland „Entrepreneurship" längst nutzt, stößt er im Alltagssprachgebrauch immer noch auf Widerstand.

Neues zu begreifen verlangt auch neue Werkzeuge, also neue Begriffe. Die Sicht auf neue Chancen, die sich aus wirtschaftlichen Veränderungen ergeben, darf nicht durch die Vergangenheit verstellt sein. Deswegen brauchen wir neue

Begriffe. Hierbei geht es nicht darum, schon wieder eine neue Definition zu liefern, sondern zu zeigen, dass man das Feld auch ganz anders betrachten kann und durch präzisere Begriffe zu neuen Einsichten gelangt.

Im Deutschen gibt es kein entsprechendes Synonym für Entrepreneurship.[13] So sperrig das Wort auch ist, wir kommen an diesem Begriff nicht vorbei. (Es sei denn, wir finden ein neues, treffendes und weniger umständliches Wort.) Das liegt daran, dass in dem Begriff „Unternehmer" (oder Unternehmertum), wenn man genau hinsieht, drei sehr unterschiedliche Funktionen stecken:

1. die Eigentumsfunktion (wem das Unternehmen gehört),
2. die Managementfunktion (wie das Unternehmen geschäftlich geleitet wird),
3. die innovative Funktion (mit welchem Konzept das Unternehmen gegründet und weiterentwickelt wird).

Es lohnt sich, hier genau zu differenzieren, weil diese Aufgaben höchst verschieden sind, und in der modernen Welt arbeitsteilig angegangen werden können. Wir verwirren also mehr als wir klären, wenn wir mit dem Begriff „Unternehmer" operieren.

Bleiben wir also bei Entrepreneurship und lenken unseren Blick auf die kreativen Teile, die mit einer innovativen Unternehmensgründung einhergehen. Mit welcher Idee, mit welchem Konzept kann ich mich als Newcomer gegen die etablierten Marktteilnehmer behaupten?

Folgt man der deutschsprachigen Literatur zum Thema Unternehmensgründung[14] wie auch der Praxis der Beratung von Gründern[15], so legen diese den Nachdruck auf die Bewältigung der betriebswirtschaftlichen Probleme. Wo bleibt die Idee des Gründers? Sie wird nur am Rande erwähnt. Die vorherrschende Auffassung ist, dass der Gründer die Idee mitbringt. „Sie wollen ein eigenes Restaurant betreiben? Haben Sie sich das gut überlegt, bei der vielen Konkurrenz?" „Gut – dann müssen Sie sich jetzt mit den betriebswirtschaftlichen Aspekten befassen: Management, Verwaltung, Finanzierung, Marketing und vieles mehr." Die Idee wird mehr oder weniger als gegeben angesehen. Der entscheidende Schritt sei es, sich die notwendigen betriebswirtschaftlichen Kompetenzen anzueignen, um damit die Idee mit realistischen Vorgaben umzusetzen.[16]

„Was soll schon eine Idee wert sein?" Es mag auch ein Stück an dem deutschen Wort „Idee" liegen. Seinem Klang nach ein erster Einfall, etwas Flüchtiges, theoretisch Abgehobenes und vielleicht auch Idealistisches. Die Möglichkeit, dass eine eigene, sorgfältig durchdachte Idee den Ausschlag für den Gründungserfolg geben könnte, kommt gar nicht vor.

Die angelsächsische Literatur ist hier etwas aufgeschlossener. Geht man von Timmons' Modell[17] aus, das als Standard in der Diskussion angesehen werden kann[18], so sind die Erfolgsfaktoren in drei Gruppen zusammenzufassen: Personen, Idee, Ressourcen. Hier wird also einer durchdachten und ausgearbeiteten Idee immerhin ein Platz eingeräumt. Aber auch diese Denkrichtung legt den Schwerpunkt auf die Organisation der Ressourcen und die betriebswirtschaftliche Kompetenz von Gründer und Management.

Erst nach dem spektakulären Scheitern zahlreicher Gründungen der New Economy scheint ein Umdenken einzusetzen. Viele der Start-ups der Jahre 1995 bis 2000 zogen in den USA die besten Managementtalente an und verfügten über exzellente Kapitalausstattung. Daran kann ihr Scheitern also nicht gelegen haben. Dass das Internet ausgezeichnete unternehmerische Möglichkeiten bietet, wird niemand bestreiten. Die Managementqualität war hervorragend. Private Kapitalgeber beteiligten sich bereitwillig am Risiko. Weshalb dann die hohe Quote des Scheiterns?

Es fehlten durchdachte und ausgereifte unternehmerische Konzepte. Eine Technologie allein ist noch kein ausreichendes Konzept für eine Unternehmensgründung. Wo dieses nicht vorhanden ist, helfen auch Kapital und Management nicht weiter. Das ist die Lektion aus dem ersten Internetboom.

4.5 Patente oder neue Technologien sind nur Rohmaterial

Führen wir diesen Gedanken noch etwas weiter. Bisher waren wir stillschweigend von der Annahme ausgegangen, dass Gründungen aus einem neuen Konzept heraus vom Mainstream der Forscher und Gründungsberater vernachlässigt oder übersehen werden, weil das Hauptaugenmerk auf sogenannten *technologieorientierten* Gründungen liegt. Eine Erfindung beziehungsweise das darauf aufbauende Patent scheint eine gute und gesicherte Grundlage für eine Unternehmensgründung zu sein, genauso wie eine neue Technologie.

Aber stimmt das wirklich? Sind Patente oder neue Technologien hinreichende Inputs, auf deren Grundlagen es nur noch einer kaufmännischen Umsetzung bedarf? Natürlich liegt es nahe, zu fordern, dass die vielen Patente, die an deutschen Hochschulen und Forschungseinrichtungen oder bei Tüftlern entstehen, in unternehmerische Initiativen umgesetzt werden sollen. So verständlich eine solche Forderung ist, weil ja viel Geld und Arbeit in die Entwicklung der Patente geflossen ist – der entscheidende Punkt wird übersehen.

Ausschlaggebend ist nicht die Qualität einer Erfindung oder Technologie, sondern ihre Akzeptanz im Markt. Der Erfinder, der Forscher mag eine hervorragende Leistung vollbracht, mag den Nobelpreis dafür bekommen haben – über den wirtschaftlichen Erfolg eines Produkts entscheiden die Käufer, nicht das Nobelkomitee. Forschung folgt einer anderen Logik als der Markt. Forschungs- und Marktlogik sind nicht kongruent.

Das notwendige Bindeglied zwischen einer Erfindung, einem Forschungsergebnis oder einer neuen Technologie auf der einen Seite und dem wirtschaftlichen Erfolg im Markt auf der anderen ist das unternehmerische Konzept. Es ist das entscheidende Gelenkstück zwischen Forschungs- und Marktorientierung. Wir wollen es im Folgenden *Entrepreneurial Design* nennen.[19]

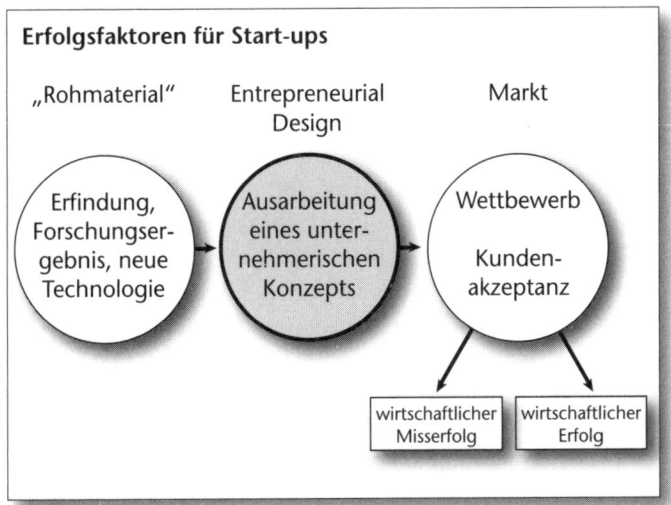

Das Entrepreneurial Design ist also *nicht* die betriebswirtschaftliche Umsetzung. Verlangt sind: Gespür für gesellschaftliche Veränderungen, Sensibilität für Marktentwicklung. Es
braucht, um es populär und drastisch auszudrücken, „Trüf-
felschweine", braucht Nase und Intuition. Patente oder neue
Technologien sind Rohmaterial. Zu erkennen, in welcher
Weise sie in ein Entrepreneurial Design passen, verlangt eben
jene Kompetenzen, die der Ökonom Schumpeter seinem Typ
des innovativen Entrepreneurs zurechnete.

Es genügt also nicht, dem Erfinder oder Forscher einen
Betriebswirt zur Seite zu stellen, der den „Transfer" in die
Praxis leisten soll. Es ist nicht selbstverständlich, dass ein
Kaufmann, auch und gerade wenn er „Master of Business
Administration" heißt, diese Aufgabe auch wirklich meis-
tert. Dabei stellen wir hier nicht die Frage, ob die heutigen
Inhalte einer betriebswirtschaftlichen Ausbildung der Aufgabe „Gespür für zukünftige Entwicklungen" angemessen sind,
ob die Fähigkeit des Kaufmanns zur Risikoabwägung über
mathematische Formeln gelernt wird oder überhaupt in ver-
schulten Kontexten erlernbar ist. Es geht um etwas anderes.

In der Vergangenheit funktionierte das Modell Erfinder/

Kaufmann gut. In den Märkten des 19. und 20. Jahrhunderts stand die Produktion im Mittelpunkt; der Absatz kam zwar nicht von alleine, war aber nicht das Hauptproblem. Ökonomen sprechen hier von angebotsorientierten Märkten, weil dem Angebot das Hauptaugenmerk galt. Management und Finanzierung standen im Vordergrund der Diskussion. Als Erfolg versprechendes Duo zur Unternehmensgründung galten ein genialer Techniker und ein kongenialer Kaufmann. Die aufzubringenden hohen Summen für den Bau von Stahlwerken, Werften oder Textilfabriken machten es für die Unternehmensgründung notwendig, das entsprechende Kapital zu beschaffen und der Finanzierung und dem Rechnungswesen große Aufmerksamkeit zu schenken.

Heute ist der Engpass nicht mehr die Produktion, sondern die Nachfrage. Weltweit gibt es viel mehr Produzenten als früher, in vielen Bereichen sogar Überkapazitäten. Es herrscht scharfer Wettbewerb; die Nachfrager bestimmen den Markt, haben den größeren Einfluss. Man spricht daher von nachfrageorientierten Märkten. Unter solchen Marktbedingungen liegt die entscheidende Aufgabe darin, die Psychologie der Märkte und ihre Veränderungen richtig einzuschätzen, mit raschem technologischem Wandel umzugehen und ein Konzept zu entwickeln, das in solch schwierigem Umfeld Aussicht auf Bestand hat.

Das ist etwas anderes als die Kompetenzen, die den Kern der Ausbildung zum „Master of Business Administration" ausmachen. Schon der Begriff „Administration" verrät, dass es um Leitung, aber unter kaufmännisch-verwaltenden Aspekten geht. Die Betriebswirtschaftslehre entstand, um in Großunternehmen den Überblick zu behalten. Hier liegt ihre Stärke, nicht in der Ausarbeitung eines Ideenkonzepts für Gründer. Das Team Erfinder/Kaufmann war ein Erfolgsmodell in einer Ära, in der ganz andere Bedingungen vorlagen.

Dies erklärt auch die geringe Effizienz sogenannter Transferstellen an Universitäten und Forschungseinrichtungen. Es geht nicht um eine Vermittlungs- oder Übersetzungsaufgabe. Im Transfer steckt die eigentliche unternehmerische Leistung!

Sie verlangt Entrepreneure, nicht Angestellte der Universitätsverwaltung.

In einer vom Institut der Deutschen Wirtschaft 2006 herausgegebenen Studie heißt es: „In Deutschland sind sehr viele gute Ideen vorhanden, die sich in Erfindungen und Patenten niederschlagen. Es treten jedoch oft Probleme im Bereich der Umsetzung auf."[20] Es ist dies ein typischer Satz, wie er sich in vielen Veröffentlichungen findet. Der Satz scheint völlig einleuchtend. In Wirklichkeit führt er aber in die Irre.

Genauso gut könnte man sagen: „Die Menschen sind von göttlicher Herkunft und edler Gesinnung. *Es treten jedoch oft Probleme im Bereich der Umsetzung auf.*" Sicher steckt in den Menschen ein göttlicher Funke und die meisten von ihnen wollen sich auch gut verhalten. Aber die Logik des Alltags, mit seinen Interessenlagen und Verwicklungen, ist eine andere. Das Göttliche und die edlen Gesinnungen sind Rohmaterial, im besten Falle. Die entscheidenden Fragen tauchen überhaupt erst in der Umsetzung auf. Genauer noch: in der *Konzeption* der Umsetzung. Welches politische System ist geeigneter als andere? Welches System der Erziehung? Welches Recht? Welche Form von Strafvollzug? Das Wort „Umsetzung" verharmlost den Sachverhalt, wirft Nebel auf die eigentlichen Fragen und tut so, als seien die wichtigsten Aufgaben ja schon gelöst und bedürften nur noch eines ganz einfachen Schritts, nämlich der Umsetzung.

Patente und Erfindungen sind Rohstoff. Die entscheidenden Fragen, ob und wie man etwas damit anfangen kann, was sich im Alltag des Marktes bewährt, stehen dabei noch aus.

Dies soll nicht heißen, dass es nicht auch Erfindungen und Forschungsergebnisse gibt, die sich verhältnismäßig einfach in marktfähige Produkte umsetzen lassen. Es ist dies jedoch nicht der Normalfall. Etwas noch so brillant Erfundenes oder Erforschtes ist nicht automatisch auch marktfähig. Forschungslogik und Marktlogik sind grundverschieden.

4.6 Was ein gutes unternehmerisches Konzept leisten muss

An das Entrepreneurial Design müssen wir hohe Anforderungen stellen, weil es eine ganze Reihe von Problemen für den Gründer lösen muss.

Was gutes Entrepreneurial Design leisten muss

1. klare Marktvorteile herausarbeiten
2. einen Vorsprung vor Imitatoren sichern
3. vor technologischer Obsoleszenz schützen
4. vor wirtschaftlicher Obsoleszenz schützen
5. den Finanzierungsaufwand minimieren
6. das Marketing muss integraler Bestandteil des Entrepreneurial Design werden

---

Das erste und wichtigste Kriterium ist, dass das Ideenkonzept Marktvorteile gegenüber den etablierten Konkurrenten aufweist. Betriebswirtschaftler kennen die *unique selling proposition*, das Alleinstellungsmerkmal, mit dem Sie im Markt auftreten sollten. Es geht aber um mehr. Eine Gründung hat Erfolgschancen, je größer dieser Marktvorteil ist. Es lohnt also, so lange an der Architektur Ihres Designs zu tüfteln, bis ein *erheblicher* Marktvorteil herausgearbeitet werden kann. Am Beispiel Teekampagne: der niedrige Preis. Je klarer der Vorsprung vor Ihren Konkurrenten, desto besser natürlich. Der Vorteil muss aber auch deutlich *erkennbar* sein. Jeder Metzger behauptet, sein Schweinebauch sei der beste und preiswerteste. Das heißt, Kunden müssen den Vorteil wahrnehmen und in seinem Umfang beurteilen können. Bei der Teekampagne war dies die Wahl einer bekannten, als hohe Qualität eingeschätzten Teesorte.

Sollten Sie Erfolg haben, ist Ihnen eines sicher: Imitatoren. Die aber können Ihnen sehr gefährlich werden. Wenn sie über etablierte Vertriebsnetze verfügen, über viel Kapital und hohe

Werbebudgets, ist das Risiko groß, dass Sie überholt werden. Würde ein Patent hier schützen? Die moderne Antwort lautet: Ja, aber nur kurze Zeit. Sobald die Konkurrenz erkennt, dass es eine neue Lösung gibt, findet man auch andere Wege. Eine technologische Innovation, sagen Mitchell und Coles, gebe einem Unternehmen höchstens einen Vorsprung von sechs bis zwölf Monaten; ein Vorteil im Konzept könne sich länger auswirken, vor allem, wenn man es kontinuierlich weiterentwickle.[21]

Schauen wir uns einen Preisträger des Business-Wettbewerbs Berlin-Brandenburg an: das Team „Cortologic". Es hat ein Spracherkennungsmodul entwickelt, das bei den Juroren hohe Anerkennung findet. Nicht nur diese, auch Geldgeber finden das Konzept überzeugend und investieren in das Unternehmen. Gibt es das Unternehmen im Jahre 2007 noch? Die Antwort lautet: Nein. Kann dies überraschen? Ebenfalls: Nein. Auf der ganzen Welt wird an verbesserten Techniken zur Spracherkennung geforscht. Unter diesem Aspekt ist es eine hervorragende Leistung, dass ein Berliner Team – und sei es nur für kurze Zeit – an der Spitze der Entwicklung steht. Aber wie lange? Kann nicht übermorgen in Taiwan, Singapur, Silicon Valley oder München eine, und sei es nur leicht verbesserte Technologie erarbeitet werden? Dies wird sogar mit hoher Wahrscheinlichkeit eintreten. Unter diesem Gesichtspunkt ist es höchst riskant, ja geradezu aussichtslos, auf Dauer die Spitzenstellung halten zu wollen. Sie müssen also eine Antwort darauf finden, wie Sie der raschen technologischen Obsoleszenz (Veralterung) begegnen können. Wenn Sie in einem international gut aufgestellten und vernetzten Forschungskontext tätig sind, wird dies realistisch sein. Aber für wen von uns Normalmenschen trifft das zu?

Aber selbst wenn es gelänge, technologisch an der Spitze zu bleiben, reicht das ja allein für den Erfolg nicht aus. Auch auf der Ebene der wirtschaftlichen Obsoleszenz müsste sich das Unternehmen behaupten. Wenn morgen in China diese oder eine vergleichbare Leistung in einer größeren Serie, mit besseren *Economies of Scale* gefertigt wird, wird das Gründungsunternehmen das Nachsehen haben.

Aus diesen Überlegungen folgt im Grunde paradoxerweise, dass die Überlebenschancen steigen, wenn die Gründung gerade *nicht* auf eigene Hightech-Entwicklung setzt. Sondern offen und flexibel bleibt und jeweils die technologisch am weitesten entwickelte oder preiswerteste Lösung am Markt einkauft.

Natürlich gibt es erfolgreiche technologieorientierte Gründungen. Man muss aber fairerweise die hohen Risiken betonen, die für Gründer mit einer Hightech-Entwicklung angesichts der weltweiten Forschungs- und Wettbewerbsintensität gegeben sind.

Je geringer der Finanzierungsaufwand ist, den Ihr Entrepreneurial Design erfordert, desto besser für Sie. Nicht nur ersparen Sie sich die vielen Canossa-Gänge zu Banken und anderen Kapitalgebern, Sie liegen auch insgesamt mehr auf der sicheren Seite. Vor allem, je weniger Fremdkapital Sie benötigen, also Kapital, das Sie zurückzahlen müssen, und das nicht zum Kapitalstock Ihrer Company gehört, desto geringer ist die Gefahr, dass Sie durch ängstliche Kapitalgeber, die vorschnell den Glauben an Ihren Erfolg verlieren und ihre Kredite zurückfordern, in einen Liquiditätsengpass getrieben werden. Es lohnt also, lange zu tüfteln, um den Kapitalaufwand so niedrig wie möglich zu halten. Wichtig ist, dass Sie die Frage des Kapitalaufwands zu einem Teil und Maßstab der Qualität Ihres Entrepreneurial Design machen.

Gleiches gilt für das Marketing. Die Fragen, wie Ihr Marketing funktionieren soll, gehört zu den Aufgaben in Ihrem Ideenkonzept. Als Grundsatz können wir formulieren: Je ausgefallener die Idee ist, desto größer sind Ihre Chancen, in der Öffentlichkeit wahrgenommen zu werden. Schrägheit ist in Sachen Marketing ein positiver Faktor. Wie muss mein Marktvorteil aussehen, damit das Marketing leichtfällt? Ihre Idee vor allem entscheidet mit darüber, wie erfolgreich Ihr Marketing sein kann. Das Marketing entsteht bei der Entwicklung des Konzepts, darf nicht erst im Nachhinein hinzugefügt werden. Marketing ist integraler Bestandteil eines guten Konzepts. Nicht: Wir haben ein Produkt – ja, wie verkaufen wir es denn jetzt?

Halten wir uns alle diese Punkte vor Augen, wird deutlich, wie viel mehr in einem guten Ideenkonzept steckt als nur ein Einfall oder eine Anfangsidee. Abraham Lincoln wird der Satz zugeschrieben: „Wenn ich zehn Stunden Zeit hätte, einen Baum zu fällen, würde ich neun Stunden davon auf das Schärfen der Axt verwenden." So sollte man es auch beim Gründen halten. Im Bereich der Konzept-kreativen Gründungen ist die Qualität des Entrepreneurial Design die entscheidende Voraussetzung für den Erfolg eines Unternehmens.

Wirklich exzellent wird Ihr Entrepreneurial Design, wenn es gelingt, drei weitere Prinzipien bei der Ausarbeitung des Ideen-Puzzles zu befolgen.

Prinzipien eines High Potential Entrepreneurial Design

- Skalierbarkeit
- Einfachheit
- Risiken minimieren

Das Konzept muss Skalierbarkeit ermöglichen. Die Leistungen müssen sich vervielfältigen lassen. Möglichst in dem Sinne, dass bei Wachstum die Kapazitäten nicht proportional erweitert werden müssen, sondern Synergieeffekte auftreten. Software ist das bekannteste Beispiel dafür. Eine professionell programmierte Software ermöglicht das. Selbst bei unerwartet hohen Kapazitätsausweitungen sollten die Programme nicht neu geschrieben werden müssen. (Also anders als beim Start der Teekampagne, als wir in Sachen Software während des Wachstums des Unternehmens dreimal völlig neu beginnen mussten.)

Einfachheit ist ein hilfreiches Prinzip. Die meisten Fehler bei der Gründung entstehen durch nicht bewältigte Komplexität. Besonders bei raschem Wachstum multiplizieren sich die Probleme und führen zu typischen Wachstumskrisen in neu gegründeten Unternehmen. Ein altes Sprichwort sagt: Jeder Schwachkopf kann Dinge kompliziert machen. Es verlangt mehr Hirn, Dinge so zu durchdenken, dass sie möglichst einfach und überschaubar bleiben.

> Complexity kills.
> It sucks your energy, flow and creativity.
>
> UNBEKANNTER AUTOR

„Seien Sie risikobereit!" Das ist ein oft gehörter, aber trotzdem richtig dummer Satz. Jedenfalls, wenn er gegenüber Gründern ausgesprochen wird. Das Prinzip muss stattdessen heißen: „Als Gründer müssen Sie so viel Risiken wie möglich vermeiden."

Wir können uns diesen Gedanken am Beispiel des alpinen Bergsteigens verdeutlichen. Für die Besteigung der Eigernordwand müssen Sie sich nicht nur gut vorbereiten, Sie müssen auch möglichst alle erkennbaren Risiken ausschalten. Es bleiben dann selbst für erfahrene Bergsteiger noch genügend Risiken übrig. Gerade *weil* Sie sich in hoch riskantem Gelände bewegen – auch als Gründer –, müssen Sie so viele Risiken wie möglich vermeiden. Ein einziger falscher Schritt kann den Tod bedeuten. Ihr Einsatz und die Absturzrate sind einfach zu hoch. Im Flachland oder als Beamte sollten wir vielleicht risikobereiter sein. Aber als Gründer können wir es uns nicht leisten.

„Viele Probleme erkennt man doch erst in der Praxis!" Ja, das ist ein wahrer Satz. „The moment you have started, hell breaks loose", sagt der erfahrene Gründer Guy Kawasaki. Aber die Konsequenz kann doch nur lauten: Gerade wenn die Hölle losbricht, und man das vorher weiß, sollte man gut vorbereitet sein und erkennbare Risiken bedacht haben. Ein guter Berater für solche Fälle ist übrigens Winston Churchill: „If you go through hell, keep going!"

Natürlich sind Theorie und Praxis verschieden. Sehr verschieden sogar. Stellen Sie sich vor, Sie sollen über ein Hochseil laufen. Links und rechts sehen Sie in die Tiefe. Ihr Coach sagt Ihnen, es sei ganz einfach. Sie müssten nur die Balance halten. Recht hat er. Jedenfalls in der Theorie. Er kann sogar die Formel für Balance an die Tafel schreiben. Die Formel ist richtig. Aber was nützt Sie Ihnen? Geht es wirklich um Balance? Wenn Sie auf einem Seil zehn Zentimeter über dem Boden laufen, ist das ein Kinderspiel. Wenn das Seil 20 Meter hoch gespannt ist, ist es theoretisch immer noch eine Frage der Balance. Aber praktisch ist es ein Riesenunterschied: Plötzlich kommt Angst ins Spiel, Versagenserlebnisse aus Ihrer Kindheit werden wach, Ihre Stressstabilität spielt eine große Rolle.

Suchen Sie sich Vorbilder oder Berater, die möglichst viele Male über das Hochseil gelaufen sind.

Die hier aufgeführten Punkte sollen unterstreichen: Sie brauchen ein wirklich gutes und ausgereiftes Konzept. Das braucht seine Zeit. Das heißt nicht, dass Sie langsam arbeiten, immer nur Bedenken wenden oder besonders zögerlich sein sollten. Aber das Ausreifen eines Konzepts und Zeitdruck passen nicht gut zueinander. Lassen Sie sich auch nicht von Freunden oder Bekannten in eine Gründung hineindrängen. „Jetzt hast du schon so lange darüber geredet, wann machst du es denn endlich?" Seien Sie taub auf diesem Ohr.

4.7 Am Puzzle arbeiten

Gutes Entrepreneurial Design ist das Ergebnis eines Suchprozesses ähnlich dem Experimentieren und Zusammenfügen eines Puzzles. Der Prozess ist einer Komposition vergleichbar, an der so lange gearbeitet wird, bis alles „stimmig" ist und jeder „falsche Ton" eliminiert ist.

Doch woher sollen Sie den Glauben nehmen, dass Sie am Ende der Puzzlearbeit ein Konzept finden, das die etablierten Konkurrenten ausheben kann? Haben nicht viele andere bereits darüber nachgedacht? Woher wollen Sie, der Sie vielleicht von außen kommen und nicht über langjährige, einschlägige Berufserfahrung in einem Feld verfügen, auf eine so zugkräftige Lösung hoffen? Schließlich glauben Sie, ein ganz normaler Mensch zu sein, ohne geniale Eigenschaften und besonderes Glück, was ja auch erlaubt sein muss.

Ich will Ihnen eine kleine Geschichte erzählen. Ich fahre als Student mit meinem alten VW durch Südfrankreich. Ein Tramper winkt am Straßenrand. Ich sitze allein im Wagen und nehme ihn mit. Wir kommen ins Gespräch und ich frage ihn, was er arbeite. Er sagt, er sei Discjockey – auf den Seychellen. Wow, sage ich, DJ auf den Seychellen – ein Super-Job. Dabei sieht der Mensch ganz normal aus. Wie wird man so etwas? Er sagt, das sei nicht besonders schwierig gewesen. Nicht schwierig?, frage ich, es müsse doch Zehntausende geben, die von solch einem Job träumen. Wie er es denn geschafft habe? Er sagt, er habe die Adressen von Hotels auf den Seychellen herausgesucht und dann einen Brief verfasst und ein Hotel hätte geantwortet, er solle kommen. Klar, sage ich, aber das hätten doch Tausende außer ihm auch getan. Nein, er sei der Einzige gewesen!

Erinnern Sie sich an die Sätze, die man Ihnen sagt, und vielleicht sagen Sie sich diesen Satz auch selbst: „Glauben Sie bloß nicht, dass Sie der Erste mit dieser Idee sind." Denken Sie an die Teekampagne. Habe ich die Großpackung erfunden? Habe ich entdeckt, dass man Zwischenhändler umgehen kann? Aber diese beiden Winzigkeiten, die weder genial noch kreativ sind, angewandt auf ein Feld, auf dem sie bisher kein anderes Unternehmen einsetzte, machten die Teekampagne zum größten Importeur von Darjeeling in der Welt.

Meine Empfehlung lautet deshalb: Suchen Sie ein eigenes Feld und fangen Sie an zu überlegen. Welche Prinzipien können in meinem Feld die geschäftlichen Bedingungen zu meinen Gunsten verändern? Lassen Sie sich nicht durch gut meinende Freunde und Bekannte abhalten, die nicht glauben wollen, dass Sie auf eine brauchbare Lösung kommen.

Wenn Sie selber fast aufgeben wollen, machen Sie sich einen Rat von Daniel Goleman zunutze. Dieser US-amerikanische Psychologie-Professor, bekannt geworden durch seine Studien über emotionale Intelligenz, beschreibt den Unterschied zwischen einem Genie und einem normalen Menschen. Es sei nur ein kleiner Unterschied, aber der sei entscheidend. Beide arbeiten an einem Problem und können es nicht lösen. Beide stehen vor der Entscheidung, aufzugeben, weil das Problem unlösbar scheint. Was ist dann der Unterschied? Der Normalmensch gibt auf – was ja angesichts der vergeblich aufgewandten Zeit und der Aussichtslosigkeit des Unterfangens durchaus vernünftig erscheint. Das „Genie", so Goleman, gebe auch auf – aber nicht ganz. Es verschiebe das Problem in einen hinteren Teil des Bewusstseins – und warte. Nicht selten passiere es, dass ein Muster an einer ganz anderen Stelle auftauche als auf dem Weg, auf dem man gesucht habe. Dadurch, dass das Problem nicht völlig aus dem Bewusstsein geschoben würde, hat die Person die Chance, das Muster in seiner Bedeutung zu erkennen und auf das fast schon aufgegebene Problem anzuwenden.[22]

Gibt es eine Garantie dafür, dass Sie eine Problemlösung finden? Nein. Aber was ist die Alternative? Dass Sie gleich resignieren und sich damit der Chance endgültig berauben, vielleicht doch noch eine Lösung zu finden? Wie lange soll man durchhalten? Meine Antwort: Halten Sie durch, schließlich kostet es Sie nichts, einen Gedanken in Ihrem Hinterkopf halb bewusst aufzubewahren und von Zeit zu Zeit nachzusehen, wie er aussah.

Ich glaube, es ist hilfreich, diese Gedankenarbeit, wie es ja bei einem richtigen Puzzle auch der Fall ist, als Spaß zu betreiben. Sie werden nach einiger Übung feststellen, dass es Ihnen nun leichter fällt, die Puzzleteile hin und her zu schieben und auf Passung zu prüfen. So wie ein Kind Spaß am Puzzeln hat und jedes Mal Freude empfindet, wenn Teile zusammenpassen, sollte es auch Ihnen gehen. Es ist ein Spiel oder ein Sport. So wie der dänische Philosoph Søren Kierkegaard an sechs Stehpulten parallel arbeitete – weil er herausfand, dass immer dann, wenn er an einem Text schrieb, ihm mehr Gedanken zu Texten kamen, an denen er gerade nicht arbeitete –, können Sie auch an mehreren Puzzles gleichzeitig spielen.

4.8 Ein Ideenkunstwerk schaffen

In Italien, dem Mutterland der Kunst der Neuzeit, gibt es den Begriff des *concetto*, der den geistigen Grundriss eines zu schaffenden Werkes beschreibt. In der italienischen Kunst wird mit dem Begriff *disegno* die Vorzeichnung, der Plan bezeichnet. Im Deutschen haben wir den von Richard Wagner geprägten Begriff *Gesamtkunstwerk*, der zum Ausdruck bringen will, dass man verschiedene Künste zu einer Kunst zusammenschmelzen kann. Auch die Entwicklung erfolgreicher Ideenkonzepte kann sich solcher Elemente bedienen. Neue Ansätze stammen, wie erwähnt, oft von Branchenaußenseitern oder Marktneulingen, denen bestehende Erscheinungsformen noch nicht selbstverständlich geworden sind, sondern diese kritisch hinterfragen.

Gutes Entrepreneurial Design ist etwas, was man in der Literatur als *plain style* bezeichnen würde – man strafft, simplifiziert und fragt so lange nach der Substanz eines Textes, bis man jedes überflüssige Wort eliminiert hat. Übertragen auf die Ökonomie heißt das, Arbeitskraft, Kapital, Energie, Materialien oder Transportwege zu sparen. Ein gutes Entrepreneurial Design hat die Chance wie gute Literatur, gute Kunst oder gute Musik: Oft überzeugt es durch Einfachheit und Klarheit.

> In der Einfachheit
> liegt die höchste Vollendung.
>
> LEONARDO DA VINCI

„Simplicity, simplicity, simplicity", fordert Henry David Thoreau in seinem berühmten Buch *Walden*. Das Gegenprinzip, Komplexität, erfordert viel größere Fachkompetenz, birgt, weil unüberschaubarer, größere Risiken. Ein Gründer ist also gut beraten, wenn er sein Konzept so einfach wie irgend möglich hält. Dieses Prinzip, das auch die Teekampagne treffend umschreibt, ist hilfreich, gerade für Unternehmensgründer. Genau genommen heißt die Aufgabe: Den Dingen eine neue Einfachheit mit einer eigenen überzeugenden Ökonomie geben.

Der Begriff Entrepreneurial Design ist auch deswegen hilfreich, weil „Design" hilft, den notwendigen Brückenschlag vom Rohmaterial zum Markt auszudrücken. Wissen allein ist nicht ausreichend; auf die Formung und Anwendung des Wissens kommt es an, oder anders ausgedrückt: auf die Transformation von Wissen in marktgerechte Entrepreneurial Designs. Nicht Wissen oder Forschungsergebnisse werden im Markt gehandelt, sondern Produkte und Dienstleistungen, in denen das Wissen eine neue körperliche oder intellektuelle Gestalt annimmt.[23] Daher könnten wir auch von *entrepreneurial gestalt* sprechen.

Für Designer ist in ihrem Berufsverständnis Orientierung am Nutzer selbstverständlich. Das Design ist in diesem Sinne die Verbindung zwischen dem Objekt und dem Nutzer. Diese Figur lässt sich sehr stimmig auf unser Problem übertragen. Von der Erfindung, vom Forschungsergebnis, von der neuen Technologie muss die Verbindung zum Nutzer geschaffen werden. Wer diese Brücke nicht schlägt, verfolgt zwar eine vielleicht technologisch höchst interessante Entwicklung weiter, riskiert aber, dies am Markt vorbei zu betreiben.

Die Aufgabe, ein gutes Entrepreneurial Design auszuarbeiten, endet nicht mit der Gründung. Selbst ein hervorragendes Entrepreneurial Design ist kein Ruhekissen. Marktsituationen verändern sich, neue technologische Entwicklungen treten auf – daher ist die Arbeit am Entrepreneurial Design eine permanente Aufgabe, der sich der Gründer dauerhaft stellen muss. Das Entrepreneurial Design ist Ihr zuverlässigster und wichtigster Partner für den Erfolg Ihres Unternehmens.

Heute sind Unternehmensgründungen möglich, die nicht von Kapital und Technologie, sondern von der Kreativität und den Ideen ihrer Gründer geprägt sind. Und leider gehen schöpferische Kraft und Leidenschaft mit Betriebswirtschaftslehre nur selten Hand in Hand.

Heute ist der Entrepreneur dem Künstler näher als dem Manager. Die Nähe von Entrepreneurship und Kunst findet sich manchmal sogar in der Wortwahl, so wie Steve Wozniak, Mitgründer von Apple, seine Arbeit beschreibt:

> „Ein guter Ingenieur ist wie ein Künstler. Wenn man etwas entwickelt, ist jedes Detail wie ein Pinselstrich, der genau passen muss.
> Genauso wie Ernest Hemingway Tage und Wochen an seinen Sätzen feilte, arbeite ich bei Apple.
> Wir haben komponiert wie Solomusiker.
> Aus Noten werden Melodien, dann Strophen, und am Ende kommt ein ganzes Lied heraus."
>
> STEVE WOZNIAK
> *Brand Eins* 10/2006

Im 19. Jahrhundert galt der Künstler als revolutionärer Gegenentwurf zum Unternehmer und seinen bürgerlichen Moralvorstellungen. Mit den Wandlungen des Industriekapitalismus, mit der Abkehr von seinen bürokratischen Organisationsvorstellungen orientieren sich moderne Managementphilosophien an Idealen wie Flexibilität, Kreativität und Innovation. Damit entstehen immer wieder Berührungspunkte zwischen zwei nur scheinbar gegensätzlichen Welten. Der Künstler werde, so der französische Soziologe Pierre-Michel Menger, zum Prototyp und Idealbild. Galt Kunst als exotisch anmutendes Gegenmodell zur abhängigen, fremdbestimmten und entfremdenden Erwerbsarbeit, als Reich der Freiheit im Gegensatz zum Reich der Notwendigkeit, so entwickele sie sich vor unseren Augen zum Modell für einen kreativen Lebensentwurf.[24] Entrepreneurship als Selbstbestimmung, als künstlerische Tätigkeit des Neuentwurfs, des Überwindens von Konventionen, als kreative Zerstörung.[25]

4.9 Wer das Prinzip verstanden hat, kann viele Unternehmen gründen

Serial Entrepreneurs, also Menschen, die gleich eine ganze Reihe von Unternehmen gegründet haben, sind der beste Beweis dafür, dass man Entrepreneurship ganz praktisch und erfolgreich von Business Administration trennen kann. Während die Unternehmer = Manager mit einem einzigen Unternehmen völlig ausgelastet und oft überlastet sind, gelingt es der Spezies der Mehrfachgründer, die hohe Belastung durch Delegation von sich abzuleiten.

Holger Johnson ist ein solcher Mehrfachgründer. Neben der Ebuero AG hat er rund 20 Firmen gegründet, mitgegründet oder ist Business Angel bei aktiver Mitarbeit am Aufbau der Unternehmen. Wie schafft er das? Er konzentriert sich auf das Entrepreneurial Design, formuliert daraus Ziele und Aufträge und kontrolliert die Durchführung. Damit setzt er seinen Kopf und seine Zeit dort ein, wo er am besten ist. Er weiß auch sehr genau, dass er bei der Arbeit am Entrepreneurial Design darauf achten muss, nicht zu viel Komplexität entstehen zu lassen. Hohe Komplexität würde die Fehleranfälligkeit vergrößern, häufiger Chefentscheidungen verlangen, sprich mehr Energie und Aufmerksamkeit von dem abziehen, wo seine besten Talente liegen und was ihm großen Spaß macht.

Wenn man Richard Branson beobachtet, ebenfalls ein Serial Entrepreneur, hat man nicht den Eindruck von Überlastung. Er ist einfallsreich in seinem Auftreten, es scheint ihm großen Spaß zu machen, er betreibt extravagante, aufwendige Hobbys. Ist er ein Universalgenie, einer, dem ohnehin alles glücken würde, egal, was er anfasst, man also nicht vorschnell allgemeine Schlüsse ziehen sollte? Wer seine Autobiografie gelesen hat, bekommt ein ganz anderes Bild: Die Anfangszeit ist schwierig. Lange wird nichts verdient. Er trickst mit dem Zoll, wird verhaftet, sitzt eine Nacht im Gefängnis. Eine hohe Geldstrafe folgt. Was den Ausschlag gab, war die Ausdauer, mit der er an seinen Ideen schmiedete. In die kleine Welt des Selbständigen, des Allesmachers, des Alleskönners hat er sich nicht einfangen lassen. Der Titel *Business ist wie Rock 'n' Roll* klingt nicht nach Buchhaltung, Rechnungswesen und Monotonie. Einen wie Branson bräuchten wir dringend in Deutschland „to *branson* the German gründungslandschaft".

Muhammad Yunus ist ein Serial Entrepreneur im sozialen Bereich. Die Grameen Bank mit ihren Kleinstkrediten ist nur ein Teil einer Vielzahl von inzwischen gegründeten Unternehmen. Darunter sind die Solarfirma Grameen Shakti, Grameen Phone, beinahe schon ein Telekommunikationsriese, oder Grameen Danone, ein Joint Venture zur Herstellung von Joghurt, das Ernährungsdefizite der Landbevölkerung ausgleichen soll. Auch eine Firma für Investmentfonds ist darunter. Yunus nutzt die Instrumente des Kapitalismus, weil er der Überzeugung ist, dass man unser ökonomisches System besser nutzen kann, als dies heute geschieht. Wer mit ihm zu tun hat, erlebt ihn als entspannt, liebenswürdig, völlig präsent und eben *nicht* überarbeitet, auch wenn das die Vielzahl der Projekte und Aufgaben erwarten ließe.

Die Tatsache, dass Gründer sich im Entwickeln von erfolgreichen Entrepreneurial Designs trainieren können und das zweite Unternehmen leichter zu konzipieren ist als das erste, unterstreichen auch empirische Untersuchungen zu den Serial Entrepreneurs.[26] Nach der ersten Gründung hat man verstanden, wie es geht, oder anders ausgedrückt: Wenn man den Dreh heraushat, kann man viele Unternehmen gründen. Holger Johnson macht es mit jedem Mal besser, schneller und mit weniger finanziellem Aufwand. So wie man lernen kann, ein Puzzle immer schneller und besser zusammenzulegen, verhält es sich auch mit Unternehmensgründungen: Fehler und teure Experimente, die man in einer ersten Gründung gemacht hat, werden im Normalfall beim zweiten oder dritten Mal nicht mehr passieren.

Das Prinzip heißt, mit Kreativität und Systematik ökonomisch intelligentere Lösungen zu entwickeln, die am Markt profitabel sind und kommerziellen Wohlstand schaffen – für den Entrepreneur und seine Kunden. Entrepreneurship besteht also im Kern aus dem Entwickeln geeigneter Konzepte. Genau dieser Aufgabe müssen sich Unternehmensgründer bewusst sein. Sie ist enorm komplex und erfordert Zeit und Wissen. Die benötigten Fähigkeiten sind auch nicht rein theoretisch zu erlangen.

Wer neu auf den Markt kommt, sollte doppelt so gut und halb so teuer sein wie die Konkurrenz, also Faktor vier, lautet Holger Johnsons Devise. Sein Ebuero arbeitet mit 90 Prozent Kostenersparnis für den Nutzer, also Faktor zehn. Ein solcher Prozess erfordert das extreme Durchdenken einer Idee. Auch auf diesem Weg – nicht nur durch Hightech – kann man Gründungen mit hohem Potenzial in Gang bringen. Deshalb sollte man solchen Formen von Entrepreneurship, um die es in diesem Buch geht, durchaus auch High-*Potential*-Charakter zuschreiben. Nach meiner Erfahrung haben sie sogar höhere Erfolgswahrscheinlichkeit als nur auf Hightech basierende Gründungen. Und auch der Aufwand (und Verlust) an öffentlichen Mitteln würde dadurch geringer.

Je klarer und einfacher das Ergebnis, desto mehr Arbeit war im Vorfeld nötig: Meist sind Tausende von Informationsbausteinen notwendig, bevor eine Idee Konzeptreife erlangt. Das Nachdenken über Möglichkeiten zur Komplexitätsreduktion erfordert eine enorme geistige und kreative Leistung. Erfolgreiche Gründer sind oft Jahre mit einer Idee „schwanger gegangen" und haben enorm viel Zeit und Energie in die Gedankenarbeit investiert.[27]

Es ist wichtig, die Erfolgsfaktoren zutreffend herauszuarbeiten, weil statistisch eine große Zahl der Unternehmensgründungen scheitert. Je nachdem, welchen Studien Sie Glauben schenken, liegt die Scheiternsquote zwischen 30 und 80 (!) Prozent.[28] Es ist also für Gründer keineswegs einfach, unter Marktbedingungen Profite zu erzielen; Kapital und Business Administration allein reichen heute nicht mehr aus.

Wer keinen Wettbewerbsvorteil hat, wird gegenüber den Unternehmen, die schon im Markt sind, nur schwer bestehen können. Die Konkurrenten haben bereits einen Kundenstamm, sie kennen die Besonderheiten des Marktes und der Produkte, sie verfügen über Erfahrungen, Rücklagen, und können auch Risiken besser einschätzen als der Newcomer. Kurz gesagt, auf allen wichtigen Gebieten haben die etablierten Konkurrenten Vorteile und der Gründer entsprechende Nachteile. Man muss sich daher schon etwas Besonderes einfallen lassen, um im Markt zu bestehen. Daher können wir ganz allgemein sagen, dass das innovative Element des eigenen Konzepts ein wichtiger Faktor für das Überleben ist. Es ist – für uns Normalmenschen – meist der einzige, aber entscheidende Trumpf der Neugründung.

4.10 Erfolgreiche Unternehmen entstehen im Kopf

Ein gutes unternehmerisches Konzept zu entwickeln ist eine Herausforderung. Ob es harte Arbeit darstellt oder durch vergnügtes Nachdenken[29] geschieht, sei dahingestellt. Viele Wege geht man besser im Kopf als zu Fuß. „Sometimes one needs as much as ten years and 50 000 pieces of information before an entrepreneurial concept is born", sagt Professor Simon von der Carnegie Mellon University. Simons Erfahrungen sollen nicht abschrecken, sondern belegen, dass eine gut durchdachte Idee eben nichts Belangloses und Flüchtiges ist, das erst durch „betriebswirtschaftliche Umsetzung" Substanz gewinnt.

Dieser Prozess ist eine Art Reifephase, bei der Probleme, Lösungsmöglichkeiten, Alternativen und Risiken so lange hin und her gewälzt werden, bis ein ausgewogenes und ausbalanciertes Konzept entsteht, das Stöße von außen (im Markt) aushält. Dies sei all jenen ins Buch geschrieben, die den scheinbar so modernen Satz „Heutzutage fressen die Schnellen die Langsamen" gerne im Munde führen. „Schneller" heißt auch leicht: schneller in den Bankrott. Eine Idee ausreifen zu lassen meint nicht, Zeit zu vertrödeln. Zeit ist im hoch wettbewerbsintensiven Hightech-Bereich in der Tat ein zentraler Faktor, nicht automatisch in allen anderen Bereichen des Entrepreneurship. Auch mit der „Entdeckung der Langsamkeit" lassen sich gute und nachhaltige Erfolge, mit „Slow Food" etwa, erzielen.

Es ist hilfreich, möglichst viele der später auftauchenden, typischen Szenarien, wie Imitatoren, bereits im Vorfeld mitzudenken und eine Antwort parat zu halten. Nicht weil man das Marktverhalten wirklich vorhersagen könnte (wie es Businesspläne mit ihren Drei-Jahres-Projektionen versuchen), sondern weil Improvisation und Planung sich gut ergänzen.[30] Meist ist gute Planung die Voraussetzung dafür, gut improvisieren zu können. Es sei schon an dieser Stelle angedeutet, dass gute Entrepreneurial Designs auch persönliche Lebensziele einbeziehen, also mit der Person des oder der Gründer in Einklang gebracht werden können.

Es geht also nicht um Einfälle, wie es das Wort Idee nahelegt, sondern um das exakte Gegenteil: ein lange, sorgfältig durchgearbeitetes Konzept. Es ist meines Erachtens nicht unzutreffend, zu sagen, dass es sich hierbei dem Charakter nach um eine Art Patent handelt.

Meine Studenten sind meist höchst erstaunt, wenn ich erfolgreiche Gründer nach ihrer aufgewendeten Arbeitszeit befrage und zur Antwort bekomme, dass – vorausgesetzt, ein wirklich gutes Konzept liegt vor – im laufenden Geschäft verhältnismäßig wenig Arbeit für sie anfällt. Selbst einige wissenschaftlich fundierte empirische Untersuchungen räumen ein, dass es erfolgreiche Gründungen gibt, die gerade

nicht mit intensiver Arbeit verbunden waren. Das Phänomen
ist also bereits da. Es wurde nur bislang übersehen, kleinge-
redet oder passte nicht ins Bild.[31]

Entrepreneurial Design besitzt – ähnlich einem Patent –
einen Wert an sich. Das Ikea-Konzept des Ingvar Kamprad
oder das Aldi-Modell der Gebrüder Albrecht sind solche
Leistungen. Wenn hier von „Patent" gesprochen wird, dann
nicht im Sinne der Schützbarkeit, sondern eines Denkprozesses, dessen Resultat etwas Neues ist, dem ein bestimmter
Wert innewohnt. Vielleicht kommen wir eines Tages dazu,
die Schutzrechte, die einem patentreifen Konzept in den in-
genieur- und naturwissenschaftlichen Disziplinen verliehen
werden, auch Konzepten in unserem Sinne zuzusprechen.

Erfolgreiche Unternehmen entstehen im Kopf. Je besser
eine unternehmerische Idee ist, je durchdachter und ausge-
arbeiteter, je mehr sie einem vollendeten Kunstwerk gleicht,
desto mehr wird sie sich durchsetzen.

Vielleicht kann ich es am Beispiel von Architektur verdeutlichen. Die in ihrer Zeit führenden Architekten haben immer
damit gerungen, Bauwerke zu schaffen, die zum Ort, zur Zeit,
zum verfügbaren Baumaterial passen. Und dies meist unter
dem Druck begrenzter Ressourcen. Es fängt also an mit der
Suche nach einem Ideengebilde. Bevor mit dem Bau begonnen
wird, entsteht das Bauwerk als Plan im Kopf des Architekten.
Der Planende schiebt wie in einem Puzzle einzelne Aspekte
hin und her, wägt ab, wählt aus, fängt gegebenenfalls neu an,
erarbeitet fehlende Puzzlestücke selbst, so lange, bis die Ein-
zelteile sich ineinanderfügen. Natürlich ist richtig, dass viele
Probleme erst während des Bauens auftauchen. Es wäre aber
verhängnisvoll, daraus zu schließen, mit dem Bau zu beginnen, bevor der Architekt das Ideengebilde erarbeitet und in
einen technisch durchführbaren Plan gefasst hat. Gute Bauwerke drücken etwas Vollendetes aus. Nicht ohne Grund ist
der Architekt nicht völlig den technischen Berufen zugeordnet, sondern wird ihm ein schöpferischer, ja künstlerischer
Teil zugesprochen. Es sei noch hinzugefügt, dass Architekt
und Baumeister zwei verschiedene Funktionen sind – wie

Entrepreneur und Manager –, der Architekt also keineswegs selbstverständlich das Bauwerk selbst erstellt.

Verstehen Sie das Beispiel nicht falsch. Es soll nicht das Hohelied des Architekten gesungen werden, der als Genie in seiner Zeit Maßstäbe setzt. Das Beispiel soll den Prozess des Entstehens beleuchten, soll erklären, was es heißt, eine Idee zu entwerfen, auszuarbeiten und zu einem tragfähigen Konzept zu vollenden.

Der moderne Entrepreneur ist nicht das Genie, das die Fähigkeiten eines strategischen Feldherrn, eines Wissenschaftlers und eines PR-Manns in sich vereinen muss. Selbst kleine, gute Ideen können eine große Wirkung entfalten. Gerade der Bereich der Wirtschaft ist *nicht* ein Feld, in dem alle Ideen schon gedacht und durchgeführt wurden. Es ist – und ich darf das als Ökonom sagen – ein eher ideen*armes* Feld, in dem vieles verbesserungsfähig ist, von unseren Alltagsprodukten angefangen bis hin zu den großen Themen von Verkehr, Umwelt, Gesundheit.

„The pursuit of happiness" in der amerikanischen Verfassung, das Streben nach Glück, verlangt mehr als Rechnungswesen, Umsatzsteigerung und Markenbildung. Menschen statt Marken, ist man versucht zu sagen. *Small is beautiful* wurde in den 60er-Jahren ein berühmter Buchtitel. Aber der Untertitel war noch besser: *Economics as if people mattered*. Eine Ökonomie, bei der die Menschen die ausschlaggebende Rolle spielen. Also nicht Ablehnung von Ökonomie, wie es heute oft in der Diskussion geschieht, sondern eine etwas andere Ökonomie, die Verbesserungen für den Menschen in den Mittelpunkt stellt. Eine Ökonomie mit mehr Raffinement, mehr *sophistication*. Keine Alternative zum System, sondern eine Alternative im Sinne einer Höherentwicklung, einer Verfeinerung, einer größeren Kultiviertheit des Systems.

So wie wir auf dem Weg vom Höhlenmenschen zur Haute Cuisine unsere Geschmacksnerven verfeinert haben, haben sich auch unsere Bedürfnisse in anderen Bereichen unseres Lebens entwickelt und sind anspruchsvoller geworden. Über gute Köche wissen wir, dass sie mehr brauchen als gute Kenntnisse im Kochen. Fantasie ist gefragt, Experimentierfreude, das Erkennen von Trends und die Reaktionen auf neue Problemlagen (der Traum vom Schlaraffenland hat sich zum Traum von der schlanken Figur gewandelt). Und nicht zuletzt sind der Spaß und die Genugtuung an der Tätigkeit eine wichtige Voraussetzung für den Erfolg.

Es könnte eine Ökonomie sein, in der die Anstöße von Entrepreneuren kommen, die ökonomische, soziale, aber auch künstlerische Fantasie einbringen und moderne, effiziente Mittel dafür einsetzen. Wir Menschen sind die Marken, unverwechselbar und schön, einzigartig, von der Natur gegen Imitationen geschützt. Wir sollten nicht die hervorragenden Mittel moderner Ökonomie dafür nutzen, die Natur hier auszuhebeln.

John Ruskin und William Morris, die Begründer der *Arts and Crafts Movement* in England, erkannten eine Tendenz der industriellen Revolution, den Menschen aus dem Mittelpunkt des Geschehens zu nehmen; sie plädierten dafür, die Errungenschaften der Technik und Ökonomie für bessere Qualität und schönere Produkte einzusetzen.

Es ist hier nicht die Absicht, den Sozialismus oder irgendein anderes System zu propagieren. Im Gegenteil. Hier wird die Frage gestellt, ob nicht *innerhalb* des Systems, das heißt mit den Werten des momentan funktionierenden Systems den Problemen begegnet werden kann. Es geht nicht um Paradiessuche, um Utopia. Es geht um etwas viel Einfacheres: Weniger schlechte Produkte etwa, die unseren Geldbeutel oder unsere Gesundheit schädigen. Oder weniger Kurzlebigkeit der Produkte.

Thomas Hoof, der Gründer von Manufactum, kämpfte für mehr Qualität. Heute sei der Feind des Guten nicht mehr das Bessere, sondern das Schlechtere, Billigere, Banale. Es gebe kaum ein Qualitätsprodukt, das nicht durch jämmerlich schlechte, aber viel billigere Konkurrenten und Nachahmungen gefährdet werde.[32]

„Ein Ding [...] soll seinem Zweck vollendet dienen, das heißt, seine Funktion praktisch erfüllen, haltbar, billig und schön sein." Dieses Zitat von Walter Gropius (1925) aus der frühen Dessauer Zeit des Bauhauses kann uns auch heute noch Leitlinie sein. Es gibt auch einen Luxus durch mehr Einfachheit, soll heißen: Luxus durch Abbau von Komplexität. Wir können hier von der Architekturdiskussion über die Beziehung von Form und Funktion vieles lernen.[33]

5 Der Überforderungsfalle entgehen

5.1 Der Unternehmer als Alleskönner – Warum wir diesen Zopf abschneiden müssen

Sie wollen ein Unternehmen gründen? Was ist dazu wichtig? Auf diese Fragen gibt es in der deutschen Gründerberatung eine einhellige Antwort: Sie bräuchten hierfür zuallererst gute betriebswirtschaftliche Kenntnisse. Sich diese Kenntnisse anzueignen und sie sachkundig anzuwenden sei von entscheidender Bedeutung. Je besser sich Gründer oder Gründerin in Bereiche wie Management, Marketing oder Finanzierung einarbeiteten, desto höher sei die Chance auf Erfolg.

Traditionelles Anforderungsprofil an das Wissen eines Gründers

- ✔ Rechnungswesen
- ✔ Bilanzierung
- ✔ Controlling

- ✔ Branchenerfahrung
- ✔ Arbeits-, Unternehmens-, Steuerrecht
- ✔ Verhandlungsführung

- ✔ Management und Organisation
- ✔ Personalführung
- ✔ Lagerhaltung

- ✔ Marketing und Vertrieb
- ✔ Kundenkommunikation
- ✔ Finanzierung
- ✔ Öffentlichkeitsarbeit

Gründern wird suggeriert, sie müssten Alleskönner sein, sich im Rechnungswesen, in der Finanzierung gleichermaßen auskennen wie mit Management, Marketing, Personalfragen, Arbeitsrecht, Vertragsrecht, Steuerrecht. Mit Banken sollen sie verhandeln können, mit Kunden und mit Lieferanten. Die Mitarbeiter sollen sie führen und die Öffentlichkeitsarbeit gestalten. Die Bilanz müssten sie verstehen und auch das Controlling.

Da ist er wieder, der Extremsportler mit masochistischem Einschlag. Das alles soll er bewältigen – und die Marathonstrecke wird mit jedem Tag länger. Obwohl die Aufzählung schon eindrucksvoll genug ist, muss man sich vor Augen halten, dass es sich dabei praktisch nur um die Überschriften über ganze Fachgebiete handelt. In Teilen ist das notwendige Fachwissen sogar so aufgefächert, dass ein Einzelner es gar nicht flächendeckend bewältigen kann (zum Beispiel im Arbeitsrecht oder Steuerrecht). Es sind dies ja alles Gebiete, bei denen man Monate, ja Jahre bräuchte, um sich so solide einzuarbeiten, dass man wirklich kompetent handeln könnte.

Traditionelles Anforderungsprofil an das Wissen eines Gründers

Finanzplanung

Internationaler Zahlungsverkehr

✔ Rechnungswesen
✔ Bilanzierung
✔ Controlling

SWOT-Analyse

Research and Development

Einführung Rechnungswesen

✔ Branchenerfahrung
✔ Arbeits-, Unternehmens-, Steuerrecht
✔ Verhandlungsführung

Einführung in Arbeitsrecht

Five-Forces-Analyse

Steuerliche Probleme für Gründer

✔ Management und Organisation
✔ Personalführung
✔ Lagerhaltung

Zielgruppenanalyse

Risk management

Strategisches Management

Theorie und Praxis der Mitarbeiterführung

✔ Marketing und Vertrieb
✔ Kundenkommunikation
✔ Finanzierung
✔ Öffentlichkeitsarbeit

Business-to-Business-Marketing

Datensicherungssysteme

Marketing für Existenzgründer

Es kommt noch hinzu, dass diese Gebiete ständig weiter an Breite und Tiefe zunehmen. Was also in der Vergangenheit vielleicht noch realistisch war – einigermaßen kompetent in diesen Feldern zu agieren –, ist es heute nicht mehr. In dieser Situation gibt es gar keinen anderen Ausweg als die Suche nach Möglichkeiten, die eigene Nichtkompetenz zu substituieren.

Bevor wir also alle Nichtökonomen auffordern, sich mit dieser Stofffülle vertraut zu machen – wie das die Gründungsberatung tut –, sollten wir einen Moment überlegen. Von der Body-Shop-Gründerin Roddick stammt der Satz:

> Wäre ich auf eine Business School gegangen,
> hätte ich das Unternehmen nie gegründet.
>
> ANITA RODDICK

Er legt die Vermutung nahe, dass nicht nur Frau Roddick, sondern auch viele andere potenzielle Gründer abgeschreckt werden von der Aussicht, sich in umfangreiche betriebswirtschaftliche Gebiete einarbeiten zu müssen. Aber nicht alle haben den Mut, sich wie Anita Roddick darüber hinwegzusetzen.

Man darf solche Anforderungskataloge, die ja als Aufzählung notwendiger Qualifikationen nicht unzutreffend sind, nicht so verstehen, dass eine einzige Person sie erfüllen könnte. Nur ein Genie könnte das, während Normalmenschen zwangsläufig daran scheitern müssen. Was der bekannte Managementtheoretiker Fredmund Malik über Führungskräfte sagt, lässt sich gut auch auf Entrepreneurship übertragen:[34]

Man könne den Idealtypus zwar beschreiben, ihn in der realen Welt aber nicht finden. Daher müsse man die Frage neu stellen. „Wie ist es zu schaffen, gewöhnliche Menschen – weil wir letztlich nie genug Talente haben werden – zu befähigen, außergewöhnliche Leistungen zu erbringen?"[35]

Noch ein zweiter Einwand liegt nahe: Die Sachgebiete

sind so groß und so anspruchsvoll, dass die Gefahr besteht,
dass Sie als Dilettant enden. Dilettantismus ist aber noch
gefährlicher als das Eingeständnis, ein Fach nicht zu beherrschen.

Dabei ist die Aufzählung, wie sie oben vorgenommen
wurde, noch gar nicht vollständig. Die entscheidenden Kompetenzen, die Gründer brauchen, um sich im Markt auch
behaupten zu können, fehlen noch. Gründer müssen neue
Trends und Veränderungen im Markt rechtzeitig erkennen,
ihr unternehmerisches Konzept immer wieder auch neuen
Marktbedingungen anpassen. Sie müssen ihre Ideen den eigenen Mitarbeitern plausibel machen und sie damit begeistern können. Sie müssen ihr Unternehmen *führen*.[36] Das ist
etwas anderes, als den Geschäftsalltag zu organisieren und
zu verwalten.[37] Im Einzelnen handelt es sich auch hierbei um
eine große Anzahl von Aufgaben, die eine Person mehr als
ausfüllen.

Moderne Anforderungen an die Kompetenz des Gründers

✔ Ein eigenes, innovatives Konzept entwickeln
✔ Implementierung des Konzepts
✔ Weiterentwicklung des Konzepts
✔ Adaption an sich ändernde Bedingungen

✔ Mitarbeiter für das eigene Konzept begeistern können
✔ Marktbeobachtung
✔ frühzeitig neue Trends und technologische
  Entwicklungen erkennen
✔ Richtungsentscheidungen vorbereiten und treffen

✔ Instanz für alle grundsätzlichen Entscheidungen

Moderne Gesellschaften sind arbeitsteilig und das nicht erst
seit gestern. Bereits der Moralphilosoph Adam Smith sah in
zunehmender Arbeitsteilung eine Voraussetzung für den
Wohlstand der Nationen. Die erste arbeitsteilige Fabrik, eine
Schuhfabrik, existierte bereits im Mazedonien Philipps II.

Alexander der Große soll daraus Anregungen für seine Kriegskunst gezogen haben. Warum verlangen wir also vom Gründer, dass er nach wie vor in allen betriebswirtschaftlichen, rechtlichen, sozialen Funktionen beschlagen sein soll?

5.2 Wissen um die eigene Unwissenheit oder: Die Kunst des Beurteilens und Kooperierens

Sie werden sich zu Recht fragen, wie man denn etwas delegieren soll, das man gar nicht kennt. Wie kann ich etwa das Rechnungswesen in andere Hände legen und dennoch kontrollieren? Wie kann ich etwas abgeben und Qualität einfordern, wenn ich das Fach selber nicht beherrsche? Falle ich nicht auf Scharlatane oder gar Betrüger herein? Wird mir die Leitung meines Unternehmens nicht aus der Hand genommen? Oder gerät es in ein Fahrwasser, das ich nicht wollte? Behalte ich den Überblick oder gerate ich in Situationen, die ich nicht mehr meistern kann?

Es gibt natürlich tausend gute Gründe dafür, dass Kompetenz wichtig ist. Es scheint also durchaus berechtigt und plausibel, wenn die herrschende Lehre fordert, dass die Einarbeitung in die betriebswirtschaftlichen Felder unabdingbar ist. Ein unlösbares Problem? Nur scheinbar.

Der Einwand

Wie kann ich Qualifikation beurteilen,
wenn ich selber nicht
über die einschlägigen Erfahrungen verfüge?

Halten wir einen Moment inne und betrachten wir unseren Alltag. Auch in anderen Lebensbereichen haben Wissen und Spezialisierung in einem Ausmaß zugenommen, die uns die Einarbeitung in vielen Gebieten nicht mehr ermöglichen. Gibt es Analogien zu unserem Problem? Was können wir aus anderen Lebensbereichen im Analogieschluss übertragen?

Stellen Sie sich vor, Sie gehen zum Arzt. Natürlich wollen Sie jemanden, der eine kompetente Diagnose stellt. Wie können Sie die Qualität des Arztes beurteilen? Eigentlich klar: Sie müssen Medizin studieren. Aber bitte nicht nur vier Semester, sonst glauben Sie bei jeder Krankheit, Sie hätten sie selbst. Und jetzt stellen Sie sich vor, Sie gehen zum Rechtsanwalt. Wie sollen Sie seine Kompetenz beurteilen? Ein Jurastudium muss her. Ihre nächsten Besuche führen Sie zum Zahnarzt, in die Autowerkstatt oder zum Architekten. Wie beurteilen Sie deren Qualifikation? Eine alltägliche Konstellation eigentlich in jeder modernen Gesellschaft. Sie beurteilen längst ohne einschlägige Vorkenntnisse, aber es fällt Ihnen nicht mehr auf. Wie Sie das tun?

Sie fragen Freunde und Kollegen, werfen einen Blick in einschlägige Literatur, gehen ins Internet zu Google. Oder Sie machen sich einen eigenen Eindruck, beurteilen die Reaktion der Beteiligten und so fort. Kann man diese Beobachtung auf unser Problem übertragen? Ich meine: Ja. So wie wir schon heute im Alltagsleben mit spezialisierten Professionen zusammenarbeiten, müssen wir uns auch den Entrepreneur in Zukunft denken.

> Man muss nicht Ochse sein,
> um Rindfleisch beurteilen zu können.
>
> KARL KRAUS
> Literaturkritiker

Für die Kompetenz zu delegieren ist es wichtig, dass Sie Partner finden, die das eigene Anliegen verstehen, am besten sogar Ihre Begeisterung dafür teilen und die auch wirklich kompetent sind, was sich unter anderem darin zeigt, dass sie

ihr Fachwissen einigermaßen verständlich darlegen können.
(Außer vielleicht in Deutschland wird kaum jemand, der sich
unverständlich ausdrückt, als kompetent angesehen.) Sie wissen aus eigener Erfahrung, dass es wichtig ist, dass Sie beispielsweise mit Ihrem Rechtsanwalt kooperieren: Recht zu
haben allein genügt nicht. Ihr Anwalt wird Sie belehren, dass
Sie Beweismaterial sammeln, dass Sie sachlich argumentieren
müssen. Und Sie tun gut daran, seinem Rat zu folgen.

Sie müssen delegieren, an qualifizierte Personen (nicht
notwendigerweise eigenes Personal), und Sie können es, wie
in anderen Lebensbereichen auch. Von Enzo Ferrari, der Legende des Motorsports, stammt der Satz:

> Von Motoren habe ich nie etwas verstanden.
> Dafür hatte ich meine Ingenieure.
>
> ENZO FERRARI

Es ist ein Beispiel dafür, wie man sogar Höchstleistungen auf
einem Gebiet erreichen kann, von dem man die Details nicht
versteht.

Anfang des dritten Jahrtausends ist ein so hohes Maß an
Arbeitsteilung erreicht, dass wir täglich mit Situationen konfrontiert werden, in denen wir schnell und kompetent handeln müssen, ohne in dem jeweiligen Fachgebiet ausgebildet
zu sein. Merkwürdigerweise hat dieser Gedanke im Entrepreneurship noch nicht Eingang gefunden.

Doch warum sollte er nicht auch und gerade für Entrepreneurship gelten? Das Unternehmerbild vom Alleskönner
und Gesamtmatador ist passé. Moderne Arbeitsteilung und
Virtualität stellen innovative Unternehmensgründungen in
einen völlig neuen Bedingungsrahmen. Ein Unternehmensgründer oder sein Team kann und muss heute keineswegs
alles selber können, sondern lediglich wissen, wo es verläss-
liche Informationen erhält und sich so weit selbst informieren, dass es deren Qualität beurteilen und jeden Rat mit kri-

tischer Distanz einschätzen kann. Oft helfen hier gesunder
Menschenverstand und Instinkt mehr als fundiertes Fachwissen auf allen möglichen Gebieten.

Sicher werden Sie im Laufe Ihrer Tätigkeit in Ihrem Unternehmen Kenntnisse erwerben und in einzelnen Gebieten
sachverständig werden. Der Punkt, um den es uns hier geht,
ist allein, dass Sie als *Gründer* überfordert sind, sich in die
vielen notwendigen Fachgebiete einzuarbeiten.

Google ist ein gutes Beispiel dafür, wie ein Unternehmen
ein durchdachtes und in der Sache überlegenes Konzept erarbeitet und sich gegen bereits etablierte Suchmaschinen durchsetzt. Die beiden Gründer Sergey Brin und Larry Page haben
sich auf das Streben nach dem bestmöglichen Suchergebnis
konzentriert, das Kundenwünsche und Marktlogik miteinander verbindet. Google wird nicht von den Gründern, sondern
von dem erfahrenen, professionellen Manager Eric Schmidt
geleitet – ein Beispiel für eine gelungene Arbeitsteilung zwischen Entrepreneurship und Business Administration.

Gehört nicht gerade zum Führen Distanz zum Alltag, ein
Stück Muße? Wie soll man den Horizont im Auge behalten,
neue Entwicklungen rechtzeitig erkennen, wenn man völlig
in der Organisation aufgeht?

Die Unterscheidung von Entrepreneurship und Business
Administration ist außerordentlich wichtig, weil mit ihr auch
zwei unterschiedliche Tätigkeitsfelder umrissen werden. Dabei geht es nicht darum, dass man die Felder aus praktisch-
organisatorischen Gründen trennen kann, sondern dass sie
eine Trennung geradezu verlangen, weil völlig unterschiedliche Anforderungen gestellt werden. Entrepreneurship ist im
Kern ein kreativer Akt, es ist die Fähigkeit, sagt Timmons,
etwas praktisch aus dem Nichts zu schaffen.[38] Entrepreneurship verlangt daher einen kreativen, schöpferischen „Mind
Set", während Business Administration die ordnenden, kon-
trollierenden, verwaltenden Fähigkeiten voraussetzt.[39]

Weil die meisten Menschen aber nicht über beide Fähigkeiten verfügen, werden Gründer überfordert, wenn man
ihnen beides aufbürdet. Folgt man diesem Argument, so er-

gibt sich die Notwendigkeit von Arbeitsteilung. Dies eröffnet aber auch die Chance, den oder die Gründer für die kreativen, schöpferischen Teile freizustellen.[40] Konsequent zu Ende gedacht heißt das: Als Gründer müssen Sie *an* Ihrem Unternehmen arbeiten, nicht notwendigerweise *in* Ihrem Unternehmen. Die Vorstellung, dass der Gründer alles können muss, stammt aus dem letzten Jahrhundert, eigentlich noch aus dem vorletzten. Es ist an der Zeit, sie aufzugeben.

5.3 Wo die Gründungsberatung versagt – Das Beispiel der Künstlerin Dorothee

Dorothee ist die Tochter eines Kollegen. Sie hat Anglistik studiert, aber Lehrerin werden möchte sie nicht. In ihrer Freizeit formt sie Vasen. Große Keramik. Sie fragt mich, ob sie daraus nicht ein kleines Unternehmen machen könne. Ich stelle ihr dazu eine Reihe von Fragen. Macht es ihr wirklich Spaß? So großen Spaß, dass sie sich vorstellen könnte, es auf Dauer zu tun? Sind Menschen bereit, diese Vasen mit ihrem eigenen Geld zu kaufen? Und vieles mehr. Dorothee erzählt, dass sie wirklich gerne an ihren Keramiken arbeitet. Dass es Leute gibt, die ihr die Vasen heute schon abkaufen und dass sie Geld damit verdient, auch wenn sie alle Kosten und ihre eigene Arbeitszeit mitrechnet. Und dass sie mehr Geld verlangen könnte, wenn sie wollte.

Es klingt nicht schlecht. Es klingt sogar sehr überzeugend. Wahrscheinlich wird Dorothee mit ihren Vasen glücklicher als im ungeliebten Job als Lehrerin. Mein Rat: Es tun. Sich nicht beirren zu lassen und auf ihre offenbar künstlerischen Neigungen zu setzen.

Ein paar Monate später treffe ich sie wieder. Neugierig frage ich nach ihrem Unternehmen. Sie sagt: „Ich bin als Unternehmerin ungeeignet." „Wieso das?", frage ich erschrocken. Dorothee erzählt. Sie hat einen Existenzgründerkurs besucht. „An der Bilanzanalyse bin ich gescheitert."

Bilanzanalyse ist etwas sehr Wertvolles. Wer die finanzielle Situation eines Großunternehmens wie Siemens verstehen will, kommt an Bilanzanalyse nicht vorbei. Aber was Dorothee braucht, ist nicht Bilanzanalyse. Sie braucht ein Verständnis dafür, ob ihre Arbeit ausreichend Überschuss abwirft. Das kaufmännische Denken hierfür hat jedes Straßenkind in Manila, jede Frau in Bangladesch, die von der Grameen Bank einen Kleinkredit erhält. Dazu muss man keine betriebswirtschaftlichen Begriffe und Techniken beherrschen. Sie schrecken eher ab. Vor allem künstlerisch-kreativ veranlagte Menschen. Die Gründerberatung hätte besser daran getan, Dorothee zu raten, für die Ausgaben und Einnahmen Belege zu sammeln und einen Buchhalter oder einen Studenten zu bitten, dies gegen Bezahlung für die Steuererklärung zusammenzustellen. Mit Dorothee ist eine geeignete Unternehmensgründerin gescheitert an der Unfähigkeit der Existenzgründerberatung.

5.4 „Selbständig sein heißt, alles selbst zu machen und das ständig"

Ein Gründer kann und muss nicht alles können. Jedenfalls heutzutage nicht mehr.

Es lohnt sich, unter diesem Gesichtspunkt die Situation vieler kleiner Selbständiger zu betrachten. Sie haben ein Restaurant gegründet, einen Friseursalon, eine Modeboutique oder einen Copyshop und arbeiten sich schier zu Tode. Als imitative Gründungen, ohne klar erkennbaren Marktvorteil unterliegen sie einer Konkurrenz, der sie nichts oder nur wenig Eigenes entgegenzusetzen haben. Statt zu führen, das heißt Marktentwicklungen rechtzeitig zu erkennen und Produkte zu verbessern, reiben sie sich in der Organisation des Alltagsgeschäfts auf. Sie haben kein eigenes Konzept erarbeitet, sondern ein Geschäft gegründet und können sich damit kaum über Wasser halten. Das Bonmot „Selbständig sein heißt, alles selbst zu machen und das ständig" trifft ihre Situation leider nur zu gut. Die Kinder von Selbständigen, die als Studenten zu mir kommen, sind regelmäßig diejenigen, die sich am längsten dem Gedanken an eine Unternehmensgründung verschließen. Die Bilder von zu Hause, die Belastung und Risiken, der Druck aus den laufenden Verbindlichkeiten, der Ärger mit dem Personal, die Klage über hohe Steuerzahlungen, die Sorge vor der nächsten Inventur sind ihnen nur zu geläufig und schrecken ab.

Es ist ein großer Unterschied, ob man etwas tut, was man für sich selbst, nach seinen Neigungen, für sich ausgewählt hat oder nicht. Dies gilt gerade auch für Entrepreneurship. Der eine ist wie ein Surfer mit Begeisterung für seinen Sport und einer optimistischen Haltung gegenüber den Herausforderungen. Es macht ihm Spaß, sich in Wind und Wellen aufzuhalten und er begreift große Wellen und harten Wind als positive Herausforderung. Wenn es schiefgeht, versucht er sich möglichst rasch wieder auf das Surfbrett zu stellen und weiterzumachen. Er lernt aus Fehlern und erlebt Rückschläge nicht als Niederlage. Er ist aufgeschlossen dafür zu lernen, baut auf seine Neigungen und Begabungen. Wie natürlich greift er nach allem Wissen und Neuem, dessen er habhaft werden kann, und verarbeitet sie in einer kreativen und effizienten Weise.

Stellen wir uns jetzt jemanden vor, der, sei es, weil das Schicksal ihn dorthin verschlagen hat oder weil sich eine Marktlücke bot, eine Tätigkeit ausübt, die *nicht* seinen Neigungen und Talenten folgt. Er gleicht mehr einem Menschen auf einem Schiff in schwerer See, der gar nichts mit Wasser und Wellen anfangen kann. Ihm ist, als hätten sich alle Elemente gegen ihn verschworen, er verflucht die Wellen und den Wind. Er ist nicht nur in einer schwierigen Lage, sondern auch in einer desperaten Stimmung, sieht nur Probleme und Sturm, wünscht sich anderswo hin. Für Ideen zur Verbesserung der Segel, des Ruders oder seiner Qualifikationen ist er wenig aufgeschlossen.

Der gleiche Sachverhalt wird von beiden Personen also

völlig unterschiedlich wahrgenommen. Und auch die Reaktion darauf sowie die Lernbereitschaft sind entgegengesetzt. Es ist unschwer zu erraten, wie die Ergebnisse, wie der Erfolg ihres Handelns ausfällt.

Natürlich sind nicht alle Menschen in der glücklichen Lage, ihren eigenen Neigungen und Begabungen folgen zu können. Was hier gesagt wird, ist allein, dass man bei der Wahl der Idee und des Feldes, in das man sich als Gründer begeben will, sehr wohl auch die eigene Person in ihren Neigungen, Stärken und Schwächen als einen der tragfähigen Pfeiler betrachten muss. Gründen braucht ein hohes Maß an Energie, die nur schwer mit Pflichtbewusstsein und Arbeitsdisziplin allein aufgebracht werden kann. Das Ideenkonzept muss zum Gründer passen.

Vor diesem Hintergrund wird verständlich, warum Sie in diesem Buch nicht viel über das Konzept der Marktlücke lesen. Die Aufforderung an Gründer, sich eine Marktlücke zu suchen, greift sehr kurz. Wenn in meinem Stadtbezirk erst drei Copyshops residieren, Anzahl und Einkommen seiner Bewohner aber gut einen vierten Copyshop ernähren würden, soll ich dann diesen Copyshop gründen? Die Antwort der Marktlücken-Anhänger lautet: Ja. Es ist eine gute Gelegenheit. Einige Theoretiker des Entrepreneurship bauen sogar auf dem Konzept des „opportunity recognition" das ganze Argumentationsgebäude des Entrepreneurship auf. Meine Antwort heißt: Tun Sie es nicht! „Gelegenheiten wahrzunehmen" ist nicht deckungsgleich mit dem Erarbeiten eines Ideenkonzepts. Sie sollten nicht ein Arbeitsleben lang etwas tun, was Ihnen keinen Spaß macht und Ihre Lebensgeister mehr betäubt als weckt. Holger Johnson sagt: „Ich hasse Gelegenheiten. Sie sind gefährlich." Sie verführten dazu, wohldurchdachte Wege zu verlassen, ohne langfristige Perspektiven zu eröffnen. Gelegenheiten sind temporäre Phänomene. Sich auf diese Weise selbständig zu machen ist nicht selten ein Weg in die eigene Versklavung. Eine Idee zu finden und auszuarbeiten ist etwas anderes, als nach einer Marktlücke oder Gelegenheiten zu schielen.

Noch ein weiteres Problem taucht auf, wenn Sie wie selbstverständlich Managementaufgaben übernehmen. Plötzlich selbst der Boss zu sein und andere, mit denen man vor Kurzem noch auf einer gleichen, kollegialen Ebene verkehrte, mit Autorität führen zu sollen fällt nicht leicht. Manche wollen es nicht, weil sie den kameradschaftlichen Umgang von „vorher" zurückwünschen. Die meisten *können* es aber gar nicht, weil sie oft schon überfordert sind, sich selbst zu organisieren und zu disziplinieren. Ich habe bei meinen Studenten immer wieder beobachtet, dass das Team der Gründer, wenn sie vorher schon miteinander gearbeitet hatten, noch leidlich mit diesem Problem fertig wird. Werden dann aber weitere Mitarbeiter eingestellt – die meist weniger motiviert sind und die den informellen Arbeitsstil der Gründer nicht gewohnt sind –, braucht es klarere Arbeitsanweisungen und den Willen und die Fähigkeit zur Durchsetzung des eigenen Konzepts. Eines Konzepts, das, gerade wenn es innovativ ist, oft nicht jedermann selbstverständlich ist und einleuchtet.

Das ist ein klassisches Problem, wenn man Mitarbeiter beschäftigt, die frisch aus der Universität kommen. Dort galt als Maxime, alles zu hinterfragen und zu diskutieren. Hier im Start-up gilt, ein von anderen (den Gründern) ausgedachtes und für richtig erachtetes Konzept umzusetzen – und das rasch, bevor die finanziellen Mittel aufgebraucht sind. Da es oft auch noch die gleichen Personen sind (Professoren, Assistenten, Mitstudenten), mit denen man zu tun hat und die jetzt lediglich einen anderen „Hut" aufhaben, ist der Konflikt vorprogrammiert.

Das eben Gesagte wird besonders dann brisant, wenn der Gründer aus einem sozialen Milieu stammt, dem das unternehmerische Denken fremd und suspekt ist. Er begibt sich als Gründer in einen Rollenkonflikt, den er nur unter hohen persönlichen Opfern durchstehen kann. Viele Menschen, die ich kenne, gerade im sozialen Bereich, haben durchdachte, innovative Konzepte und auch die intellektuellen Fähigkeiten, sie umzusetzen. Aber sie spüren intuitiv – und durchaus zutreffend – dass sie in persönliche Konflikte geraten, die ihnen den Einsatz nicht wert sind.

Marie von Ebner-Eschenbach, berühmt für ihre Aphorismen, sagte: „Unsere größte Feigheit liegt darin, von allen geliebt werden zu wollen." Ein kluger Satz, aber er hilft uns nicht recht weiter. Natürlich wollen wir gemocht werden, gerade von unseren Freunden und Bekannten. Eine junge Gründerin nannte mir als Grund ihres Scheiterns: „Ich habe es nicht länger ausgehalten, Chefin zu sein."

Ich rate daher Gründern dringend, gerade *nicht* die eigenen Freunde, Bekannten oder Mitstudenten einzustellen. Oder zumindest den voraussehbaren Konfliktstoff im Vorhinein klar zu benennen und Sollbruchstellen zu vereinbaren. Nicht wenige Freundschaften sind an solchen Konflikten schon zerbrochen.

Der Terminus „Entrepreneurship" ist auch deshalb so hilfreich, weil er sich deutlich von dem deutschen Begriff der „Selbständigkeit" abhebt. Im Englischen spricht man in diesem Zusammenhang von „self-employed" oder „owner-manager". So unaussprechlich das Wort Entrepreneurship auch ist, wir kommen an dem Begriff nicht vorbei. Sorgfältig etwas zu durchdenken, zu einer neuen Lösung zu kommen und dieses Neue durch die Gründung eines Unternehmens auch praktisch umzusetzen – dafür haben wir zunächst kein eigenes deutsches Wort. „Unternehmensführung" oder „Unternehmertum" treffen den Punkt nicht.

Auch aus diesen Überlegungen wird deutlich, dass es wenig hilfreich ist, in der Qualifizierung von Gründern den Nachdruck fast ausschließlich auf die Aneignung betriebswirtschaftlichen Wissens zu legen. Er wird der Vielschichtigkeit des Phänomens Entrepreneurship nicht gerecht. Die Betriebswirtschaftslehre ist historisch aus den Anforderungen von *Groß*unternehmen entstanden, als Management Science zur Bewältigung organisatorischer Komplexität. Der Kampf der noch relativ jungen Wissenschaftsdisziplin, sich gegen mancherlei Abwertung zu behaupten (der Betriebswirtschaftslehre gebühre eigentlich kein Platz an einer Universität) und in der Folge ihren Rang als Wissenschaft belegen zu müssen, ist verständlich. Mit der Situation von Gründern und ihrer in der Regel noch überschaubaren Komplexität hat dies aber nichts zu tun. Die kreative Dimension einer Gründung ist nicht ihr Gegenstand. Wir müssen uns von der Vorstellung lösen, dass Entrepreneurship von der Betriebswirtschaftslehre her gedacht werden könne. Es ist dies ein viel zu enges Paradigma.[41]

Um einem Missverständnis vorzubeugen: Natürlich sind im modernen Geschäftsleben betriebswirtschaftliche Kenntnisse unverzichtbar. Der Begriff „Kenntnisse" verharmlost sogar den Sachverhalt, geht es doch um viel mehr, nämlich um die unumgänglich notwendige Kompetenz, die Unternehmensaufgaben, mit all ihren organisatorischen, verwaltenden und rechtlichen Aspekten, erfüllen zu können. Betriebswirtschaftslehre ist ein Teil des Ganzen. Niemand stellt infrage, dass Business Administration notwendig ist. Die Betriebswirtschaftslehre verfügt über wertvolle, erprobte und in der Praxis bewährte Instrumente. Die Frage, die hier gestellt wird, ist allein, ob es der *Gründer* ist, dem man diese Aufgaben wie selbstverständlich aufbürdet, oder ob man nicht besser arbeitsteilig vorgehen soll, angesichts des Umfangs und der Komplexität, die moderne Betriebswirtschaftslehre für Nichtökonomen darstellt.

Was kann den Vorrang beanspruchen? Deutschland, ein Land der Ideen? Oder ein Land der betriebswirtschaftlichen Formeln? Die Antwort sollte uns nicht schwerfallen. Mit Betriebswirtschaftslehre allein – so wichtig sie ist – werden wir unseren Wohlstand nicht aufrechterhalten können. In anderen Ländern werden ihre Prinzipien rigider und rücksichtsloser durchgesetzt als bei uns. Die Chancen für ein hoch entwickeltes und zivilisiertes Land wie Deutschland liegen in neuen, zukunftsweisenden Ideen. „Masters of Business Administration" verlassen zu Zehntausenden unsere Bildungseinrichtungen. Wo sind die „Masters of Ideas and New Concepts"? Die wenigen, die wir haben, und die noch kleinere Zahl davon, die erwägt, zu gründen, sollten wir nicht unnötig abschrecken oder zu betriebswirtschaftlichen Dilettanten machen.

Wir sollten das Primat der Betriebswirtschaftslehre in der Beratung von Gründern aus wohlüberlegten Gründen aufgeben.

5.5 Einfachste kaufmännische Prinzipien befolgen

Erfahrene Praktiker werden einwenden, dass es ganz wichtig sei, dass die Gründer sparsamst mit ihren Mitteln umgehen und nicht etwa die Einnahmen in der Kasse als Überschüsse betrachten und vorschnell für nicht unbedingt betriebsnotwendige Ausgaben verwenden. Sicherlich eine richtige Problembeschreibung über die Naivität vieler Gründer. Nur: Lernt man Sparsamkeit durch das Erlernen betriebswirtschaftlicher Techniken? Liegt hier nicht eine unzulässige Vereinfachung vor? Sparsamkeit ist eine wertvolle Tugend. Seit wann entstehen Tugenden durch Belehrung? Bewirkt der Unterrichtsstoff tugendreicheres Verhalten?

Sparsamkeit ist wichtig, aber weder wurde sie von der Betriebswirtschaftslehre erfunden noch wird sparsames Verhalten durch sie erzeugt. Der sparsame Umgang mit Ressourcen oder das frühzeitige Erkennen von Liquiditätsengpässen ist nichts, wofür man notwendigerweise und unabdingbar betriebswirtschaftliche Techniken benötigt. Wem die Techniken leichtfallen, findet in ihnen ein hilfreiches Instrument. Wem, wie wohl den meisten von uns, der Aufwand an Methode mehr Komplexität als Klarheit und Übersicht bringt, sollte sich nicht scheuen, mit selbst gestrickten Mitteln oder mit fremder Hilfe zu handeln. Dies gilt, wohlgemerkt, für die Gründungsphase eines Unternehmens, vor allem, wenn es mit einem einfachen, aber überzeugenden Geschäftsmodell arbeitet.

Die Slumkinder in Manila, deren unternehmerisches Verhalten mein Kollege Jürgen Zimmer und ich beobachteten, konnten weder lesen noch schreiben. Und schon gar nicht rechnen. Jedenfalls sagten uns das die Lehrer und Sozialarbeiter, die mit ihnen zu tun hatten. Wenn sie aber mit ihrem Bauchladen den Touristen Zigaretten oder Kaugummis verkauften, gaben sie das Geld auf den Peso genau heraus. Wie sie das machten? Es wird ihren Lehrern ewig ein Rätsel bleiben. Der amerikanische Pädagoge Herndon berichtet von einem Schüler, der in der Klasse im Rechnen versagte. Eines Abends traf er ihn als Helfer auf einer Bowlingbahn, wo er blitzschnell die Punkte der Spieler zusammenrechnete, und das völlig zutreffend. Solche Beispiele sind in der Literatur häufig beschrieben worden.

Was ich damit sagen will: Es sind nicht immer nur die geläufigen Methoden, mit denen man Kompetenz erwirbt. Mathematik ist ein solches Beispiel. Sie ist eine herausragende Wissenschaft und Grundpfeiler aller modernen Naturwissenschaften. Mit Mathematik kann man bestimmte Zusammenhänge äußerst präzise und klar ausdrücken. Trotzdem ist es für die meisten Normalmenschen so, dass der Aufwand für die mathematische Form meist größer ist als der Erkenntnisgewinn durch eben diese Ausdrucksweise. Während ein kleiner Teil unserer Mitmenschen die mathematische Darstellungsweise einfacher und klarer findet, gilt das für die Mehrheit von uns ganz offenbar nicht. Wir verstehen besser, wenn der Sachverhalt verbal beschrieben wird.

Ähnlich ist es mit der Betriebswirtschaftslehre. Für komplexe Zusammenhänge ist sie von unschätzbarem Wert. Doch was leistet sie für den Normalmenschen? Der Chef der Universitätsklinik in Hannover hat dies in der *Zeit* auf die folgende Formel gebracht: „Das bisschen Betriebswirtschaftslehre, das [...] nötig ist, kann man sich als Arzt schnell aneignen." Die eine Hälfte der Betriebswirtschaftslehre betreffe so banale Dinge, dass man sie auch ohne sie begreife, und die andere Hälfte sei so aufwendig, dass sie keinen Nutzen stifte.[42]

Mark Twain, der bekanntlich etwas von Jugendlichen

verstand, und der, was weniger bekannt ist, auch ein verständiger Entrepreneur war, hat dieses Thema bereits vor über 100 Jahren behandelt. Er warnte davor, sich als Gründer mit konventionellen Ökonomen einzulassen. Die schlechteste Meinung hatte er von Bankern: „Ein Bankier ist ein Mensch, der bei Sonnenschein einen Regenschirm verleiht und ihn sofort wiederhaben will, sobald sich die ersten Wolken am Horizont zeigen." Das Konventionelle, das Sicherheitsdenken vertrage sich nicht mit neuen, unkonventionellen Ideen.

Auch Anita Roddick, Gründerin des Body Shop, teilt diese Ansicht: „Ein Bankmanager ist so ziemlich die letzte Person, die man in geschäftlichen Dingen um Rat fragen sollte, weil er lediglich ein Verwalter von Geld ist, sozusagen ein Haushälter. Für ihn ist es immer eine Frage von Prozenten, Gewinnen und Verlusten; er wird sich niemals mit der *Idee* auseinandersetzen, geschweige denn sich für sie begeistern."[43]

Mark Twain und Anita Roddick haben damit etwas gesehen, was heute in amerikanischen Business Schools häufige Erfahrung ist. Entrepreneurship und Business Administration vertragen sich nicht gut. Das eine baut auf Neuentwürfe, Unkonventionalität, das andere sucht Ordnung und ist ein Feind ungewöhnlicher Ideen. Der englische Begriff Business Administration verrät mehr als das deutsche Wort Unternehmensführung, dass der Schwerpunkt auf der Unternehmens*verwaltung* liegt.

5.6 Andersartigen Konzepten Raum lassen

Nichts gegen Verwaltung. Sie ist notwendig. Business Administration lehrt in der Praxis erprobte und bewährte Techniken. Aber diese müssen in einer Weise eingesetzt werden, die neuen, andersartigen Konzepten Raum lässt. Wer mit engagierten, sensiblen, überhaupt andersartigen Ideen kommt, hat in der herkömmlichen Beratung fast keine Chance. Die

Teekampagne gäbe es nicht, hätte ich auf Berater und Banker gehört. Als Nebeneffekt solcher Beratungen werden den potenziellen Gründern „die Flausen ausgetrieben" und die Lust auf Gründung gleich mit.

Es ist, als ob man einen begeisterten Ingenieur zum Buchhalter oder Verkäufer schulen wolle. Vom ganzen Habitus liegt ihm dieses Denken nicht. Sie tun ihm und der Sache keinen Gefallen, ihn in einem anspruchsvollen, aber von seiner ganzen Anlage her fremden Gebiet dilettieren zu lassen. Die Akzeptanz des ökonomischen Kalküls ist unverzichtbar, nur darf man dies nicht verwechseln mit der Beherrschung eines anspruchsvollen, ursprünglich für andere Zwecke entstandenen, umfangreichen Instrumentariums.

Wenn man nicht aufpasst, triumphiert die Administration über ein originelles, tragfähiges Konzept. Aber das rächt sich. Wenn ich dem Konzept die Zähne ziehe, wird es zahnlos. Wie in der folgenden Geschichte.

5.7 Das Abenteuerrestaurant

Wir schreiben das Jahr 1986. Mein Kollege Jürgen Zimmer und ich haben den Auftrag, einen neuen Typ von Schule auf den Philippinen zu entwickeln. Die „productive community schools" sollen Straßenkindern dabei helfen, sich ihren Lebensunterhalt selbst zu verdienen und daran schulische Inhalte zu erlernen, quasi als Nebenprodukt. Also lernen im Prozess, nicht durch ein vorgegebenes Curriculum. Jürgen hatte die Kontakte mit den einheimischen Partnern vorbereitet, ich kam als Ökonom und Experte für Entrepreneurship dazu.

Auf der philippinischen Seite waren Pädagogen und Sozialarbeiter eingestellt, die meisten davon Mitglieder in politischen Organisationen. Wir hatten es also ständig mit Organisationen zu tun, genauer mit Vertretern von Organisationen, mit Ausschüssen, Bürokraten. Die Sitzungen waren zeitraubend, schließlich ging es um eine Art Lackmustest, ob unsere Projekte auf der richtigen politischen Linie lagen.[44]

5.7.1 Entrepreneurship und politisches Dogma

Wir hatten nicht den richtigen politischen Stallgeruch. Eigentlich war ich zu dem Projekt gestoßen, um mit den Straßenkindern ganz praktisch unternehmerische Konzepte zu entwickeln. Auch Jürgen wollte in die praktische Arbeit einsteigen, aber es gelang uns nur mühsam.

Als wir irgendwann dann doch noch die politischen Inspektionen überstanden hatten, lag die nächste Hürde vor uns. Die Vorstellung, dass Jugendliche erfolgreich Kleinunternehmer werden, Micro-Entrepreneurship betreiben können, passte offensichtlich vor Ort nicht ins Konzept. Die Arbeiten von Muhammad Yunus oder Hernando de Soto waren nicht bekannt oder wurden als politisch verdächtig, als „neoliberal" abgetan. Yunus hatte gezeigt, dass Frauen in den Dörfern von Bangladesch, selbst unter widrigen Umständen, durch Kleinkredite in die Lage versetzt werden, mit Erfolg kleine Unternehmen zu gründen. De Soto hatte für Peru beschrieben, dass die größten Hindernisse für erfolgreiches ökonomisches Handeln der in Armut lebenden Bevölkerung in bürokratischen Barrieren liegen, im fehlenden Zugang zum Markt, was die Betroffenen in illegale und wenig aussichtsreiche Sektoren abgleiten lässt.

Wir spürten, dass es eigentlich nicht darum ging, Kinder für erfolgreiche Ökonomie zu qualifizieren, sondern um eine bestimmte politische Bewusstseinsbildung. Sie lautete für die Jugendlichen ungefähr so: „Du selbst hast keine Chance, deine Situation zu verändern. Du bist ein Nichts." Das wurde natürlich etwas höflicher und mit helfendem Gestus ausgedrückt, aber die tatsächliche Botschaft und die dahinterstehende Absicht waren klar: Nur mithilfe unserer politischen Organisation hast du eine Chance auf Veränderung.

Mir geht es an dieser Stelle nicht darum, ob dieser Ansatz aussichtsreich ist oder nicht. Mir geht es um die Botschaft an die Jugendlichen. Diese implizite Botschaft „Du bist ein Nichts" finde ich verheerend. Außerdem sollte man mit derlei Argumenten sehr vorsichtig sein: Unsere Jugendlichen hatten sich in hohem Maße qualifiziert, ihren Lebensunterhalt ohne fremde Hilfe zu verdienen. Man könnte eine ganze Reihe von Merkmalen aufzeigen, in denen sie den Mittelschichtkindern gleichen Alters sogar deutlich überlegen waren. Sie hatten ein enormes Gespür für gute Geschäfte und sprachen bruchstückhaft gleich mehrere Sprachen, selbstverständlich auf der Straße und nicht in Schulen gelernt. Allerdings waren die Straßenkinder weder in der Lage, korrekt zu schreiben, noch hatten sie eine mathematische Grundbildung. Ihnen in dieser Situation die einzige echte und bewundernswerte Qualifikation, die sie hatten – sich im jugendlichen Alter bereits komplett alleine versorgen zu können –, wegzureden, halte ich für bedenklich.

Selbst wenn die politische Argumentation richtig wäre, müssten die Bildungsmaßnahmen auf Selbstvertrauen aufbauen, müssten herausfiltern, welche Voraussetzungen bereits vorhanden sind und welche Komponenten fehlen oder unterstützt werden müssten, statt im Vorfeld die vorhandene Substanz zu disqualifizieren.

5.7.2 Lernen außerhalb von Schule

Eine weitere Front tat sich auf: Wir wollten praktisch loslegen und sahen den Lernprozess der Kinder entlang und infolge der praktischen Prozesse. Die heimischen Pädagogen und Sozialarbeiter aber wollten erst das Curriculum und dann die Praxis. Es dauerte eine Weile, bis wir erkannten, dass wir ihr Selbstverständnis bedrohten. Auf so etwas, wie den Kindern dabei zu helfen, ihren ökonomischen Lebensunterhalt besser zu verdienen, waren die Pädagogen und Sozialarbeiter überhaupt nicht vorbereitet. Es bedurfte unseres ganzen Geschicks und unserer Professorentitel, um sie davon zu überzeugen, dass Lernen auch außerhalb von Schule und Curriculum funktionieren kann.

Die Kinder der Armen zu Unternehmern machen? Unserer Meinung nach waren sie das schon. Es ging, wenn man sie fördern wollte, eher darum, an den ökonomischen Ideen zu feilen, ihnen Überblickswissen zu verschaffen und Wege aus dem informellen, oft illegalen Bereich in den regulären Markt zu zeigen, dorthin, wo mehr Geld zu holen ist. Nicht eine wohltätige Organisation mit Spenden für Arme zu gründen, sondern etwas zu unternehmen, das auf die nachhaltige Teilnahme und die Chancen des Marktes zielt.

Endlich, dachten wir, könnten wir mit der Praxis beginnen. Nicht dass wir besonders ungeduldig gewesen wären – das Projekt erstreckte sich über mehrere Jahre. Die Straßenkinder waren längst auf unserer Seite. Ich hatte mir mit ihnen ein erstes Projekt ausgedacht. Wir wollten die kleinen, überlebenstüchtigen Fische aus den verdreckten und verölten Kanälen der Stadt fangen, wo sie kaum überleben konnten, und in Aquarien verkaufen.

Mit dieser Fischart, den auch hierzulande bei Aquarienzüchtern beliebten Guppys, hatte ich bereits an der Universität Chiang Mai Erfahrungen gesammelt. Selbst in kleinen Aquarien konnte man sie gut züchten. Auch die Kinder kannten sich mit den Fischen aus, und fragten ständig, wann es denn losginge. Aber mit ihren Lehrern und Sozialpädagogen ging nichts los. Es war wohl auch unter ihrer revolutionären Würde, sich mit kleinen Fischen abzugeben. Doch nicht nur aus den Fischen wurde nichts, aus einer Reihe anderer Ansätze auch nicht.

5.7.3 Die Idee

Zum Glück endeten nicht alle Ideen so. Eine nahm Gestalt an – das Abenteuerrestaurant. Eine Gruppe von Jugendlichen in der Mabini Street, einem bekannten Rotlichtbezirk Manilas, hatte es sich ausgedacht. Die Kunden, so ihr Grundgedanke, kämen von weit her und suchten Abenteuer. Also müsse man ihnen Abenteuerliches bieten. Essen zum Beispiel: In einer Ecke des Restaurants könnte ein Lagerfeuer brennen und man würde sich das Steak selbst braten. Italienische Spaghetti könnten Hungrige sich durch die Nudelmaschine drehen. Im philippinischen Teil dürfte man sich Fische und Langusten aus einem großen Becken angeln.

Neben dem Restaurant, meinten die Jugendlichen, müsse es eine Artistenschule geben und im Restaurant eine Bühne. Hier könnten sie Akrobatik vorführen, tanzen, singen und Theater spielen. Das war das Konzept. Und keineswegs ein schlechtes. So etwas gab es bisher nicht, also ein Wettbewerbsvorteil. Außerdem hatte das Restaurant eine gute Chance, durch die Jugendlichen und ihre ungebrochene Fantasie authentisch und lebendig zu sein. Darüber hinaus war sicherlich auch ein Sympathiefaktor zu erwarten, der dem Unternehmen helfen würde, in der Öffentlichkeit bekannt zu werden und Kunden zu gewinnen.

Wer sollte das Restaurant mit dieser Idee als Entrepreneur gestalten? Eigentlich klar: die Jugendlichen selbst. Aber nein, die Pädagogen befanden, ein Erwachsener muss her, muss anleiten, führen und die Idee der Straßenkinder mit ihnen umsetzen.

Es war nicht einfach, jemanden zu finden, der die Idee von anderen, gar noch von Straßenkindern, umsetzen konnte und wollte. Lange wurde gesucht. Schließlich fand sich Imee Castaneda, Dean der Abteilung Business Administration des Trinity College in Manila. Eine Expertin für Unternehmensführung – das klang gut.

Wie führt man ein Restaurant zum Erfolg? Indem man anwendet, was in Business Administration gelehrt wird! Man kalkulierte also ein hohes Marketingbudget. Was macht ein Restaurant aus, das mit den Restaurants der Mittelklasse konkurrieren will? Klare Antwort: Sauber muss es sein, adrett angezogene Mitarbeiter und natürlich hygienisch aussehende Essenszubereitung. Also wurden unsere Straßenkinder in konfirmandenartige Uniformen gesteckt. Es wurde ihnen beigebracht, die Gabel links und das Messer rechts zu legen. Die Mädchen hatten den Knicks vor den Gästen zu üben und so weiter, und so fort.

5.7.4 Die Flausen ausgetrieben

Und wo war das Lagerfeuer? Viel zu gefährlich. Die Artisten-
vorführungen? Kann man im Konfirmandenanzug einen Sal-
to schlagen? Die „Flausen" waren den Kindern ausgetrieben,
bevor sie es richtig merkten. Schlimmer noch. Das Konzept
Abenteuerrestaurant war gestorben, ohne dass es überhaupt
ernsthaft angegangen wurde.

Eine Intervention musste her. So konnte es nicht weiter-
gehen. Frau Castaneda absetzen? Eine Erwachsene durch
Halbwüchsige ersetzen? Der Fantasie der Jugendlichen, ihren
Ideen freien Lauf lassen, statt bewährten Rezepten der Business Administration zu folgen? Jürgen und ich stritten näch-
telang. Eine Intervention von Professoren, die den Einheimischen zeigen, wie Entrepreneurship funktioniert? Zwei
Experten aus dem Westen, die einmal mehr wissen, wo es
langgeht? Das Ergebnis: keine Intervention. Das Motto: Mögen täten hätten wir schon gewollt, aber dürfen haben wir
uns nicht getraut, um es mit Karl Valentin zu sagen.

Wurde das Restaurant, nach allen Regeln der Business
Administration geführt, ein Erfolg?

Am 14. Februar 1992 wurde es eröffnet. Doch die Kinder
in ihren Konfirmandenanzügen wirkten ungelenk und wenig
authentisch. Dass sie nachts mit ihren Eltern unter Brücken
schliefen, musste verheimlicht werden. Was der Vorteil des
Restaurants gegenüber der zahlreichen Konkurrenz gewesen
wäre, wurde zum Nachteil. Was tun? Unterstützung, Good-
will-Aktionen mussten her. Kontakte zu den Medien wurden
genutzt. Alle Kollegen, Bekannten und Freunde wurden zum
Besuch des Restaurants eingeladen, die Öffentlichkeit wurde
informiert und ebenfalls zur Beteiligung an „der guten Sache"
aufgefordert.

Die Aktionen bescherten dem Projekt viel öffentliche Aufmerksamkeit und zeigten: Auch ein totes Pferd kann man
bewegen. Jedenfalls ein Stück weit. Der große Goodwill, den
wir mobilisieren konnten, half für eine Weile. Selbst Präsi-
dentin Cory Aquino besuchte das Restaurant. Aber mit

Goodwill allein, ohne ein überzeugendes Konzept, kann man nicht überleben. Trotz des großen Engagements aller Beteiligten kam das ökonomische Aus. Ein exemplarischer Tod. Tod durch konventionelles, ökonomisches Denken, das für eigenwillige Fantasien philippinischer Straßenkinder keinen Raum ließ. 1994 wurde das Projekt Abenteuerrestaurant endgültig beerdigt.

6 Gründen aus Komponenten

Wir haben argumentiert, dass der Prozess der Entwicklung eines Entrepreneurial Design einer Komposition vergleichbar sei, an der so lange gearbeitet werde, bis alles stimmig und jeder falsche Ton eliminiert sei. Noch in einem zweiten Punkt passt das Bild des Komponisten. In unserem Verständnis von Entrepreneurship können wir auf fertige Teilstücke wie Melodien zurückgreifen, die wir zu einem Ganzen zusammensetzen. Wir „komponieren" ein Unternehmen.

6.1 Gründen live

Aus langjähriger Erfahrung weiß ich, dass sich Menschen, die über keine betriebswirtschaftliche Vorbildung verfügen, nicht vorstellen können, wie man eine Idee praktisch umsetzen, also ein Unternehmen gründen kann, ohne sich vorher eingehend mit Betriebswirtschaftslehre zu beschäftigen. Ich habe daher immer wieder überlegt, und in der Projektwerkstatt daran gearbeitet, wie man dies überzeugend vorführen könnte. Und zwar sinnlich erfahrbar, weil rationale Argumente nicht ausreichen, die verständliche und durch die herkömmliche Beratung immer wieder neu geschürte Angst auszuräumen.

> Über Musik zu sprechen ist,
> wie über Architektur zu tanzen.
>
> STEVE MARTIN
> SCHAUSPIELER

Stellen wir uns eine Fernsehsendung vor: „Gründen live". Sie hat ein wenig Ähnlichkeit mit „Wetten, dass ...?". Obwohl wir sie uns hier in der Fantasie vorstellen müssen, ist sie jedoch völlig realistisch. Ich glaube sogar, dass sie spannender ist als der gottschalksche Publikumserfolg.

Es treten drei Gründer an. Sie wurden auf Grundlage der Qualität ihres Ideenkonzeptes ausgewählt.

- Gründer A hat recherchiert und herausgefunden, was eine gute Seife ausmacht. Er hat Bezugsquellen für die fertige Seife (oder wo er solche Seife produzieren lassen kann) identifiziert. Er wird die Seife ohne Einzelverpackung preiswert im 20-Stück-Karton anbieten.
  Motto: Vernunft ist König.
- Gründerin B hat sich geärgert, dass Hightech-Gleitsicht-brillen beim Optiker sündhaft teuer sind. Sie hat 1198 Euro dafür bezahlt. Nachdem sie gründlich recherchiert hat, kann sie eine solche Brille für 169 Euro anbieten.
  Motto: Exklusivität für alle.
- Gründer C hat recherchiert und herausgefunden, dass Salz aus dem Roten Meer gegen viele Formen von Hautprob-lemen hilft, und hat mehrere Bezugsquellen identifiziert.
  Motto: Gesundheit für alle.

Alle drei Kandidaten haben einfache, nicht komplexe Ideen, deren Bezugsquellen man im Internet ausfindig machen kann. Sie haben die Angebote sorgfältig verglichen und sich für das günstigste darunter entschieden. Unsere Gründer haben ein fertiges Ideenkonzept.

Jetzt geht es in die Umsetzung. Sie müssen ihr Unterneh-men gründen, ein Büro einrichten, Buchhaltung und Rech-nungswesen aufbauen und den Versand ihrer Produkte orga-nisieren.

1. Die Kamera beobachtet, wie die Gründer im Internet eine englische Limited als Rechtsform ihres Unternehmens einrichten. Die Firma Go Ahead zum Beispiel, die diesen Dienst anbietet, übernimmt die bürokratischen Formali-täten. (Später, wenn sich das Konzept als erfolgreich er-weist und die Gründer mehr Kapital brauchen, kann man

diese kostengünstige Form der Limited in eine GmbH oder kleine AG umwandeln.)

2. Im zweiten Schritt richten die Gründer ihr Büro ein, zum Beispiel bei Holger Johnsons Ebuero. Die Kamera zeigt, wie bereits eine Minute später die Sekretärin ein Telefonat im Namen der neu gegründeten Firma entgegennimmt.

3. Die Gründer telefonieren mit einem Anbieter von Online-Shops, der das Bestellwesen für das neue Unternehmen übernehmen soll.

4. Die Gründer beauftragen einen etablierten Dienstleister, die Versandlogistik abzuwickeln.

In dieser ersten Phase, die etwa eine Stunde in Anspruch nimmt, und in der weder teure Berater, Rechtsanwälte, Notare oder Finanziers auftauchen, sind die bürokratischen Erfordernisse der Unternehmensgründung in die Wege geleitet.

Wir kommen jetzt zum Kundenkontakt.

Die Zuschauer dürfen wetten, welche der drei Ideen die besten Erfolgsaussichten hat.

5. Die Gründer schalten eine Bestellseite, die sie vom Anbieter ihres Online-Shops fertig abrufen können. Hinter dieser Seite liegt die Software eines kompletten Shops, der vollautomatisch mit dem Rechnungswesen integriert ist und die Verwaltungsarbeit für den Gründer erledigt.

Von diesem Moment an können die Fernsehzuschauer die Produkte bestellen!

Die Zahl der eingehenden Bestellungen verfolgen die Zuschauer auf drei Ladebalken. Wer die meisten Bestellungen bekommt, hat gewonnen.

Es könnte der Startschuss für eine breite Bewegung sein: Entrepreneurship für alle! Nicht nur sind die Gründer allein schon durch die TV-Show aus dem Stand erfolgreiche Entrepreneure, auch die Zuschauer erleben wie in einem Lehrfilm, nur spannender, wie sie selbst gründen können. Der ökonomische Anreiz ist enorm. Ein Unternehmen gegründet zu haben,

selbst wenn es nur ein paar Hundert Käufer ansprächt, bedeutet Einkommen, ja sogar Vermögen, das als Unterneh-
menswert entsteht.

Entrepreneurship als neuer Volkssport?

6.2 Komponenten einsetzen

Auch der Komponist hat nicht alle Instrumente zu spielen
gelernt, so wie der moderne Kapitän nicht Maschinist, Soft-
warespezialist und Navigationsexperte ist. Es geht um die
Beherrschung des Instrumentariums insgesamt, um die Fähigkeit zur Neukombination, um die Abstimmung und Koordination der einzelnen Instrumente, nicht um die Ausbildung an einzelnen Instrumenten. Wir können uns den
Entrepreneur als den Komponisten vorstellen, der ein Ziel
vor Augen hat und sein Instrumentarium einzusetzen versteht. Solche „Komponisten" finden wir unter Gründern
bisher selten. Es ist aber die einfachste Art zu gründen – und
das von vornherin mit professionellen Teilstücken.

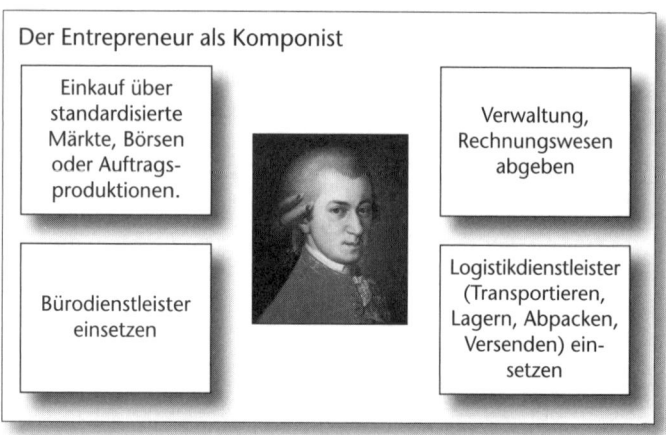

Der Entrepreneur als Komponist

Einkauf über standardisierte Märkte, Börsen oder Auftrags-produktionen.

Verwaltung, Rechnungswesen abgeben

Bürodienstleister einsetzen

Logistikdienstleister (Transportieren, Lagern, Abpacken, Versenden) einsetzen

Das Bild des Komponisten wähle ich auch deshalb, weil erfolgreiche Entrepreneure oft keineswegs etwas Neues erfin-

den, sondern Vorhandenes neu kombinieren, also bestehende Komponenten zu etwas Neuartigem zusammenführen.

Die Gründer von Skype, des Telefonanbieters über Internet, führten dieses Prinzip im Hightech-Bereich vor. Skype benutzt eine schon seit Jahren bekannte Standardtechnologie, macht damit den Telekomkonzernen Konkurrenz, und das zu Preisen, die weit unter denen der Konzerne liegen.[45] Die entscheidende Innovation des Unternehmens lag nicht in der Eigenentwicklung eines Produkts, sondern in der bedienungsfreundlichen Ausarbeitung und der Verbesserung von Schnittstellen. Gemessen mit dem Maßstab technologischer Neuentwicklung ist das eine relativ geringe Leistung – aber mit erstaunlichem wirtschaftlichem Ergebnis.[46] Skype ist ein Beispiel dafür, wie die Folgen einer Konzept-kreativen Gründung alle bisherigen Vorstellungen über Wertsteigerung sprengen. Hier wird die potenzielle Durchschlagskraft Konzept-kreativer Gründungen deutlich.

6.2.1 Unternehmen mit Flügeln

Manchmal muss man radikal Abschied nehmen von gewohnten Vorstellungen. Der Traum vom Fliegen ist für die Menschen so alt wie wahrscheinlich die Menschheit selbst. Bis etwa 1890 gingen alle Versuche, zu fliegen, davon aus, den Flug der Vögel zu beobachten und daraus Konstruktionen zu denken, die den Vogelflug nachahmen. Also bewegliche Flügel. Mit dem Problem, so viel Kraft in die Flügel zu bringen, dass man das menschliche Gewicht kompensiert.

Der Durchbruch beim Fliegen passierte aber ganz anders: nämlich mit *starren* Flügeln. Es waren starre Flügelkonstruktionen, die entweder mit Sog (Propeller) oder später mit Schub (Turbinen) arbeiteten.

Versuchen wir eine Analogie: Die herrschende Vorstellung ist, dass ein Unternehmen ein handfestes Gebilde ist aus Gebäuden, Mitarbeitern, aus Arbeitsplätzen und Räumen. Es werden Produkte oder Dienstleistungen erstellt. Dies erfordert Organisation und Management.

Streichen wir für einen Moment die Vorstellung von „Unternehmen" in unseren Köpfen. Wir können uns nämlich dem Thema „Gründen" ganz anders nähern. Die Frage, die wir uns stellen müssen, heißt: Was kann ich aus den vielen vorhandenen Komponenten, die es heute gibt, *Neues* zusammenstellen? Ob es dazu Räume braucht, Angestellte, welche Ressourcen auch immer, ist in diesem Moment noch eine völlig offene Frage. Die entscheidende Arbeit passiert in Ihrem Kopf. Aus dem Baukasten, der Ihnen zur Verfügung steht, und der täglich an der Zahl von Bauteilen und Varianten noch zunimmt, gilt es, neue Kombinationen oder effizientere Abläufe zu finden – was immer Ihrem Kopf angesichts der Kombinationsmöglichkeiten der Bausteine einfällt. Oder um im Bild des Puzzles zu bleiben: Sie haben eine Unzahl von Puzzlesteinen und die Chance, daraus ein neues Puzzle zu gestalten, eines, das Ihnen eine ökonomische Lebensperspektive eröffnet.

Ökonomen mögen diesen Paradigmenwechsel mit dem Theorem der Transaktionskosten erklären. Früher, bei hohen Transaktionskosten, machte es Sinn, die meisten Tätigkeiten im eigenen Haus zu sammeln. Heute, durch zunehmende Spezialisierung und die niedrigen Kosten bei Kommunikation kann man sich vorhandener Komponenten bedienen.

Das „Unternehmen", von dem in diesem Buch die Rede ist, besteht aus dem gedanklichen Geschick, externe Komponenten in ein Konzept einzupassen. Was als Managementaufgabe zurückbleibt, ist, die Komponenten zu koordinieren und aufeinander abzustimmen.

Unter den heutigen schon vorhandenen technologischen und organisatorischen Bedingungen ist es längst möglich und wird es ganz selbstverständlich werden, ein Unternehmen *virtuell* zu denken.

Die alte Frage lautete: Was brauche ich, um ein Unternehmen zu gründen und erfolgreich zu organisieren? Die neue Frage lautet: Was kann ich aus vorhandenen Modulen Neues komponieren?

6.2.2 Ein Beispiel

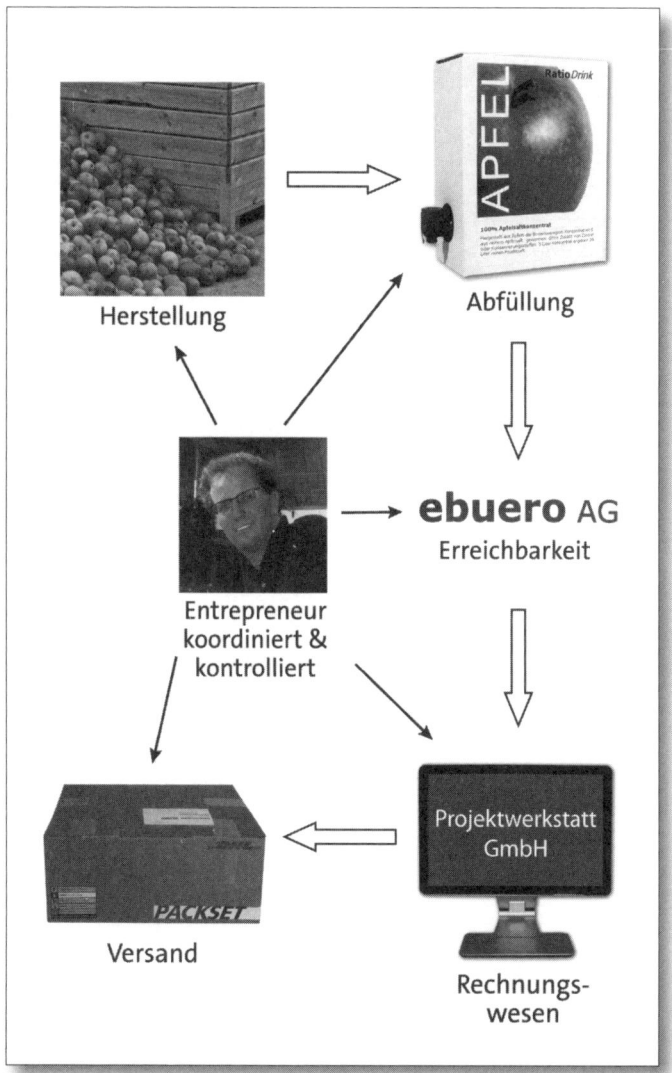

Eine Unternehmensgründung aus Komponenten, dargestellt am Beispiel der RatioDrink AG.

Das Schaubild zeigt die Unternehmenskomponenten am Beispiel der RatioDrink. Im Uhrzeigersinn von links oben: Apfelsaftkonzentrat wird vom Hersteller bezogen und in einem Abfüllbetrieb in die Drei-Liter-Bag-in-Box-Vorratspackung gebracht. Aufträge nimmt die Ebuero entgegen; das gesamte Rechnungswesen wird von der Projektwerkstatt übernommen. Auch der Versand ist ausgelagert.

Die hier genannten Komponenten werden von professionellen Betrieben oder Dienstleistern wahrgenommen.

In einem solchen Modell besteht die Aufgabe der Gründer darin, erstens ein Konzept, das aus Komponenten zusammengesetzt werden kann, auszudenken, zweitens die Partner zu finden, die diese Komponenten professionell anbieten, und drittens das Zusammenspiel der Komponenten zu koordinieren und zu kontrollieren.

Gründen mit Komponenten

Fast keine eigenen Investitionen notwendig

Fast keine Fixkosten

Variable Kosten fallen nur bei tatsächlichen eigenen Umsätzen an

Hohe Kosteneinsparungen gegenüber etablierten Konkurrenten

Von Anfang an professionell, hocheffizient, virtuell und global

Man erkennt sofort, welche enormen Vorteile das Komponentenmodell hat. Statt zum überarbeiteten Selbständigen macht es Sie zum *powerful entrepreneur*. Es sind fast keine Investitionen erforderlich; Sie arbeiten hoch professionell – und das von Anbeginn an. Variable Kosten treten im Grundsatz nur auf, wenn auch wirklich Bestellungen eingehen. Sie haben keinen großen Verwaltungsapparat, den Sie aufbauen und finanzieren müssen. Stattdessen sind Sie von Anfang an professionell und hocheffizient (weil Ihre Komponenten von erfahrenen Partnern geführt werden und bereits effiziente Betriebsgrößen erreicht haben). Vergleichen Sie selbst den Unterschied zu einer konventionellen Gründung in Sachen Finanzierungsaufwand, Risiken und Arbeitsanfall für die Gründer.[47]

Professionelle Unterstützung des Gründers ist absolute Notwendigkeit. In angelsächsischen Studien zu erfolgreichen Unternehmensgründungen schält sich immer mehr eine Rollenverteilung heraus: Lead Entrepreneur und professionelles Managementteam. Der Gründer als Lead Entrepreneur muss sich voll auf das Ideenkonzept und seine Weiterentwicklung konzentrieren können. Dem Management obliegt das operative Tagesgeschäft.

Wer sich als Gründer solche professionellen Kräfte nicht leisten kann, dessen Gründungskonzept halte ich nicht für tragfähig. Das heißt nicht notwendigerweise, dass man hohe Summen an Kapital für die Gründungen benötigt. Tragfähig soll heißen, dass das Konzept klar erkennbare Marktvorteile aufweist, es damit Kunden anzieht und eine Marge erwirtschaftet, die man zur Bezahlung professioneller Kräfte braucht. Wer glaubt, sich Professionalität nicht leisten zu können, der probiere es doch einmal mit Unprofessionalität!

Wenn Ihnen jetzt danach zumute ist, aufzuspringen und mit Ihrem Laptop bewaffnet zu starten – tun Sie es! Sie lesen keinen Economic-Fiction-Roman, sondern stehen mitten in der Realität und mit beiden Beinen auf dem Boden.

6.2.3 Unternehmen als Ideengebilde

Es geht um einen nachhaltigen Bruch mit der Tradition, mit der Art und Weise, wie ein Unternehmen betrachtet wird. Bisher waren fast ausschließlich die Ressourcen im Mittelpunkt der Betrachtung: Über wie viel Kapital verfügt das Unternehmen? Über welche Fabrikanlagen, welche Maschinerie? Der Begriff *human capital* verrät, wie sehr von der Bedeutung des Kapitals ausgehend gedacht wird. Selbst die Menschen betrachtete man als eine Art Kapital, als Ressource. Das Humankapital reicherte sozusagen den Faktor Kapital weiter an.

Man könnte von einer *resource based view of the firm* sprechen.

Inzwischen ist die Wirklichkeit anders. Die Gewichte haben sich verschoben. Heute kann man gründen auch ohne traditionelle Ressourcen. Nicht die Ressourcen, sondern die Summe der erarbeiteten Ideen und ihrer Ausgestaltung sind immer mehr entscheidend. Heute kann man Unternehmen sehen als Ideengebilde.

Welche in Produkte geronnenen Ideen sind es, die die Stärke eines Unternehmens ausmachen? Mit welcher Wertschätzung wird das Unternehmen in der Öffentlichkeit betrachtet? Mit welcher Haltung, mit welchen Aktionen gelang es einem Unternehmen, Sympathie für sich zu gewinnen? Wodurch gelang es, die Herzen und Köpfe der Mitarbeiter zu gewinnen (statt sie in Motivations-Workshops zu schicken)? Welche Konzepte sind es, die die Wettbewerbsfähigkeit des Unternehmens in der Zukunft bestimmen werden? Was erschwert es Imitatoren, der Firma gefährlich zu werden?

Früher war die Größe einer Firma, wie sie sich in den Economies of Scale ausdrückte, von entscheidender Bedeutung. Heute erleben wir, nicht nur im IT-Sektor, dass große Firmen über Nacht in Schwierigkeiten geraten, weil sie sich zu stark auf ihre Ressourcen, ihre überlegene Kapitalausstattung und Marktposition verließen.

„Am Anfang jeden großen Unternehmens steht eine kleine Idee", sagt Peter Drucker. Heißt das, dass am Ende, nachdem die Unternehmen groß geworden sind, große Ideen stehen? Oder treiben große Organisationen, genauer: große Bürokratien, nicht zwangsläufig die Ideen aus? Ist es nicht so, dass sich Größe und Originalität nicht unbedingt gut vertragen? Treibt eine große Organisation ihren Mitarbeitern ihre Flausen, die schrägen und unorthodoxen Ideen, nicht eher aus als eine kleine, noch junge Organisation? Ist der Ruf nach *corporate entrepreneurship*, also mehr unternehmerischen Initiativen im Unternehmen, nicht auch als Zeichen zu werten für die mit der Größe schleichend einhergehende Bürokratisierung von Unternehmen?

Das soll nicht heißen, dass Ressourcen unwichtig seien. Aber sie nehmen in ihrer Bedeutung ab. Eine Betrachtung, die nur die Ressourcen betont, geht an den realen Möglichkeiten immer mehr vorbei. Was wir ergänzend brauchen, ist eine *idea based view of the firm*.

6.3 Wachstumskrisen den Boden entziehen

Unser Komponentenmodell hat noch einen weiteren entscheidenden Vorteil.

Es ist bekannt – und in der wissenschaftlichen Literatur beschrieben –, dass junge Unternehmen nach der Gründung mehrere typische Phasen durchlaufen, in denen sie häufig in Krisen geraten.[48] Jede Wachstumsphase schaffe ihre eigene Krise. Diese Wachstumskrisen seien im Kern Problemzonen, in denen das Management rechtzeitig auf neue Konstellationen des Unternehmens reagieren müsse. Schreyögg macht sehr schön deutlich, dass die Reaktion auf die jeweils drohende Krise die Grundsteine legt für das Entstehen der nächsten Krise. Bleibe eine angemessene Reaktion aus, drohe der Untergang des Unternehmens.

Eine Studie, die die Jahre 1983 bis 2002 umfasst, kommt zum Ergebnis, dass die Insolvenzrate bei Neugründungen in den ersten sechs Jahren besonders hoch ist: Nur circa 50 Prozent erreichen das sechste Jahr. Die Gründe hierfür, welche die Verfasser angeben, sind vor allem mangelnde Betriebsgröße und fehlende Routine.[49] Marktneulinge neigten dazu, mit zu kleinen Betriebsgrößen zu starten (*liability of smallness*).[50]

Bereits hier wird deutlich, dass eine Gründung mittels Komponenten die Gründungsrisiken wesentlich verringert. Mit den Komponenten greifen wir ja auf etablierte, routinierte Einheiten zu, die bereits mit großen, effizienten Betriebsgrößen arbeiten.

In der Anfangsphase stünden Managementfragen noch nicht im Fokus. Die Gründer seien mehr oder weniger unter sich; die Kommunikation sei informell, ausreichend und unkompliziert; es herrsche ein kameradschaftlicher Stil. Die Gründer beziehungsweise der noch kleine Kreis der Mitarbeiter sei hoch motiviert und leiste aufopferungsvolle Arbeit. Auch der Kontakt zum Kunden sei in dieser Anfangsphase noch direkt und problemlos.[51]

Wächst das Unternehmen jetzt weiter, werden neue Mitarbeiter eingestellt. Der informelle Stil erweise sich bei größerer Mitarbeiterzahl aber als problematisch. Die neuen Mitarbeiter seien auch weniger enthusiastisch. Das Unternehmen verlange jetzt straffere Führung. Bleibt sie aus, drohe die „Pionierkrise". Die Gründer seien von den neuen Managementanforderungen frustriert, trauerten den guten alten Tagen nach, hielten am informellen Stil der Anfangsphase fest und produzierten in der Folge Streit im Gründerteam und Schuldzuweisungen. Notwendig würde jetzt der Übergang zu einem funktional organisierten, professionellen Managementteam. Eine formale Organisation, Kostenrechnungssysteme und Budgetkontrollen müssten eingeführt werden.[52]

Bei weiterem Wachstum stünde die nächste Krise vor der Tür. Es würde stärker zentralisiert, die Führungsspitze entfremde sich vom Tagesgeschäft, die Fachabteilungen und Führungskräfte seien frustriert und verlangten nach mehr

Mitsprache. Die „Autonomiekrise" ist da. Als Antwort darauf werde dezentralisiert, den unteren Ebenen würden mehr Befugnisse eingeräumt. Dies führe bei weiterem Wachstum in die nächste Problemzone. Die Spitze befürchte nun, die Kontrolle zu verlieren, die Subsysteme verselbständigten sich, zentrifugale Kräfte würden frei. Die „Kontrollkrise" drohe.

In dieser Wachstumsphase des Unternehmens würde die Einrichtung von Kontrollstäben notwendig, horizontale Projektgruppen würden gebildet, komplexere Organisationsformen eingerichtet. In der Folge entstünde mehr Papierkram, Kompetenzkonflikte würden häufiger, die Verwaltungsarbeit nähme überproportional zu. Die „Bürokratiekrise" stehe vor der Tür.[53]

Unternehmenszusammenbrüche resultierten mehrheitlich, so Schreyögg, aus Managementfehlern. Die Managementprobleme würden von den Gründern systematisch unterschätzt. Ein Indiz für die Richtigkeit dieser Beobachtung sei auch, dass Re-Starter erfolgreicher seien als Erst-Starter. Schreyögg zieht aus diesen typischen Wachstumskrisen den Schluss, dass vor allem die Professionalisierung des Managements wichtig, ja ausschlaggebend sei.

Diese empirischen Beobachtungen sind für Gründer von unschätzbar großem Wert. *Aber nur, wenn sie „konventionell" gründen!*

Wie aber, wenn sie mit Komponenten gründen? Mit den Komponenten kaufen sie die Professionalität gleich mit ein. Sie arbeiten von Anfang an mit effizienten Betriebsgrößen und hoher Professionalität. Die vorher genannten Krisen tauchen dann gar nicht erst auf. Ihnen ist die Grundlage entzogen. Dies aber erhöht die Überlebenswahrscheinlichkeit einer Neugründung ganz erheblich.

Darüber hinaus hat dies für den Gründer den entscheidenden Vorteil, dass er sich auf das Entrepreneurial Design und seine Weiterentwicklung konzentrieren kann, statt sich im Tagesgeschäft der Business Administration aufzureiben. Durch professionell geführte Komponenten wird die Unerfahrenheit vieler Gründer aufgefangen. Beratungsinstitutionen bekämen so eine neue, nützliche Rolle: erfahrene, professionelle Betriebe zu nennen, die als Komponenten geeignet sind.

Die Betrachtung der typischen Wachstumskrisen macht auch deutlich, dass es von Vorteil ist, wenn Sie ein einfaches Entrepreneurial Design ins Rennen schicken, denn die meisten der krisenhaften Erscheinungen sind eine Folge wachsender Komplexität.

> Groß werden und dabei klein bleiben

Das Prinzip heißt: „Groß werden und dabei klein bleiben." Die Vorteile großer, effizienter Einheiten zu nutzen, ohne sie selbst aufbauen und betreiben zu müssen. Ihr Unternehmen wächst, aber der von Ihnen selbst betriebene Kern bleibt klein – und damit überschaubar und bewältigbar.

6.4 „Embedded Knowledge" (eingebettetes Wissen) nutzen

Wir haben bereits erfahren, dass mehrheitlich die Ansicht vertreten wird, dass die Idee kein entscheidender Faktor für den Erfolg von neu gegründeten Unternehmen sei: „In entrepreneurship, ideas really are a dime a dozen."[54] Risikokapitalgesellschaften münzen eine solche Auffassung gern um, wenn sie ein erstklassiges Team mit einer zweitklassigen Idee einer erstklassigen Idee mit einem zweitklassigen Team vorziehen.

Richtig an dieser Sichtweise ist, dass man nicht Bill Gates' Super-Idee der Microsoftware braucht, um erfolgreich gründen zu können. Daraus aber den Umkehrschluss zu ziehen, dass Ideenkonzepte insgesamt nur geringe Bedeutung im

Gründungsprozess haben, übersieht das Potenzial Konzept-kreativer Gründungen. Ist die Idee wirklich nur zweitrangig?

> [Es ist wichtig,] eine große Idee zu haben und sie leiden-schaftlich zu verfolgen. Man kann erfolgreich sein, selbst wenn die tollsten Doktoranden, die berühmtesten Univer-sitäten und Unternehmen nicht einmal im Traum an dein Projekt glauben.
>
> STEVE WOZNIAK, Apple-Mitgründer
> *Brand Eins*, 10/2006

Sehen wir uns das Thema „Umsetzung" daher noch genauer an, und zwar von einer anderen Seite, als wir es bisher taten.

Stellen Sie sich folgendes Szenario vor: Sie sind Kaufmann und haben die Idee, in Madeira preiswert Waren einzukaufen und sie im heimischen Markt teuer zu verkaufen. Die Idee ist vorhanden. Worauf kommt es nun an, ob das Vorhaben ein Erfolg wird? Die Antwort scheint klar: auf die Umset-zung.

Sie brauchen ein Schiff. Sie müssen segeln können, gut sogar. Das Boot muss sorgfältig hergestellt worden sein. Sie kennen die Anforderungen an Ihre Mannschaft und stellen Ihr Personal sorgfältig zusammen; Sie haben Kenntnisse und Erfahrung im Führen einer Mannschaft, auch unter schwie-rigen Bedingungen; Sie haben sich mit der Route und ihren vielfältigen Hindernissen und Schwierigkeiten vertraut ge-macht; Sie haben Proviant eingekauft und führen Ihr Schiff verantwortungsvoll und qualifiziert entlang einer schwierigen Route. Vielfältige Überlegungen und Abwägungen sind not-wendig und es hängt von Ihnen, Ihrer Mannschaft, Ihrem Boot, der versammelten Kompetenz, dem Abwägen aller sichtbaren Risiken und vielleicht auch ein wenig vom Glück ab, ob Sie schließlich ans Ziel gelangen.

Eines wird in diesem Beispiel ganz deutlich: Die Idee ver-blasst gegenüber den Notwendigkeiten und Schwierigkeiten, die in der Umsetzung liegen. Gibt es nicht einen klareren

Beweis für die These, es komme auf die Umsetzung an? Und
hören sich diese Überlegungen nicht an, als ließen sie sich gut
auf die Situation eines Unternehmens übertragen, im Markt
und Wettbewerb durch schwierige Situationen zu steuern,
wo es ganz auf Führung, auf die Produkte, auf das Personal
ankommt und die Umsicht, mit dem dieser Organismus tag-
täglich den Widrigkeiten und unerwarteten Situationen begegnet? Die Analogie scheint so einleuchtend. Aber ist sie es
wirklich? Muss der moderne Kaufmann, der Waren aus dem
fernen Madeira beziehen will, sich heute noch um Boot,
Mannschaft und sämtliche Details eines solchen Vorhabens
selbst kümmern?

Nein. Denn der Schauplatz unseres Szenarios ist nicht
unsere Zeit, sondern eine vergangene. Heute muss sich ein
Entrepreneur nicht mehr um diese Dinge kümmern. Ein Se-
gelsportler oder ein Museum für Segelschifffahrt vielleicht
ja. Aber ein moderner Kaufmann arbeitet mit Leistungspaketen, die standardisiert sind und eine Vielzahl der Kompetenzen enthalten, die er früher beherrschen und in die Praxis
umsetzen musste. Er macht sich also in vielen Teilen von der
Umsetzung unabhängig.

Was ich damit sagen will: Die Tatsache, dass wir Komponenten einsetzen können, verändert das Problem der „Umsetzung" radikal. Und zwar quantitativ wie qualitativ. In den
Komponenten ist die Umsetzung professionell delegiert.
„Umsetzung" reduziert sich auf die Kombination von Komponenten.

Wir können es „embedded knowledge" nennen, „eingebettetes Wissen", über das wir mitverfügen, wenn wir solche
Komponenten benutzen. Wenn wir eine Uhr verwenden, lesen
wir die Zeit ab und benutzen damit wie selbstverständlich
das Wissen um das Funktionieren eines komplizierten Uhr-
werks, wie es sich in Jahrhunderten hoher Handwerkskunst
entwickelt hat. Man kann es bedauern, dass wir nicht mehr
über alle Einzelheiten Bescheid wissen, wie dies vielleicht
noch alte Uhrensammler können, aber wir sind viel effizienter, wenn wir das eingebettete Wissen voraussetzen und uns

dieses Wissens bedienen, ohne es selbst im Einzelnen erlernt zu haben.

In einem ersten Schritt geht es darum, eine Idee zu haben und an ihr zu arbeiten, bis ein überzeugendes Konzept entsteht. Der zweite Schritt besteht darin, vorhandene, professionelle Komponenten zu finden, mit denen man das Ideenkunstwerk praktisch organisatorisch zum Leben erweckt.

Konzept plus Komponenten

Ein ausgefeiltes Ideenkonzept plus Komponenten – das ist die Mischung, der Zaubertrank, das Asterix-Prinzip, mit dem wir gegen die Großen der ökonomischen Welt antreten können.

Sie finden das durchaus einleuchtend? Und eigentlich sogar naheliegend? Sie haben recht. Es liegt wirklich in der Luft. Lassen Sie uns also die Folgerungen daraus ziehen und die Chancen nutzen, die sich daraus eröffnen.

7 Im Konzert der Großen mitspielen

7.1 Können Sie sich vorstellen, eine Industrieanlage zu bauen?

Ich sitze im Flugzeug nach Asien. Mein Nachbar, so stellt sich im Gespräch heraus, kommt aus der Industrie, von ThyssenKrupp. Er ist beauftragt, den Bau einer Zementfabrik in Saraburi, nördlich von Bangkok, zu koordinieren. Ich höre ihm aufmerksam zu, habe natürlich die Gründung aus Komponenten im Kopf, hole tief Luft und frage: „Es wird für Sie völlig unsinnig klingen, aber darf ich Ihnen erzählen, wie ich als Laie eine Zementfabrik bauen würde?" Er sagt nichts, und ich fahre fort: „Ich würde mir ein Ingenieurbüro suchen, das Know-how und Erfahrung im Bau von Zementfabriken hat. Und dann würde ich die Teile, die für eine Zementfabrik notwendig sind, also die Maschinen und Förderbänder, alles, was man eben braucht, dort einkaufen, wo sie am preisgünstigsten sind. Das Ingenieurbüro muss die Teile zusammenbauen oder den Bau koordinieren. Wie finden Sie das? Aber bitte sagen Sie ganz ungeniert – ich habe ja von Zement keine Ahnung, außer dass ich schon mal Zementsäcke gesehen habe –, was Sie davon halten." Mein Nachbar sagt ganz ruhig: „Was Sie jetzt gesagt haben, machen wir im Grunde genommen auch nicht anders. Wir holen uns ein Ingenieurbüro, wir kennen schon eines, mit dem wir das machen, und dann holen wir im Großen und Ganzen aus der Welt zusammen, was wir brauchen; die Teile, die wir selbst herstellen können, holen wir natürlich aus dem eigenen Haus." Ich sage: „Bitte, noch eine dumme Frage: Wird die ganze Sache denn nicht preiswerter, wenn *ich* das baue, als wenn es ein großer Konzern tut?" „Natürlich", sagt er, „sind Sie preiswerter. Sie haben doch nicht den ganzen Apparat am

Hals, den wir finanzieren müssen. Die Chinesen, denen wir eine Zementfabrik gebaut haben, tun das ja auch. Die konkurrieren jetzt mit uns in Dubai." „Na hören Sie mal", sage ich etwas besorgt, „was bedeutet das denn für ThyssenKrupp?" Es entsteht eine kleine Pause, dann sagt er: „Ich gehe in eineinhalb Jahren in Pension."

7.2 Leistungspakete einkaufen

Wenn man sogar eine Industrieanlage bauen kann, dann kann man auch eine ganze Menge anderer Sachen machen. Wir müssen ja nicht gleich mit einer Zementfabrik anfangen.

Heute ist vieles in Leistungspakete geschnürt, die man fertig einkaufen kann. Ein Telefonat mit dem Deutschen Seekontor (ist heute nicht mehr existent) genügte zum Beispiel, um Tee aus Kalkutta nach Berlin zu bringen. Ich musste lediglich die Adresse angeben, an der der Tee in Kalkutta lagert, und die Adresse, bei der er in Deutschland abgeliefert werden soll. Alle anderen Kompetenzen wie die Qualität des Schiffs, des Containers, der Ausbildung und Verantwortlichkeit des Kapitäns, die internationale Seeroute, die Einzelheiten der Lagerhaus- und Hafenabwicklung in Kalkutta und der Abwicklung in Hamburg einschließlich der Zollpapiere nimmt einem die Hapag Lloyd oder eine andere Schifffahrtsgesellschaft ab. Damit sind Sie „Importeur". Und können sich auf die Idee, *warum* Sie Tee und *wie* Sie Tee handeln wollen, beschränken.

Wenn früher ein Kaufmann ägyptische Baumwolle kaufen wollte, musste er die Qualität vor Ort in Kairo prüfen lassen. Dann hatte er die Bezahlung zu organisieren, den Transport, die Ausfuhr, die Einfuhr ins eigene Land, das Verzollen, um nur einige wichtige Stationen zu nennen. Dabei konnte eine Menge schiefgehen. Man musste vertrauenswürdige Handelspartner finden, aber selbst dann blieben die Risiken hoch und schwer überschaubar. Als Newcomer einzusteigen war äußerst schwierig, wenn nicht unmöglich. Das Geschäft erforderte nicht nur viel Geld und Erfahrung; das Unternehmen brauchte viele Jahre, nicht selten Generationen, bis es überhaupt in eine Größenordnung hineinwuchs, die ihm erlaubte, erfolgreich im internationalen Handel mitzuspielen.

Heute kann man einen Baumwollkontrakt an der Warenbörse in Chicago kaufen; die Qualitätsstufe ist genau definiert, man kann sich auf die Einhaltung der Rahmenbedingungen wie Menge, Qualität, vereinbarter Preis und die daran anschließende Abwicklung des Geschäfts verlassen. Der Zahlungsverkehr ist ebenfalls standardisiert und zuverlässig. Was früher ein kühnes und teures Unterfangen war, ist heute überschaubar und mit wenigen Anrufen zu organisieren. Was Sie früher selbst und mit hohem Risiko tun mussten, geben Sie heute ab: Sie delegieren diese Aufgaben und tätigen das Geschäft mit vergleichsweise viel geringeren inhärenten Risiken.

Hier liegt ein entscheidender Unterschied zur Welt von gestern. In einem modernen Wirtschaftssystem können Sie in fertigen Komponenten denken und handeln, wo früher eine Vielzahl komplexer Vorgänge und Risiken bewältigt werden musste. Und nicht nur dies. Es öffnet Ihnen die Tür zu einem Spielfeld, in dem auch die Großen nicht anders operieren.

7.3 Komponieren Sie Ihr Unternehmen

Fangen wir mit einem kleinen, überschaubaren Beispiel an.

Rafael Kugel erzählt:

An der Universität Essen hatten Wissenschaftler herausgefunden, dass mit dem Verfahren, die bittere Schale des Rapskerns zu entfernen, ein wohlschmeckendes Öl gewonnen werden kann. Die wertvollen Eigenschaften des Rapsöls waren seit Langem bekannt, und die Deutsche Gesellschaft für Ernährung empfiehlt ausdrücklich den Verzehr von Rapsöl. Der Grund: 60 Prozent einfach ungesättigte Fettsäuren sowie der hohe Gehalt an Vitamin E und den mehrfach unge-

sättigten Omega-3- und Omega-6-Fettsäuren. Nach der Er-findung, das Öl auch schmackhaft zu machen, so schien mir, könnte man dem Rapsöl zu einem neuen, ökonomi-schen Leben verhelfen. Wenn man dieses Öl in einer Groß-packung abfüllte und direkt zum Verbraucher brächte, statt es in kleinen Packungen teuer über den Ladenverkauf an den Mann zu bringen – müsste das nicht die Verbraucher überzeugen, Rapskernöl bei mir via Versand zu bestellen? Das Modell der Teekampagne also auf Rapsöl übertragen?

Meine Kalkulationen zeigten, dass ich eine hohe Quali-tät wie kalt gepresstes Öl in Bioqualität fast zum halben Preis anbieten konnte wie sonst üblich. Eine eigene Websei-te musste erstellt werden. Die tägliche Verwaltung meines kleinen Unternehmens aber wollte ich nicht übernehmen. Bestellungen über das Internet werden auf das Bestellsystem der Projektwerkstatt GmbH geleitet und dort verarbeitet. Das Abfüllen des Rapskernöls in die Drei-Liter-Bag-in-Box-Verpackung geschieht in Hamburg bei einem professionellen Verpacker, der auch die Bestellungen versandfertig macht und dem Paketdienst der Post übergibt. Diese Art von hoch arbeitsteiligem Vorgehen hat ganz entscheidende Vorteile: Obwohl meine Firma im Moment noch verhältnismäßig kleine Umsätze macht, arbeite ich mit der Technik und da-mit der Effizienz der „Großen". Ich kann also ohne eigene große Investitionen in der Liga der etablierten Firmen mit-spielen – effizient, professionell und zu Kosten, die weit un-ter denen liegen, die anfielen, würde ich selbst diese Tätigkei-ten übernehmen. Kosten fallen immer nur dann an, wenn eine Bestellung verarbeitet wird. Mein Risiko, an hohen Fix-kosten bei zu wenigen Bestellungen zu scheitern, ist damit sehr gering. Vor allem aber habe ich den Kopf frei für die wirklichen Leitungsfunktionen, etwa die laufende Kontrol-le, der ausgelagerten Tätigkeiten, die Überarbeitung meines Konzepts oder Kontakte zu den Medien.

Im August 2005 gegründet, erreichte mein Unternehmen aufgrund der geringen Fixkosten schon nach drei Wochen den Break-even-Point. Die meisten Gründungsberater hatten mir eine Arbeitsbelastung von bis zu 14 Stunden pro Tag vorhergesagt. Die Realität sieht jedoch anders aus: Mehr als eine halbe Stunde pro Tag ist es nicht, was Routinetätigkeiten angeht. Dafür bleibt noch Zeit für andere wichtige Dinge: Die nächste Unternehmensgründung steht schließlich in Gedanken auch schon an.

Beim Businessplan-Wettbewerb bin ich übrigens durchgefallen: Mein Finanzierungsplan wäre nicht realistisch.

Worauf warten Sie noch? Werden Sie zum Komponisten in eigener Sache.

Kann man das, was früher unter Umsetzung verstanden wurde, ganz anders delegieren, komponieren, outsourcen? Man kann.

Das folgende kleine Unternehmen von Holger Johnson, unserem Serial Entrepreneur, ist die Miniform eines mit Komponenten arbeitenden Unternehmens überhaupt. Sie funktioniert, wenn die Komponenten erst einmal eingerichtet sind, praktisch automatisch.

Was ist die Idee des kleinen Unternehmens? Musik für Telefonanlagen bereitzustellen, die die Kunden hören, wenn sie sich in der Warteschlange befinden. Und den Betreiber der Telefonanlage von der Arbeit mit der GEMA zu entlasten. Holger Johnson hat dazu eine CD mit entsprechender Musik brennen lassen und einen Online-Shop errichtet. Die Versandlogistik wird von einem Dienstleister erbracht. Wie finden die Kunden zur Website? Antwort: Über Suchmaschinen. Warteschlangenmusik ist ein typisches Produkt, das über das Internet gesucht wird.

Was bleibt, ist eine Koordination zwischen einzelnen Leistungspaketen, die in sich hoch professionell gehandhabt werden. Ist die Koordination einmal vorgenommen und eingespielt, beschränkt sich die Aufgabe des Entrepreneurs auf die Qualitätskontrolle der einzelnen verabredeten Leistungspakete. Er gewinnt damit Zeit, sich auf seine eigentlichen Aufgaben zu konzentrieren, nämlich Marktbeobachtung, Reaktion auf Marktveränderungen und den Blick auf den Horizont zu richten, statt aufs Tagesgeschäft.

> Wir leben in einer Zeit vollkommener Mittel.
>
> ALBERT EINSTEIN

Es gibt eigentlich fast alles als Komponenten, und das sogar in hoher Perfektion. Zunächst gibt es professionelle Märkte, auf denen (bisher) die Großen einkaufen. Es sind Börsen oder Auktionen mit standardisierten Produkten und Qualitätsstufen. Es gibt aber auch informelle Strukturen, wie Internetplattformen, die den Zugang zu Herstellern ermöglichen, auch wenn diese scheinbar am anderen Ende der Welt produzieren. Vor allem aber gibt es die professionellen Dienstleister, die uns das Verpacken und den Transport abnehmen. Dazu praktisch kostenlose Kommunikationsmöglichkeiten per E-Mail, Telefon oder Videokonferenz, die die Kontaktaufnahme und deren Kosten radikal verbessern. Im Grunde genommen steht uns ein riesiger Werkzeugkasten plus eine unendliche Zahl von Bausteinen zur Verfügung, aus denen wir unendlich viele neue Kombinationen zusammendenken können. So wie Stanislaw Lem im letzten Jahrhundert Zukunftsromane aus gedachten Hightech-Komponenten zusammensetzte, können wir heute *economic fiction* schreiben, in denen Menschen ihre Visionen aus einem vorhandenen Baukasten und seinen Komponenten zusammenfügen.

> Things fall into composition.
>
> HENRY JAMES,
> Romanautor um 1900

Die Produktion ist nicht das Problem. Produktionskapazitäten gibt es im Überfluss. Fast jeder Produzent freut sich, wenn er einen Auftrag bekommt. Selbst Markenhersteller, wenn sie selbst die Produktion betreiben, freuen sich über die Auslastung ihrer Kapazität und nehmen hin, dass Sie praktisch mit dem gleichen Produkt handeln, aber unter einer eigenen Marke. Diesen Herstellern ist die Auslastung ihres Betriebs wichtiger als die Konkurrenz eines No-Names, der Sie sind. Jedenfalls am Anfang. Später, wenn Sie sichtbar erfolgreich werden und einen nennenswerten Marktanteil erreichen, mag sich das ändern. Aber dann sind Sie groß genug und haben längst andere Alternativen erkundet.

7.4 Ein Beispiel: Wie man Zahnbürsten preiswerter macht

In der Nähe von Bonn steht eine Fabrik, in der ein großer Teil aller in Deutschland verkauften Zahnbürsten hergestellt wird. Mehrere namhafte Marken lassen dort für sich produzieren. Auch Sie können dort Zahnbürsten produzieren lassen und mit Ihrem eigenen oder unter einem Fantasienamen verkaufen. Verabreden Sie mit Ihren Freunden und Bekannten eine Zahnbürstenkampagne. Sie wissen, Zahnbürsten sollte man nicht zu lange gebrauchen, sonst schaden sie den Zähnen, egal wie teuer gestylt oder wissenschaftlich fundiert Ihr Zahnbürstenmodell ist. Mindestens zehn Zahnbürsten im Jahr brauchen Sie alleine schon. Daher reicht es in Ihrem Freundeskreis schon für eine kleine Kampagne. Warum Ihre Freunde bei Ihnen kaufen sollten? Sie ahnen es. Nicht weil Sie attraktiv und nett sind und Ihre Freunde zum Kauf überreden, sondern weil Ihre Bürstchen natürlich viel billiger sind als die, die sie selbst im Discount-Laden kaufen. Das Material und die Herstellung kosten fast nichts. Teuer werden die Bürsten durch den Werbeaufwand für die Marke und den Vertrieb.

Wie Sie die Zahnbürsten verkaufen sollen? Richten Sie einen Online-Shop ein, damit auch die Bekannten Ihrer Bekannten einen Jahresvorrat erwerben können und/oder verteilen Sie die Zahnbürsten per Hand bei Ihren Besuchen. Haben Sie keine Angst, dass Ihre Freunde über Sie lachen. Das tun sie nur am Anfang, bis sie das Konzept verstanden haben. Danach werden sie entweder grün vor Neid oder suchen schleunigst ein Produkt, womit sie selbst auch eine kleine Kampagne starten können. Wenn Sie – hoffentlich – Ihre Zähne mit einer elektrischen Bürste pflegen, macht sich das Ganze noch viel schneller bezahlt. Sie haben sich bestimmt schon darüber geärgert, wie teuer die kleinen Bürsten sind, die Sie oben auf den Elektromotor setzen. Am besten, Sie verkaufen den Elektromotor gleich dazu. Robust sollte er sein und dadurch lange laufen und eine Sensorik sollte das Gerät enthalten, die den meist zu stark ausgeübten Druck auf die Zähne abfängt. Damit sind Sie das Problem los, das die Markenhersteller aufgeworfen haben – dass zu jedem Fabrikat ein anderes Zahnbürstchen gekauft werden muss.

Sie denken jetzt über einen Markennamen nach. Wählen Sie zum Beispiel „Grün". Ja, „Grün". „Braun" dürfen Sie Ihre Zahnbürsten-Maschine nicht nennen. Aber „Grün" vielleicht schon. Suchen Sie sicherheitshalber jemanden, der mit Fami-

liennamen „Grün" heißt, und benennen Sie Ihre Firma nach
ihm. (Suchen Sie so lange im Telefonbuch nach „Grün", bis
Sie jemanden finden, der dieses Experiment mitträgt.) Wenn
Ihnen bei der Markenanmeldung der Bescheid erteilt wird,
„Grün" sei nicht zulässig, klagen Sie dagegen. Wenn eine
Marke „Braun" erlaubt ist, muss es „Grün" auch sein. Was
ich damit sagen will: Wählen Sie einen einprägsamen, möglichst einfachen Namen und lassen Sie sich nicht von Phrasen
wie „Das geht nicht" oder „Das gibt es aber schon" zu schnell
abschrecken.

Auch die Teekampagne hatte nie Schwierigkeiten, guten
Qualitätstee einzukaufen, auch wenn Teehändler versucht
haben, ihre Marktmacht gegen uns einzusetzen und die Tee-
produzenten beeinflussen wollten, uns nicht mehr zu beliefern.

Produktion ist heute nicht mehr das Problem. Ist es das
Verpacken und Versenden? Dies machen professionelle Verpacker und Versender. Auch die Projektwerkstatt bietet diesen Service an, da wir im Jahr ohnehin über 100 000 Pakete
verschicken. Wir haben die gesamte Infrastruktur. Es kommt
also auf Ihre paar Dutzend oder paar Hundert Pakete mehr
nicht an. Sie steigen sogar von den Kosten her in eine Ope-
ration ein, die schon mit erheblicher Effizienz arbeitet. Auch
die Postgebühren selbst werden für Sie niedriger. Während
Sie für ein einzelnes Paket auf einem Postamt schnell sechs
Euro nur für die Paketgebühr berappen, kostet die gleiche
Gebühr bei uns ungefähr die Hälfte – und Sie sparen den Weg
zum Postamt und die Zeit am Schalter. Selbstverständlich
wird das Packmaterial auch preiswerter, weil wir es in großen
Mengen kaufen. Eine echte Win-win-Situation also. Sie sparen viel Geld, wir nutzen unsere vorhandenen Kapazitäten
besser aus, und wenn Sie später einmal Tausende Pakete pro
Jahr verschicken, werden unsere eigenen Kosten sogar noch
niedriger, weil wir durch Sie noch einmal in größere Mengen
und günstigere Einkaufsrabatte kommen. Aber prüfen Sie,
ob Sie nicht einen Dienstleister finden, der preiswerter ist als
wir oder Ihre spezifischen Aufgaben besser erfüllen kann.

Bleibt noch die Abwicklung und Verwaltung des Online-Shops. Hier ist die Lösung noch einfacher: Errichten Sie Ihren eigenen Online-Shop, Sie können dazu eine Softwarelösung nutzen, die Ihnen die gesamte Verwaltung abnimmt. Sie erhalten am Monatsende einen Bericht darüber, wie viel Sie verkauft und verdient haben. Wenn Sie neugierig sind und jeden Abend wissen wollen, wie Ihre Geschäfte laufen, können Sie jederzeit selbst die neuesten Daten abrufen. Sie finden inzwischen erste professionelle Dienstleister, die diesen Service anbieten.

Worauf warten Sie noch?[55]

7.5 Fehlt es an Kapital?

Statt an Ihrem Ideenkonzept zu arbeiten und zu feilen, denken viele Gründer immer noch, der Erfolg im Markt stelle sich durch großes Produktionsvolumen ein. Sei es, weil Sie gehört haben, dass die Großen die Kleinen fressen oder weil Sie als Ökonom um die Economies of Scale wissen: Dass man große Stückzahlen brauche, um kostengünstig produzieren und dies das Mittel sei, die Konkurrenz am Markt ausstechen zu können. Es ist ein Standardargument von Tüftlern und Möchtegern-Gründern: „Wenn man mein Produkt in millionenfacher Auflage herstellen würde, würde es preiswert und im Markt konkurrenzfähig sein." Nach diesem Satz folgt der nächste praktisch automatisch: „Ich brauche einen Kapitalgeber, der mir dafür die Millionen gibt." Auch ich bekomme häufig solche Anfragen. Meine Antwort ist kurz: „Ich würde Ihnen das Kapital nicht geben, selbst wenn ich es hätte." Größe allein reicht heute nicht mehr aus. Offenbar gebe nicht nur ich eine solche Antwort, sondern die meisten anderen vernünftig denkenden Menschen auch. Man könnte genauso gut von einem Kapitalgeber erwarten, in der Spielbank zwei Millionen auf die Zahl 17 zu setzen und zu hoffen, dass in der nächsten Spielrunde das Roulette auch wirklich bei 17 stehen bleibt.

Dies erwähne ich überhaupt nur deshalb, weil es hilft, die Redeweise (oder soll man sagen Legende) vom „Kapitalmangel für Gründer" besser zu verstehen.

Bevor Sie jetzt empört das Buch zur Seite werfen: Sie haben recht, es gibt Ausnahmen: Dort, wo im Hightech-Bereich Forschungs- und Entwicklungsarbeit notwendig wird, braucht man hohe Kapitalbeträge. Ähnliches gilt in der pharmazeutischen Forschung. Von einem ersten Forschungsergebnis über die Klinikerprobung bis zum Verkauf eines Medikaments braucht es enormen Kapitalaufwand.

Nur – schon heute zeigen die Statistiken, dass Gründungen aus diesen Bereichen nur einen Bruchteil der tatsächlichen Gründungen darstellen. Ihr Anteil würde sogar noch kleiner, würden die vielen potenziellen Gründungen, die wir heute durch falsche Vorstellungen be- oder verhindern, hinzugerechnet werden.

Steht genug Kapital bereit für Gründer? Heute gibt es eine Vielzahl von Institutionen, die Risikokapital zur Verfügung stellen. Banken haben Abteilungen eingerichtet, die sich auf diese Aufgabe spezialisieren. Ich kenne in meinem Umfeld keinen einzigen Fall, in dem eine Gründung aus Mangel an finanziellen Mitteln unterblieben wäre. Eher ist das Gegenteil der Fall. Kapitalgeber, wie Venture-Capital-Firmen oder Business Angels, laufen hinter aussichtsreichen Konzepten her.

Sehen Sie sich die Deutschen Gründertage in Berlin an oder vergleichbare Veranstaltungen im Bundesgebiet. Sie finden eine kaum noch überschaubare Vielzahl von Angeboten, aber wenige Gründer. Und noch weniger gute Gründungskonzepte. Es mag vor Jahren noch anders gewesen sein, heute ist Kapital nicht mehr der Engpass.[56]

Dass viele Gründungen an Liquiditätsengpässen zugrunde gehen, darf uns nicht zu einer falschen Schlussfolgerung verleiten. Die Zahlungsunfähigkeit ist der letzte Akt einer gescheiterten Gründung, aber nicht notwendig die Ursache des Scheiterns. Wenn ein Patient stirbt, bleibt zuletzt das Herz stehen. Hieraus zu schließen, dass er an einer Herzkrankheit gestorben sein muss, wäre falsch.

In einer Wissensgesellschaft liegt das Kapital in den Köpfen der Menschen, und nur in zweiter Linie bei den Banken. Im Industriezeitalter erhielten Ideen Schubkraft durch das dahinterstehende Kapital. Die Idee des Pioniers Friedrich List, Deutschland mit einem Eisenbahnnetz zu überziehen, war zu jener Zeit eine nutzbringende, der wirtschaftlichen und logistischen Situation Deutschlands angemessene Idee. Die erfolgreiche Durchsetzung am Markt war im Wesentlichen eine Frage der benötigten (riesigen) Kapitalmittel. Das moderne Gegenbeispiel heißt Skype. Die ganze Welt mit Internettelefonie zu erschließen brauchte erstaunlich wenig Kapital.

Heute werden Ideen geadelt durch den Aufwand an Kopf, nicht an Kapital. Nicht weil man sie in die Sprache und Techniken der Betriebswirtschaftslehre umsetzt (wie das Businesspläne tun), sondern weil Ideen gut durchdacht, weiterbearbeitet, überarbeitet, eventuell gänzlich verworfen und durch bessere Ideen ersetzt werden. Das Adelsprädikat wird für die Gedankenarbeit vergeben, für die Fähigkeit, unkonventionell zu denken und zu handeln, für neue Sichtweisen und Neukombinationen. Manchmal auch die Fähigkeit, Außenseiter zu sein, für verrückt gehalten zu werden und dies auszuhalten.

Natürlich gewinnen zuweilen auch die Dinosaurier. Masse hat Gewicht und auch Gewicht zählt. Andere unter den Sauriern sind anpassungsfähig und erfinden sich neu. Immerhin steckt in der angesammelten Masse auch das Geld, gute Köpfe durch hohe Gehälter einzukaufen. Ob man sie damit heimisch machen kann? Der *war for talent* werde durch Geld entschieden – sagen die einen. Es entstünden neue professionelle Standards, in denen es um Lifestyle und Selbstverwirklichung ginge, Kriterien, mit denen sich Großorganisationen schwertun – sagen andere. Meine eigene Beobachtung an der Universität ist, dass die Studierenden sich heute weitaus weniger zu den großen Namen der Industrie hingezogen fühlen, als dies früher fast selbstverständlich der Fall war.[57]

7.6 Persönlichkeit statt Anonymität

Es gibt viele Menschen, die Markt und Wettbewerb als gesichtslos, als Spiel der Großen und Mächtigen erleben, wo es brutal zugeht und Kapital und Machtinteresse alle anderen Werte dominieren. Es ist nicht ihre „Welt". Ihre Abneigung drückt sich aus in Desinteresse und wenig Neigung, sich auf dem Feld der Wirtschaft zu betätigen. Das ist verständlich und nachvollziehbar.

Aber stimmen diese Bilder wirklich noch?

Heute ist Größe nicht mehr allmächtig. Mit der Größe nimmt die Beweglichkeit ab, die Bürokratie zu und mit der Bürokratie vermehrt sich eine Spezies von Managern, die eher entlassen, als Neues entwerfen, die ohne unternehmerische Vision mit der Politik kungeln, ganze Abteilungen mit der Beantragung von Subventionen beschäftigen und grundlegende Veränderungen des Marktes nicht oder erst dann erkennen, wenn der Absturz beginnt. Nicht einmal die Betriebswirtschaftslehre teilt mehr den Glauben an Größe. Die Vorteile großer Serien seien nicht beliebig ausdehnbar, im Gegenteil: Größe bedeute mehr Komplexität, die oft mehr Kosten verursache, als sie durch höhere Stückzahlen hereinbringe. Nur die Verwalter von Konzernen glauben unbeirrt an Größe. Weltweit nimmt die Zahl kleiner Firmen zu, und sie schaffen auch mehr Arbeitsplätze. In Deutschland zeigen die Statistiken, dass bereits seit Anfang der 80er-Jahre die Zahl der Arbeitsplätze in Großbetrieben kontinuierlich *ab*nimmt.

Wen diese Argumente nicht überzeugen, der lese Martin Suters Buch *Business Class*.[58] Wo Abteilungen gegeneinander intrigieren, wo Manager vorrangig damit beschäftigt sind, die eigene Position zu festigen, fragt man sich, wie diese Dinosaurier den zunehmenden Leistungswettbewerb bestehen wollen. Die beiden Gründer von Skype lehrten die Telekomriesen das Fürchten. Wir wissen längst, dass Innovationen und bahnbrechende Ideen in der Regel nicht in Großorganisationen entstehen.

Müssen Unternehmen immer anonym und „unfassbar"
sein? Es gibt auch andere Beispiele. Ein Unternehmen kann
auch ein Gesicht haben. Kann individuell sein. Kann die Persönlichkeit des Gründers und seine Überzeugungen erkennen
lassen. Markt und Wettbewerb müssen nicht notwendig brutal und gesichtslos sein. Markt kann auch ein Wettbewerb
der Ideen sein. Heute, wo Gründer oder kleine Unternehmen
praktisch den gleichen Zugang zu Informationen und Know-
how haben wie die Großen, wo Kapital und Kungelei in der
Wissensgesellschaft in ihrer Bedeutung abnehmen, werden
die Erfolgsgesetze neu geschrieben.

Gottlieb Duttweiler, der Gründer der Schweizer Migros,
war der Erste, der die Zeichen einer neuen Zeit erkannte. Er
kämpfte gegen den gesamten Lebensmittelhandel seines Landes. Für gute Produkte und niedrige Preise. Er wollte nicht
die Produktqualität verschlechtern, um Billigangebote machen zu können. Sondern die Qualität hochhalten – aber
Wege und Verpackungsmaterial und damit unnötige Kosten
sparen. Seine Kunden haben das verstanden. Als die Händler-
Phalanx im Januar 1926 zum Gegenschlag ausholte und in
einer großen Dumping-Aktion seine Preise unterbot, durch-
schauten die Züricher Hausfrauen das Manöver. Obwohl sie
in der Januar-Kälte auf Duttweilers Lastwagen warten mussten und in den warmen Läden der Konkurrenz zu niedrigeren
Preisen hätten einkaufen können, blieben sie Duttweiler treu
– sonst wäre die Migros im ersten Lebensjahr für immer von
der Bildfläche verschwunden und Duttweiler als Scharlatan
in die Geschichte des Einzelhandels eingegangen. Der Erfolg
der Migros ist ohne die Person Duttweiler nicht erklärbar.

In der Kunst ist es selbstverständlich, dass das Werk auch
den Künstler zeigt, seine Sichtweisen und seine Individualität.
Der Erfolg entsteht nicht durch platte Anpassung an den
Markt und den Publikumsgeschmack, sondern gerade durch
abweichende, neue Sichtweisen, durch die Eigenwilligkeit des
Künstlers. Kann man dies nicht auch auf Unternehmen übertragen?

Bei der Teekampagne ist nicht der Kunde König. Sondern

die Vernunft. Wären wir den Kundenwünschen gefolgt, hätten wir heute ein breites Sortiment an Teesorten und kleine Packungsgrößen – und dadurch genauso hohe Kosten und Preise wie der konventionelle Teehandel.

Vielleicht wird damit verständlich, warum selbst so einfachen Konzepten wie dem des Migros-Gründers, der Ikea-Idee, aber auch der Teekampagne so durchschlagender Erfolg beschieden war. „Unter Blinden ist der Einäugige König", sagt das Sprichwort. Dort wo die Welt des Marktes von Geschäftshuberei und bloßer Gewinnmaximierung dominiert wird, haben selbst *kleine* Ideen eine große Chance. Aus der Kunst wissen wir, dass Geschäftstüchtigkeit allein in der Regel nicht zum Erfolg führt. Könnte es sein, dass dies auch für das Wirtschaftsleben gilt?

7.7   Haben Sie selbst Lust auf eine kleine Unternehmung bekommen?

„Small is beautiful" – das mag ja sein, werden Sie sagen; vielleicht ist man auch flexibler als die Großen und hat keinen umfangreichen Verwaltungsapparat am Hals. Aber hat ein kleines Unternehmen nicht ökonomisch entscheidende Nachteile? Kleine Serien, große Stückkosten, kein Geld für Forschung und Entwicklung, für Marketing?

Märkte und Infrastruktur haben sich in einer Weise verändert, die die tradierten Auffassungen von Klein und Groß mehr und mehr als obsolet erscheinen lassen. Das liegt an der Offenheit und Transparenz moderner Märkte sowie der Professionalität und Sicherheit in der Abwicklung.

Damit, und das ist das Entscheidende, hat auch ein Gründer Zugang zum gleichen Markt und zwar praktisch zu den gleichen Bedingungen wie die großen Unternehmen.

In unseren Schulen wird die Arbeitsweise von Warenbörsen selten behandelt, wenn sie nicht überhaupt nur als Instrumente der Spekulation abgetan werden. Ein Beispiel da-

Im Konzert der Großen mitspielen

Verfügbarkeit neuer Infrastruktur

Hoch entwickelte Arbeitsteilung

Standardisierte Märkte, Börsen und Produktqualitäten

Verfügbarkeit professioneller Dienstleister

für ist der Dokumentarfilm *Septemberweizen* (1980) des deutschen Regisseurs Peter Krieg. Der Film greift aus dem riesigen Spektrum des Handels den mit Abstand spekulativsten Bereich heraus, den Septembertermin des Weizenhandels, und legt mit diesem Extrembeispiel nahe, dass moderne Börsen nur Spielbälle von Spekulanten seien. Die immanenten Chancen, die sich aus modernen Handelssystemen ergeben, werden nicht erkannt.

Haben Sie selbst Lust auf eine kleine Unternehmung bekommen?

Kaufen Sie einen Heizölkontrakt an der ICE Futures Europe in London. Das Öl entspricht genau der DIN-Norm für deutsche Ölheizungsbefeuerung. Ein Kontrakt bedeutet 100 Tonnen Heizöl, das sind 110 000 Liter. Der Broker verlangt dazu einen finanziellen Einschuss von fünf Prozent des gehandelten Betrages, dazu seine Kommission von ungefähr einem Prozent. Sie handeln damit praktisch zu den gleichen Bedingungen wie Exxon oder Shell. Sagen Sie Ihren Freunden und Bekannten, dass man ab sofort bei Ihnen Heizöl zu einem vorbestimmten Preis kaufen kann, der deutlich niedriger liegt als der, den ihr Heizölhändler verlangt. Gleichzeitig müssen Sie mit einer Tankwagenspedition einen Vertrag schließen, die das Heizöl im Anlieferungshafen, meist Rotterdam, übernimmt und es ohne Zeitverzug bei Ihren Freunden und Bekannten in die Heizöltanks füllt.

Die Kalkulation ist einfach und schon vor Beginn der kleinen Kampagne bekannt: Es sind die Kosten des Heizölkontrakts, die Kommission für den Broker, die Speditionskosten, etwa ein Dutzend Telefonate und ein Aktenordner. 110 000 Liter scheinen zunächst viel zu sein, sind es aber in Wirklichkeit gar nicht. Ein Tank in einem Einfamilienhaus fasst 3 000 Liter, oft auch mehr. Tanks in Mehrfamilienhäusern bringen es auf 30 000 bis 50 000 Liter, sodass bereits wenige Vereinbarungen ausreichen. (Sie müssen Ihre Freunde verpflichten, das Öl auch wirklich abzunehmen, oder zusätzliche Adressen von Interessenten in Reserve halten.) Beim ersten Mal werden Sie Ihre Nerven strapazieren und vielleicht unruhig schlafen. Beim zweiten Mal, wenn Sie die Regeln des Brokers, des Spediteurs kennen und bei Ihren Freunden und Bekannten Vertrauen entstanden ist, können Sie Ihre Kampagne mit größerer Menge und höherem Überschuss fortsetzen.[59]

Heute gibt es spezialisierte Logistikdienstleister, derer Sie sich bedienen können. Sie müssen nicht selbst die Qualitätsprüfung der Ware übernehmen, sie verpacken oder versenden. Das machen diese modernen Dienstleister qualifiziert und zuverlässig, vor allem auch preiswerter, als wenn Sie es selbst tun würden. Was Ihnen nicht abgenommen wird, ist das Puzzle, die Idee, das Konzept, das Design, wie sie diese Möglichkeiten nutzen wollen.

Sie werden sich fragen: Kann ich mir denn solche Experten leisten? Es ist eine Frage an die Qualität Ihres Puzzles. Wenn es radikal genug ist, also – wie wir Ökonomen sagen würden – mit einer hohen Marge arbeitet, können Sie sehr wohl professionelle Hilfe bezahlen. (Der kleine Selbständige dagegen, der das tut, was alle anderen auch tun, und harter Preiskonkurrenz ausgesetzt ist, wird sich unsere Denk- und Arbeitsweise nicht leisten können.)

Wahrscheinlich denken Sie, dass es billiger ist, solche Dinge selbst zu machen, als fremde, professionelle Dienste in Anspruch zu nehmen. In der Praxis ist es aber erfahrungsgemäß oft so, dass – wenn Sie alle Ihre eigenen Kosten bedenken – Sie solche Dienstleistungen preiswerter einkaufen, als wenn Sie es selbst tun würden.

Zusammengefasst: Sie können, so unwirklich Ihnen das im Moment auch scheinen mag, im „Konzert der Großen" mitspielen. Sie sollten sich aber vernünftigerweise beschränken, etwa auf ein einziges Produkt oder eine Dienstleistung. Marketingexperten werden Sie von Diversifikation überzeugen wollen, damit Sie Ihr Risiko verteilen. Aber seien Sie vorsichtig: Sie bezahlen mit rasch zunehmender Komplexität und höheren Stückkosten. Nicht umsonst sagte schon Andrew Carnegie: „Legen Sie alle Eier in einen Korb." Die Chance, dass Sie in einer einzigen Sache sachverständig werden, den Überblick behalten und in dieser einen Sache besser sind als die vorgefundenen Konventionen, wiegt das Risiko der Beschränkung auf.

Später, wenn Sie mehr Erfahrungen gesammelt haben und Ihr Konzept in der Praxis erfolgreich ist, können Sie expandieren, diversifizieren oder auch ausgegliederte Prozesse ins eigene Haus zurückholen. Ihre Risiken sind dann für Sie überschaubarer und kalkulierbarer.

Heute ist der Glaube, dass Größe und Effizienz allein ein gutes Paar abgeben, geschwunden. Das unrühmliche Ende des Neuen Marktes hat gezeigt, dass von Banken und Investoren geprüfte Businesspläne sowie enormes Kapital nicht zwangsläufig zum Erfolg führen. Unternehmen sind ab einer gewissen Größe für viele Prozesse nicht mehr agil genug. Dafür geraten kleine, flexible Einheiten ins Blickfeld: Ein Entrepreneur braucht heute kaum mehr als einen Laptop und ein Mobiltelefon.

Wer eine Idee hat,
dem reicht auch der Küchentisch.

JERRY AUERSWALD,
deutscher Gitarrenbauer,
baut Einzelstücke für internationale Stars

7.8 Marktführer über Nacht

www.myphotobook.de. Jahrelang waren Fotoalben mit liebevoll eingeklebten Erinnerungen bei Alt und Jung sehr beliebt – schön handlich und stets im Regal zur Verfügung. Die moderne digitale Fotowelt hingegen agiert mit USB-Sticks und Foldern im Computer. Fotoalbum ade – oder doch nicht? Zwei junge Berliner aus Kreuzberg finden, dass man die Fotoalbenidee in moderner Form wieder aufleben lassen kann. Man nehme seine Digitalfotos, treffe eine Auswahl, maile sie an myphotobook.de und zurück kommt ein gebundenes Heft, ein Buch oder eine Fototapete in wesentlich höherer Qualität als das alte Fotoalbum – direkt nach Hause an den angegebenen Empfänger.

Was war dazu notwendig? Haben die Gründer David Diallo und Jan Christoph Gras irgendetwas neu erfunden oder entwickelt? Dass man Bilder von digitalen Daten ausdrucken und binden kann, weiß jedes Kind. Braucht man dazu einen Hochleistungsdrucker? Nicht unbedingt; jedenfalls nicht zum Start des Unternehmens. Das Gleiche gilt für die Einrichtung zum Buchbinden.

Aber myphotobook hat noch einen ganz anderen Aspekt von Entrepreneurial Design; es ist eine Art Super-Modell, das einen extravaganten Start in den Markt ermöglicht. Weil es vielen Unternehmen und ihren Kunden einen Zusatznutzen bringt, ohne dass sie etwas tun müssen.

Die „normale" Situation für Gründer lautet ungefähr so: Du gründest, kein Mensch kennt dich, wahrscheinlich hat

auch kein Mensch auf dich gewartet. Jetzt musst du auf dich
aufmerksam machen, du fängst also von null an und arbeitest
dich langsam in rentable Größenordnungen vor. Anders my-
photobook.de. Statt ein Geschäft in Kreuzberg zu eröffnen
und später vielleicht nach Schöneberg zu expandieren, über-
legten die Gründer, wer die meisten Kunden im Bereich Foto-
entwicklung hatte. Sie stellten fest, dass nicht etwa eine Foto-
kette, sondern der Drogist Schlecker der Marktführer für
digitale Fotos war. Die Gründer nahmen Kontakt zu Schlecker
auf und unterbreiteten folgenden Vorschlag: Bieten Sie Ihren
Kunden ein *Schlecker-Fotobuch* an. Wie das geht? Darum
müssen Sie sich nicht kümmern – wir machen alles im Hintergrund für Sie. Schlecker hatte also aus dem Stand ein neues
gutes Produkt für seine Kunden, war aber von aller Organisation hierfür befreit.

Der Vorteil für myphotobook.de: Die jungen Entrepreneure waren über Nacht Marktführer in Deutschland und
hatten ein White-Label-Modell, das sie auch anderen im
Fotogeschäft anbieten konnten. Aber nicht nur denen: Auch
alle anderen Unternehmen oder Websites können ihren Kunden Fotobücher anbieten. So entstand zum Beispiel das Pro7-
Fotobuch. Heute ist myphotobook.de europäischer Marktführer und wird in Fachkreisen hoch gehandelt.

Welche Komponenten sind dafür notwendig? Ein leis-
tungsstarker Drucker sowie das Binden der losen Blätter. Die
für derlei Produktionen verwendeten Hochleistungsdrucker
sowie Bindemaschinen kann man mieten, selber kaufen lohnt
sich am Anfang eher nicht. Nicht nur dieses Beispiel zeigt,
dass man auch in der Anwendung vorhandener Technologie
virtuos Entrepreneurship betreiben kann. Das Besondere liegt
in der Koordination, in der aus vorhandenen Komponenten
ein hochinteressantes unternehmerisches Konzept entsteht.
Bereits Schumpeter konstatierte: Viele Neuerungen, die wir
früher oder später überrascht oder erstaunt als solche begreifen, existierten längst. Nur ein kleiner Bruchteil ist wirklich
neu. Das meiste ist eine Rekombination aus vorhandenen
Ideen und Produkten.

Konzepte wie www.myphotobook.de haben einen Turbo-Effekt. Das Unternehmen www.spreadshirt.com verwaltet über 1 000 Minishops, in der Mini-Entrepreneure ihre eigenen Sweatshirts entwerfen und verkaufen. Jeder kann einen eigenen Shop eröffnen und wird dafür an den Verkaufserlösen von bedruckten T-Shirts beteiligt. Heute gibt es über 400 000 Shop-Partner. Das Schlagwort hierfür heißt Social Commerce und beschreibt den Übergang vom Nischen- zum Massenmarkt.

7.9 Ein Unternehmen zum Mitmachen – Die CO_2-Kampagne

Sie fühlen sich noch nicht in der Lage, ein eigenes Unternehmen aus Komponenten zusammenzusetzen? In Ordnung. Gehen wir zusammen einen Schritt weiter und komponieren ein Unternehmen, bei dem alle Komponenten schon fertig zusammengesetzt sind. Ein Fertig-Unternehmen also.

Und so sieht es aus:

Die Projektwerkstatt hat sich eine CO_2-Kampagne ausgedacht. Der einfachste und schnellste Weg, Energie zu sparen und etwas für den Klimaschutz zu tun, sind Energiesparlampen. Energiesparlampen sind die zeitgemäße Alternative zu den technisch überholten Glühlampen. Die klassische Glühbirne wandelt nur maximal fünf Prozent der eingesetzten Energie in Licht um – der Rest verpufft als Wärme. *Going for a cause*, also. Ziel ist es, qualitativ hochwertige Energiesparlampen preiswert zu machen. Mit den Prinzipien der Teekampagne: nur ein Produkt, nur Großpackung, kein Zwischenhandel, Direkteinkauf.

Was haben Sie damit zu tun?

Sie können das „Gerüst" der CO_2-Kampagne für sich nutzen. Den Bestellvorgang, das Rechnungswesen, die Versandlogistik. Sie geben also die gesamte Business Administration ab. Und in diesem Falle auch die Probleme von

Einkauf, Qualitätskontrolle, Finanzierung und das Risiko,
ob Sie die eingekaufte Ware auch vollständig verkaufen können. Die Projektwerkstatt stellt Ihnen damit praktisch ein
virtuelles Unternehmen zur Verfügung. Kostenlos.

Warum sie das tut? Weil es eine Revolution des Entrepreneurship auslösen soll. Weil ich zeigen will, dass unternehmerisches Denken und Handeln nicht mit Buchhaltung, auf-
reibendem Management und Zwölf-Stunden-Tagen zu tun
hat, sondern sich heute mittels Arbeitsteilung und Komponenten auf die wesentlichen Aufgaben konzentriert: Woher
bekomme ich wirklich gute Produkte? Wie kann ich sie so
sparsam wie möglich transportieren und ohne Umwege zum
Endkunden bringen? Was kann ich dazu beitragen, Ökonomie transparenter, nutzenstiftender und verantwortungsvol-
ler zu machen?

Sie bekommen ein Unternehmen im Kleinstformat. Ein
virtuelles, aber voll funktionsfähiges Unternehmen. Fast vollständig zusammengesetzt aus Komponenten. Sie können sich
auf die entscheidende Aufgabe fokussieren, ihr kleines Unternehmen erfolgreich zu machen, indem Sie etwas Gutes in
die Welt bringen, nämlich nützliche und preiswerte Energiesparlampen. Tut das die Projektwerkstatt nicht ohnehin
schon? Ja – aber mit Ihrer Hilfe erreicht sie mehr Menschen,
als sie selbst es könnte. Sind Sie dann nicht bloßer Verkäufer?
Selbst daran wäre nichts Schlechtes, wenn Sie ein vernünfti-
ges Produkt preiswerter machen als im Markt üblich.

Richtig spannend wird es, wenn Sie am Beispiel der CO_2-
Kampagne erkennen, dass Entrepreneurship tatsächlich so
betrieben werden kann, dass Sie die lästigen und Professionalität verlangenden betriebswirtschaftlichen Teile professionell delegieren. Dann können Sie nämlich in einem nächsten
Schritt anfangen, unter Zuhilfenahme von Komponenten Ihr
eigenes Unternehmen zu komponieren. Ersetzen Sie „CO_2-
Kampagne" durch etwas anderes, das Ihnen vernünftig erscheint und wert ist, vorangetrieben zu werden. Ziel ist es,
dass Sie erkennen, dass Sie einen Online-Shop verwenden
können als Gerüst für die Unternehmens*verwaltung* Ihres

eigenständigen kleinen Unternehmens. Der Shop leistet das. Wenn Sie alle Aktionen über einen Shop abwickeln – also auch Ihre eigenen Bestellungen, mit denen Sie Familie, Freunde und Nachbarn direkt beliefern wollen –, dann brauchen Sie kein Rechnungswesen mehr, dann nimmt Ihnen der Shop die gesamte Verwaltung Ihres kleinen Unternehmens ab. (Aber Vorsicht: es reicht nicht, nur einen Shop einzurichten und ein Produkt hineinzustellen. Sie müssen sich schon etwas Besonderes ausdenken. Sonst kauft kein Mensch bei Ihnen. Online-Shops wird es bald wie Sand am Meer geben. Also arbeiten Sie an Ihrem Konzept. Ihr Kopf gibt den Ausschlag, wie erfolgreich Ihr kleines Unternehmen sein wird).

Es reizt Sie, mitzumachen? Rufen Sie die Webseite der CO$_2$-Kampagne auf. *www.co2kampagne.de*. Dort finden Sie die Anleitung, wie Sie Ihre eigene CO$_2$-Kampagne einrichten können. Mit Ihrem eigenen Namen, dem Namen Ihrer Organisation oder einem Kunstnamen – wie immer Sie Ihre eigene Kampagne nennen wollen. Sie können auch Ihr eigenes Logo einfügen. Sie erhalten, nachdem Sie sich registriert haben, einen Zähler, der immer anzeigt, wie viel Sie bereits verkauft haben. Die Projektwerkstatt hat das Marketingbudget auf zehn Prozent begrenzt, um die Kosten niedrig zu halten und kein Geld für konventionelle Werbung zu verschwenden. Wir teilen dieses Budget mit Ihnen. Sie erhalten also daraus zu jedem Quartalsende einen Betrag, der fünf Prozent Ihres Umsatzes beträgt. Die Einrichtung und der Betrieb sind für Sie kostenlos. Sie tragen keine Risiken. Machen Sie mit!

Wenn Sie sich später entschließen, einen Online-Shop auch für ein eigenes Ideenkonzept einzusetzen, steht heute die notwendige Software kostenlos im Internet zur Verfügung. Die Projektwerkstatt arbeitet momentan an einem Konzept, solche Software auch Nutzern zugänglich zu machen, die im Herunterladen und Anwenden von Open-Source-Software nicht geübt sind.

7.10 Gründen – noch während der Festanstellung

Der Gedanke mag Ihnen beim Lesen längst gekommen sein: Muss ich, um Entrepreneur zu werden, meinen momentanen Arbeitsplatz eigentlich aufgeben? Alles auf eine Karte setzen, um mein Ideenkind zum Erfolg zu führen?

Die konventionelle Gründerberatung sagt ein eindeutiges „Ja". Spätestens in der Umsetzungsphase entstünden enorme Belastungen – der berüchtigte 12-Stunden-Tag –, die die volle Arbeitskraft und Zeit des Gründers in Anspruch nähmen.

Wie aber, wenn ich mit professionell geführten Komponenten arbeite? Sehen wir uns den Sachverhalt genauer an. Ein gutes Ideenkonzept, das wissen wir inzwischen, entsteht nicht über Nacht und ohne Aufwand. Es verlangt durchaus intensive Arbeit – allerdings eine Art von Arbeit, die nicht gut in Stunden zu messen ist oder zwangsläufig am Schreibtisch stattfinden muss. An einem eigenen Konzept zu arbeiten entzieht sich dem normalen Arbeitstakt in der Festanstellung. Jeder Mensch ist ein eigener Arbeitstyp, sucht, recherchiert, kombiniert auf seine Weise.

Nach Jahren der Festanstellung müssen manche erst herausfinden, welche Vorgehensweise ihnen angemessen ist, wenn ihnen kein Vorgesetzter mehr sagt, was und wie etwas zu tun ist. Aber auch viele meiner Studenten fallen rasch in konventionelle Muster oder produzieren Einfälle und verwerfen sie, auch dort, wo strikt systematisches Denken angesagt wäre.

Gute Konzepte brauchen – wie in der Kunst – für ihr Entstehen auch ein Stück Muße. Wir können solche Ergebnisse nicht erzwingen, so wie wir unter Termindruck eine Arbeit in einer Nachtschicht erledigen. Kommt Zeit, kommt Rat – diese Einsicht hilft auch in unserem Fall weiter. Haben wir erst einmal die Spur aufgenommen, fällt uns manches wie von selbst zu, was uns sonst nicht aufgefallen wäre. „Things fall into composition." So auch Hinweise von Freunden und Kollegen, die von Ihrem Vorhaben wissen.

Steht das Konzept, geht es im nächsten Schritt in die Recherche und die Identifikation von geeigneten Komponenten. Auch dies verlangt nicht notwendigerweise einen Full-time-Job. Geben Sie sich nicht mit dem erstbesten Anbieter zufrieden, weil Sie froh sind, eine Komponente gefunden zu haben. Fragen Sie nach, recherchieren, überprüfen, vergleichen Sie. Schließlich die Phase der Koordination der Komponenten: Dort, wo es einfache, überschaubare Konzepte sind, hält sich auch die Koordinationsarbeit in Grenzen.

Unter solchen Voraussetzungen ist es tatsächlich realistisch – und wir haben es ja in den beschriebenen Beispielen gesehen –, Gründen wie eine Art Teilzeitbeschäftigung anzugehen. Gründen mit einem Sicherheitsnetz quasi. Die Festanstellung, den bisherigen Beruf erst dann aufgeben, wenn sich das eigene Ideenkonzept als tragfähig erweist. Den *proof of concept* abwarten. Eben nicht alles auf eine Karte setzen, sondern wohlüberlegt und auf gesicherter, solider Basis gründen. Nicht in allen Bereichen fressen die Schnellen die Langsamen. Eher gewinnen die gut Vorbereiteten und mit professionellen Partnern Arbeitenden über die Aufgeregten, Alles-im-eigenen-Haus-Organisierenden, Überarbeiteten.

8 Wie Sie Ihr eigenes High-Potential-Konzept erarbeiten – Das Labor für Entrepreneurship

Wenig Aufmerksamkeit wird bislang systematischen Ideenprozessen zuteil, wie sie Gründungen vorausgehen müssen. Der Entwurf, die Entwicklung und die Verfeinerung des Ideenkonzepts als zentrale Voraussetzung zum Erfolg stehen bisher nicht im Mittelpunkt. Ich finde das verwunderlich, denn es geht für Entrepreneure und ihre Kapitalgeber um langfristige und risikoreiche Engagements – immerhin steht den Gewinnchancen die persönliche Insolvenz beziehungsweise der vollständige Kapitalverlust gegenüber. So kommt der Komponente der Risikoreduzierung durch einen systematischen und gelungenen Prozess des Entrepreneurial Design eine wichtige Funktion zu.

Bei der Entwicklung des Entrepreneurial Design muss es unser Ziel sein, die Erfolgswahrscheinlichkeit auch dadurch zu erhöhen, dass das Ideenkonzept auf mehr als nur einem Bein steht.

Das Labormännchen als Symbol für gutes Entrepreneurial Design:

Gut ausbalanciert sollte es sein und auf mehr als nur einem Bein stehen können.

Diese Figur, die ich in meinen Veranstaltungen verwende, soll symbolisieren, dass gutes Entrepreneurial Design viel mit Kunst und Konstruktion zu tun hat. Es muss so austariert sein, dass es Stöße von außen flexibel auffangen kann und in eine stabile Lage zurückkehrt.

Im Markt kann es passieren, dass Wettbewerber Vorteile ins Feld führen und der ursprüngliche Marktvorteil des Gründers schwindet. Denn gerade wenn ein Konzept gut funktioniert oder eine neue Technologie „in der Luft liegt", passiert es nicht selten, dass ein Wettbewerber einen besseren Preis, eine höhere Qualität oder einen anderen Marktvorteil anbieten kann. Ein gutes Entrepreneurial Design sollte daher möglichst auf mehr als einem einzigen Bein stehen können.

Auch die Skulptur kann auf jedem der vier Stuhlbeine zu einer stabilen, ausbalancierten Position finden. Im Beispiel der Teekampagne ist das Hauptstandbein der deutlich niedrigere Preis gegenüber vergleichbaren Angeboten der Konkurrenz. Unterböte jemand unsere Preise, hätten wir noch weitere „Beine": die Vielzahl und Transparenz der chemischen Rückstandsanalysen, die Garantie für 100 Prozent reinen Darjeeling oder die effiziente Logistik des Unternehmens als Folge eines einfachen Konzepts.

Der Prozess der Ideen-Ausarbeitung ist seit vielen Jahren Kern meines „Labors für Entrepreneurship", einer Veranstaltung für in ihrer Gründungsabsicht bereits fortgeschrittene Studenten und Gründer. Das Labor ist eine Methode, aus einer Anfangsidee ein ausgereiftes und in allen notwendigen Aspekten durchdachtes Entrepreneurial Design zu entwickeln. Das Wort „Labor" soll in Anlehnung an seinen Gebrauch in den Naturwissenschaften verdeutlichen, dass es um einen *systematischen* Prozess geht, also um mehr als nur um Einfälle und Assoziationen.

Daher: Bleiben Sie in der Systematik, springen Sie nicht aus der Spur! Arbeiten Sie die Fragen und Sichtachsen ab, eine nach der anderen. Verwechseln Sie diese Technik nicht mit „Best Practice". Das ist eine andere Methode. Bitte erinnern Sie sich an das Kapitel 4.2: Es geht nicht darum, andere zu kopieren. Sie müssen schon einen deutlich erkennbaren Marktvorteil gegenüber den etablierten Konkurrenten herausarbeiten. Wenn Sie zuerst studieren, was die Konkurrenz macht, sind Sie leicht in deren Muster gefangen. Sie sollen die „Next Practice" erarbeiten, nicht die „Best Practice" der anderen übernehmen.

8.1 Die Idee „öffnen"

In der herkömmlichen Beratung bringt der Gründer die Idee mit. Sie ist sozusagen „da". Im Labor wird die Idee dagegen hinterfragt, ausgeleuchtet. Wie ein Bildhauer kann der Gründer das Ausgangsmaterial bearbeiten, ein Ideengebilde schaffen, das das Anliegen des „Künstlers", aber auch die Sicht auf den Markt klarer und präziser wiedergibt. Es gilt, etwas zu erarbeiten, was „genauer trifft", sich besser einfühlt in die Persönlichkeit des Gründers, sich für ihn auch besser „anfühlt", als es die Ausgangsidee war.

Ich versuche daher herauszuarbeiten, was den Betreffenden in Wirklichkeit nachhaltig bewegt, das heißt, seinen Neigungen und ihm vielleicht gar nicht voll bewussten Wünschen entspricht. Es ist vergleichbar mit Frithjof Bergmanns Konzept der *Neuen Arbeit*, in dem gefragt wird, „was wir wirklich, wirklich wollen". Also nicht die Idee hinnehmen und die möglichen Schritte ihrer Umsetzung angehen, sondern die Anfangsidee als Ausgangsmaterial betrachten, das uns eine Richtung zeigt auf das dahinter liegende Potenzial.

> Unsere Wünsche
> sind die Vorgefühle der Fähigkeiten,
> die in uns liegen,
> die Vorboten desjenigen,
> was wir zu leisten imstande sein werden.
>
> JOHANN WOLFGANG VON GOETHE

Auch wenn es vielleicht etwas überzeichnet ist: Die Anfangs-idee ist ein Stichwort, ein erstes Indiz, wo die Ideen gesucht werden können, die am Ende ein Ideenkonzept ergeben sollen. Ich betrachte es als Knetmaterial, aus dem man viele Figuren schaffen kann. Das Gespräch mit dem Gründer, der Diskurs über seine Idee, die ich noch als Rohidee betrachte, läuft daher nicht selten für den Gründer in unerwarteter Weise. Während er oft glaubt, schon am Ende des Ideenprozesses zu stehen und gedanklich schon mit der Umsetzung befasst ist, versuche ich mich einzufühlen in die Frage, ob er denn überhaupt die Sichtachsen, die sich mit seiner Idee auftun, auch selbst schon betrachtet und genutzt hat. Gar nicht selten endet der Gründer nach einem solchen Diskurs bei ganz anderen Ideen als der ursprünglich eingebrachten. Die Aufgabe des Beraters ist es dabei nicht, Antworten zu geben, sondern Fragen zu stellen. Möglichst viele. Möglichst solche, die neue, zusätzliche Sichtachsen öffnen. Die Antworten muss der Gründer selbst finden. Es muss *sein* Ideenkind sein; nicht das des Beraters oder eines aus den Zuckertöpfen der Förder-richtlinien.

In einer Welt ständigen Wandels stellen gute Fragen die eigentliche Knappheit dar.

Schlechte Fragen weisen Schuld zu,
verwandeln lebendige Prozesse
in Schwarz-Weiß-Phänomene,
betonieren die Dinge in Klischees,
erniedrigen die Komplexität der Welt.

Gute Fragen dagegen öffnen Dinge.

MATTHIAS HORX

Als idealtypisches Beispiel, das ich gern als Erklärung verwende, eignet sich die Idee eines Restaurants. Ein Gründer kommt mit einer Idee: „Ich möchte ein oberägyptisches Restaurant gründen." Die herkömmliche Gründerberatung, wenn sie gut ist, würde ebenfalls hinterfragen, und zwar nach allem, was für *das Betreiben* eines Restaurants wichtig ist. Die Konkurrenzsituation etwa oder die Fähigkeit des Gründers für Bereiche, die für ein Restaurant eine Rolle spielen. Dabei steht die Umsetzung im Mittelpunkt: Um ein Restaurant zu eröffnen, braucht man Geld. Zum Beispiel für die Einrichtung der Räumlichkeiten, den Bierausschank und die Küche. Relativ rasch fällt also die Frage nach dem Kapitalbedarf.

Nächstes Problem ist es, eine gute Lage für das Restaurant zu finden und geeignetes Personal. Der Gründer ist jetzt mit drei Dingen beschäftigt, dem Kapitalbedarf, der Suche einer geeigneten Location und der Suche und Auswahl von geeignetem Personal. Die Idee eines oberägyptischen Restaurants spielt jetzt nur noch eine Nebenrolle. Es ist vorherzusehen, dass das Konzept des Restaurants, wenn es realisiert wird, bestenfalls aus ein paar spezifischen innenarchitektonischen Einrichtungsgegenständen besteht – vielleicht sind die Stühle einem Pharaosessel nachempfunden oder es hängen ein paar Bilder von Luxor an der Wand.

Bei dieser Art von Gründung entsteht, trotz einer scheinbar zutreffenden und viele Aspekte berücksichtigenden Planung, ein hohes Risiko. Es wird viel Kapital eingesetzt, es sind viele Vorleistungen zu erbringen, die ebenfalls finanziert und verzinst werden müssen. Dazu kommen hohe laufende Kosten wie Miete, Zinsen, Personal. Diese Gründung läuft Gefahr, wenn nicht rasch und auf Dauer gute Besucherzahlen auftreten, zu enden wie viele Restaurants zuvor. Was die Wahrscheinlichkeit des Überlebens der Gründung angeht, so hat es Ähnlichkeit mit dem Einsatz in der Spielbank. Ich setze mein ganzes Geld auf eine bestimmte Zahl und hoffe inständig, dass es gut geht. Und das bei einer statistisch eher geringen Überlebenswahrscheinlichkeit. Mein eigenes und das geliehene Geld und alle anderen Anstrengungen sind dann verloren. Das ist *Gründen à la Roulette*.

8.1.1 Herausfinden, was den Gründer wirklich bewegt

Mein Vorgehen ist ein anderes: Ich setze an der Anfangsidee an und befrage den Gründer: „Warum wollen Sie ein Restaurant betreiben? Weil Sie gerne mit Menschen zusammen sind? Weil Sie gerne kochen? Weil Sie gerne Geschäftsinhaber sein wollen? Weil Sie mit Ägypten angenehme Vorstellungen verbinden? Weil Sie von Oberägypten fasziniert sind?" Seine Antworten verschaffen mir einen ersten Eindruck, warum der Gründer überhaupt auf diese Idee gekommen ist. Je nachdem, wie er antwortet, frage ich in dem entsprechenden Strang weiter. Etwa wenn die Antwort war: „Ich bin gerne mit Menschen zusammen", wären meine Fragen: „Was ist Ihnen an dieser Vorstellung angenehm? Welche Rolle möchten Sie dabei spielen? Welche idealen Situationen gibt es, in denen Sie sich mit Menschen wohlfühlen? Welche Art von Menschen möchten Sie anziehen? Sind Sie Single, verheiratet, welche Hobbys haben Sie?" Wenn der Gründer antwortet: „Ich fühle mich sehr zu Ägypten hingezogen", würde ich weiterfragen: „Was war es, das Sie angezogen hat? Sind es die Menschen, die Kultur, die Geschichte, das Essen, das Klima, die exotischen Geschichten rund um die Pyramiden und Pharaonen?"

Es geht mir also darum, herauszufinden, was den Gründer wirklich bewegt und was hinter seiner Ausgangsidee liegt. Sie können sich sicher vorstellen, dass man jeden der einzelnen Stränge mit vielen Fragen weiterverfolgen kann. Am Ende steht ein erstes Gerüst, das insofern auf solidem Boden steht, als es auf den Neigungen, Talenten, Wunschvorstellungen, Leidenschaften – kurz gesagt, dem Energiefaden des Betreffenden aufbaut.

Dennoch ist es erst ein relativ offenes Gerüst, und es bedarf noch vieler Puzzlestücke in Form von Informationen, Kontakten und Einschätzungen von Möglichkeiten, bis ein in sich stabiles Bauwerk entsteht, das den Stürmen von modischen Veränderungen, Imitatoren, etablierten Konkurrenten, bürokratischen Hürden und vielen anderen Widrigkeiten, die erwartet und unerwartet auftauchen können, Paroli bietet.

Es ist also keinesfalls ein Einfall oder eine Idee, die ein gutes Entrepreneurial Design ausmachen. Es steckt *systematische* Arbeit dahinter, je mehr, desto besser. Erst wenn das Entrepreneurial Design möglichst viele der genannten Aspekte erfüllt, würde ich zu einer Gründung raten. Aus meiner Erfahrung ist es oft so, dass die Introspektion oder die genauere Ausleuchtung der eigenen wie auch der Kundenwünsche erfolgversprechender sind, als Trends oder Marktanalysen hinterherzulaufen.

Wenn Sie etwas wirklich Interessantes und Revolutionäres tun wollen, müssen Sie lernen,
Ihre Kunden zu ignorieren.

Viele Kunden sind wie Rückspiegel.
Sie sind extrem konservativ und langweilig,
ihnen mangelt es an Imaginationskraft,
und sie kennen ihre eigenen Wünsche nicht.

RIDDERSTRÅLE & NORDSTRÖM
In: *Funky Business.*
Wie kluge Köpfe das Kapital zum Tanzen bringen

Die Schlussfolgerung ist, dass es viel zu rasch ist, von einer Anfangsidee sofort in die betriebswirtschaftliche Umsetzung zu gehen. Das Potenzial, das bei der Ausschöpfung der Anfangsidee zu einem durchdachten und gereiften Entrepreneurial Design entsteht, wird völlig vernachlässigt.

8.1.2 Neue Sichtachsen ausprobieren

Im Labor initiiere ich einen Prozess der Befragung, die Anwesenden mischen sich später mit ein. Etwa Ägypten: Was kann man aus diesem Stichwort heraushören? Reisen nach Ägypten? Kann man eine Ägyptenreise völlig anders ausdenken? Virtuell zum Beispiel. Was weiß man aus der Archäologie, wie Tutanchamuns tägliches Leben aussah? Könnte man mit dem örtlichen ägyptischen Museum zusammenarbeiten? Kann man das Leben des Pharaos nachspielen?

Doch während Archäologen an dieser Stelle durch ihre wissenschaftlichen Standards gebremst sind, können Sie als Reiseveranstalter, Restaurantbesitzer oder Event-Macher wild spekulieren, ohne dass Ihnen dies beruflich zu Ihrem Nachteil ausgelegt wird: Wie ein Filmemacher können Sie den Pharao aus einer Mischung aus Wissenschaft und Fiktion entwerfen.

Hier wird ein weiterer Vorteil von Entrepreneurship klar: Sie können kreativ aus allen möglichen Bereichen, sei es Wissenschaft, sei es Fantasie, seien es Filmrequisiten, sei es Literatur, Humor oder sonst was schöpfen.

Woran erkennt man, wann ein Entrepreneurial Design ausgereift ist? Meine Antwort: Sie spüren es! In Ihrem Hintern! Wenn Sie ein gutes Design entwickelt haben, das deutlich erkennbare Marktvorteile aufweist, mögliche Imitatoren und ihre Angriffsflächen mitdenkt und all die anderen Fragen, was ein gutes Design leisten soll – wenn Sie das alles durchdacht haben und zu Antworten gefunden haben – dann werden Sie nicht mehr still sitzen können.

> Kick your brain
> and your ass will follow.
>
> (in Abwandlung eines englischen Sprichworts.
> Das Orignal lautet: Kick your ass and your brain will follow.)

Dann wird die Aufregung über die möglicherweise verpasste Chance, wenn Sie jetzt nicht sofort loslegen, Sie nicht mehr loslassen. Sie werden losrennen wollen. Und ebenso wie ein Kind, wenn die Zeit reif dafür ist, nach draußen drängt, so werden Sie auch Ihr Ideenkind in die Welt setzen wollen. Solange Sie Zweifel haben, gründen Sie nicht!

Ich weiß, dass ich mich dazu in völligem Gegensatz zu aller gängigen Beratung befinde. Aber meine jahrzehntelange Erfahrung sagt mir etwas anderes. Zu viele gescheiterte Gründungen. Zu viele unausgereifte Ideen. Zu rasches Eingehen von Verpflichtungen, die sich wirtschaftlich nicht abarbeiten lassen. Hohe Verpflichtungen bei kleinem Ideenpotenzial – das ist zu wenig.

Natürlich gibt es auch andere Wege zum Erfolg als die Entwicklung eines kreativen Entrepreneurial Design: Auch ein Imbiss kann erfolgreich sein, wenn er an der richtigen Ecke steht. Eine Me-too-Idee, die lediglich imitiert oder auch ein Import-Export-Geschäft, das Arbitrage-Effekte ausnutzt, kann gewinnbringend sein. Nicht alle Selbständigen oder Me-too-Gründer sind unzufrieden. Der elegantere und weniger Voraussetzungen erfordernde Weg ist jedoch der über Kreativität und Sparsamkeit.

„Wie die Welt wohl aussehen würde, wenn ich mich auf einen Lichtstrahl setze?" So begannen Einsteins Überlegungen zur Relativitätstheorie – da war er 14 Jahre alt. Dass man, wenn man auf ein Problem trifft, sofort alternative Routen erwägt und den praktikabelsten Weg wählt, diese mentale Beweglichkeit kann man trainieren.

Verlangt Entrepreneurship also außergewöhnliche, ganz besonders kreative Menschen? Nein. Wir alle befassen uns täglich mit mehr oder minder kreativen Aktivitäten. Jedes Kind ist kreativ, wie ein Künstler. Das Wesentliche, das wir uns fragen sollten, besteht darin, wie es ein Künstler bleiben kann, wenn es aufwächst, sagte Pablo Picasso. Sicherlich sind nicht alle Menschen gleichermaßen kreativ. Aber bei vielen sind ihre ursprünglichen Denk- und Gestaltungspotenziale unterentwickelt, sind verschüttet oder blockiert. Kreativität ist kein mystisches, gottgegebenes Talent, sondern eine systematisch steuerbare und erlernbare Kompetenz.

In seinem Theaterstück *Le bourgeois gentilhomme* erzählt der Dichter Molière von einem Mann, der fragt, was Prosa sei, und zu seinem Erstaunen vernimmt, dass er sie schon sein Leben lang spricht. Das Gleiche gelte für Kreativität, von der die Hälfte der Menschheit glaubt, es handle sich um eine geheimnisvolle Eigenschaft, die die andere Hälfte besitze.[60] Dabei ließen viele Untersuchungen darauf schließen, dass jeder Mensch in der Lage ist, seine Kreativität nutzbar zu machen.

8.2 Sieben Techniken zur Ausarbeitung eines Entrepreneurial Design

> Es gibt Maler, die aus der Sonne einen gelben Fleck machen. Aber es gibt auch andere, die durch ihre Kunst und ihre Intelligenz aus einem gelben Fleck die Sonne machen.
>
> PABLO PICASSO

Dieses Buch ist nicht der Ort, Techniken zur Verbesserung der eigenen Kreativität zu beschreiben. Es existiert eine umfangreiche Literatur, der viele hilfreiche Hinweise entnommen werden können. Aber ein paar Bemerkungen seien erlaubt:

Der amerikanische Arzt, Psychiater und Autor Frederick Flach weist darauf hin, dass der kreative Akt nicht etwas ist, das aus dem Nichts entsteht. Vielmehr ordnet er bereits vorhandene Fakten, Ideen und Systeme neu und kombiniert sie miteinander. Die Fähigkeit zu Kreativität sei bei vielen Menschen verkümmert, sei es, weil sie in einem Umfeld aufwuchsen, das Kreativität und Originalität missbilligte, sei es, weil sie in einem Schulsystem geformt wurden, das intellektuellen Konformismus fördert, oder sie in Institutionen tätig waren, die Fantasie und eigene Gestaltung der Tätigkeit nicht zuließen. Eine weitere Hemmschwelle liege in der irrigen Vorstellung, für Kreativität müsse man über ein einzigartiges Talent verfügen. Flach betont dagegen, die Fähigkeit, kreativ zu denken und zu handeln, sei eine universelle menschliche Stärke. Der Autor nennt zwei wichtige Regeln, die ich auch in meinen eigenen Workshops immer wieder bestätigt fand. Erstens, das eigene Urteil erst einmal aufzuschieben, und zweitens, dass Quantität zu Qualität führt. Natürlich geht es einem gegen den Strich, sich während der Suche nach Ideen mit Kritik zurückzuhalten und einfach so viele Ideen wie möglich zu entwickeln. Vor allem auch solche Ideen, die zunächst unrealistisch, unlogisch scheinen. Doch gerade diese beiden Regeln sind wichtig: Denn die Ideen, die uns zuerst einfallen, sind meistens stereotyper und bringen uns weniger ein als die, die uns später kommen. Wir alle neigen dazu, sowohl unsere eigenen Ideen als auch die von anderen nicht erst einmal im Raum stehen zu lassen, sondern sie – kaum ausgesprochen – sofort zu analysieren und zu kritisieren. Die Argumente mögen durchaus gut sein, aber sie blockieren die Entstehung neuer und besserer Ideen.[61]

Jeder, der sich eingehend mit Kreativität beschäftigt, wird mit einer Fülle von Theorien, Methoden und Techniken konfrontiert.[62] Im Laufe der Jahre habe ich sieben Techniken für die Entwicklung erfolgreicher Ideenkonzepte herausgearbeitet. Sie sind eine Art „Vor-die-Klammer-Ziehen" aus den fast unzählig vielen Techniken, die bekannt sind, und eignen sich, so finde ich, besonders für das Thema Ideenentwicklung. Ich habe versucht, sie so einfach wie möglich zu benennen. Lassen Sie sich nicht davon abschrecken, wie einfach sie klingen. Eine Technik wird nicht dadurch besser, dass man ihr einen hochtrabenden oder unverständlichen Namen gibt.

Gemeinhin sind Imitation und Arbitrage[63], also das Übertragen von erfolgreichen, bereits existierenden Geschäftsmodellen in eine Region oder ein anderes Land, zwei übliche Herangehensweisen, die zunächst plausibel klingen und auch lange Zeit erfolgreich waren.

Heute sind Imitation und Arbitrage für Gründer weniger geeignet. Warum? Weil die Information nicht nur Ihnen zur Verfügung steht. Sie ist public knowledge, also allen zugänglich. Durch die schnelle Verbreitung von Marktpreisen etwa im Internet, durch internationale Trendscouts, die für große Firmen Marktchancen aufspüren, und hohe Budgets, die

Top-Player in die Imitation erfolgreicher Geschäftsmodelle stecken, werden andere meist schneller als Sie sein. Während Sie noch konzipieren und an Ihrer Website basteln, bietet ein riesiger Konkurrent mit geballter Marktmacht das gleiche Produkt bereits an. Sie können die Großen durchaus angreifen, aber nicht auf den Feldern der Arbitrage oder Imitation.[64]

8.2.1 Potenzial in Vorhandenem entdecken

Erfolgreiche Entrepreneurial Designs sind oft innovativ, ohne etwas Neues zu erfinden – das Neue liegt in der Neu-Komposition. Bereits Schumpeter unterschied zwischen Erfindungen und Innovationen. Große Erfindungen seien oft für lange Zeit nicht marktreif, noch mit kleinen Fehlern behaftet, scheiterten daher leicht im ersten Anlauf, weil sie technisch nicht ausgereift sind, würden in ihrer Bedeutung nicht erkannt oder würden vom Publikum nicht akzeptiert. Erfolgreiche Unternehmer seien daher in aller Regel nicht Erfinder, sondern Innovatoren. Sie griffen auf bereits Existierendes zurück.

Auch der amerikanische Wirtschaftswissenschaftler Israel M. Kirzner[65] hat diese Beobachtung in den Vordergrund gerückt: „Vorhandenes entdecken" nennt er die Kerneigenschaft des Entrepreneurs. Der Begriff ist nur scheinbar paradox. Etwas ist bereits vorhanden, muss also nicht neu erfunden werden, kann aber dennoch in seiner Bedeutung und seinen Potenzialen neu erkannt und entdeckt werden. Berühmtes Beispiel hierfür ist das Telefax. Es gibt die Erfindung seit Langem[66], und sie wurde von ganz anderen Firmen als den Erfindern und denen, die sie zunächst zu vermarkten versuchten, weltweit erfolgreich eingeführt.

Skype ist ein gutes Beispiel für das von Kirzner in Fortführung der schumpeterschen Theorie gebrauchte Theorem. Ein anderes Beispiel: Sergio Rial, Bankmanager aus Brasilien, wird zum Aufbau der ABN AMRO Bank nach China beordert. Er arbeitet sich in das Bankwesen des Landes ein, aber

ihm fällt noch etwas anderes auf: Hühnerfüße. Ja, Hühnerfüße, die in China gegessen werden. Nicht nur die Schenkel,
wie bei uns, sondern auch die Krallen – sie gelten dort als
Delikatesse. Was alle anderen Chinabesucher auch sehen,
sieht Rial mit wacheren Augen. In Brasilien isst kein Mensch
die Hühnerfüße. Auch in Argentinien und anderen südame-
rikanischen Ländern nicht. Dabei sind Brasilien und Argentinien führende Hühnerproduzenten dieser Welt. Was passiert
dort mit den Hühnerfüßen? Sie werden weggeworfen. Sie
können sich den Rest der Geschichte denken. In der *Far Eas-
tern Economic Review* hieß es dazu lapidar: Rial fing an, den
Strom von Hühnerfüßen von Südamerika nach Asien zu koordinieren. Er entdeckte etwas Vorhandenes und half, die
Hühnerfüße einer guten Verwendung zuzuführen.

> Die wahre Entdeckung besteht nicht darin, Neuland zu
> finden, sondern die Dinge mit neuen Augen zu sehen.
>
> MARCEL PROUST

8.2.2 Funktion statt Konvention

Viele unserer Beispiele zeigen vor allem den unabhängigen
Geist von Entrepreneuren – sie sind oder machen sich frei
von Konventionen. Das heißt im Umkehrschluss, es verspricht
Erfolg, wenn ich alles, was ich vorfinde, zunächst – bis zum
Beweis des Gegenteils – als Konvention ansehe. Ich sehe mir
die Abläufe an, völlig respektlos, und frage, ob das, was gestern noch als vernünftig erschien, heute nicht einfacher, mit
moderneren Mitteln organisiert werden kann. Ich überlege
also nicht, an welcher Stelle ich eine Dienstleistung oder ein
Produkt vielleicht ein wenig billiger, besser, effizienter, intel-
ligenter oder umweltverträglicher machen kann, sondern ich
stelle den ganzen Prozess radikal infrage, fange also grundsätzlich neu an zu denken, wie man unter heutigen Gegeben-
heiten die Funktionen organisieren könnte.

Am Beispiel Teekampagne habe ich diesen Prozess eingangs im Detail beschrieben. Auch Holger Johnsons Geschichte des Ebuero gehört in diese Kategorie, so wie Ingvar Kamprads Ansatz, den Handel mit Möbeln völlig neu zu denken.

Mit Hinweis auf die Tradition seiner Familie hat mir ein großer Teehändler vor Jahren ein Schaubild, heute würde man sagen Organigramm, gezeigt, wie er in seiner Lehrzeit gelernt hatte, wie der internationale Teehandel aufgebaut ist. Ihm sei im Traum nicht die Vorstellung gekommen, dass dies auch radikal anders sein könne. Und er fügte hinzu: „Es brauchte jemand wie Sie, der völlig von außen, völlig respektlos gegenüber den eingefahrenen Abläufen dachte."

Dabei ist die Technik doch im Grunde genommen kinderleicht: Wenn Sie mit einem Produkt handeln wollen, fragen Sie *nicht* nach Einzelheiten, nach der Verpackung etwa, dem Umkarton der Paletten, nicht nach Einzelhändler, Großhändler, Importeur, Exporteur oder anderen Vertriebsstrukturen. Fragen Sie ganz einfach: Wie kann ich das Produkt vom Ursprung zum Kunden bringen, den Ablauf so einfach wie möglich organisieren und Komponenten einsetzen? So, dass für mich selbst nur noch die Koordination der Komponenten übrig bleibt.

Bei dieser Technik ist Ihre Chance gerade dann am höchsten, wenn Sie in einem Feld ein Anfänger und noch nicht betriebsblind sind. Funktion statt Konvention erfordert keine großen Vorkenntnisse, sondern lediglich eine gewisse Stringenz im Denken sowie sachliche Respektlosigkeit vor dem Gewachsenen.

Wenn man sich strikt die Frage nach der Funktion stellt, taucht wie von selbst auch die Frage auf: Was kann man weglassen? Was an den konventionellen Formen ist im Grund überflüssig und kostet nur Geld? Ich denke dabei nicht automatisch an Verzicht. Ganz im Gegenteil. Ein Entrepreneur sollte dabei luxuriös-anspruchsvoll sein. Wie das geht? Not macht erfinderisch und entwickelt auch eine gewisse Schönheit. Wer kein Geld hat, muss kreativ sein.

Einfachheit ist ein gutes Prinzip. Komplexität ist der Feind des Gründers. Wenn Sie glauben, „Weglassen" und „Einfachheit" seien zu schlicht, zu wenig eindrucksvoll, so gar nicht grandios – denken Sie an den Satz von Leonardo: „In der Einfachheit liegt die höchste Vollendung."

8.2.3 Vorhandenes neu kombinieren

Das Beispiel, das ich für diese Technik am anschaulichsten finde, ist folgendes:

„Think ceramic", sagt Thijs Nel, Künstler in Magaliesberg bei Johannesburg. Sein Gebiet ist die Töpferei. Die Slums seiner Umgebung vor Augen, kam ihm die Idee, wie man bessere Häuser bauen könnte. Traditionell fertigen die Bewohner des südafrikanischen Township ihre Häuser aus Lehm; die Wände werden mit Stöcken und Zweigen verstärkt. Wenn die Termiten aber das Holz fressen, entstehen in den Wänden herrliche Wasserkanäle und die Häuser halten im regnerischen Wetter nicht lange.[67]

Nels unternehmerische Idee kann man so beschreiben: Stellen Sie sich eine Tasse vor. Stellen Sie die Tasse auf den Kopf. Lassen Sie die Tasse in Gedanken größer und größer werden. Dann denken Sie sich Löcher in diese Tasse. Nennen Sie die Tasse jetzt „Haus".

Diese hausgroße Tasse mit Öffnungen als Fenster muss nun gebrannt werden. Wie andere Töpferwaren auch, in einem Feuer, das eine hohe Temperatur erzeugt. Das Feuer kann als Dorffest organisiert werden. Das Ergebnis ist ein Haus, das weitaus haltbarer ist als die bisherigen Hütten, aber trotzdem kaum teurer.

Der Künstler als Architekt und Entrepreneur, mit einer Idee, verblüffend einfach und praktisch vorgeführt. Jeder sein eigener Hausbauer, Töpfer, Künstler. Ziemlich wahrscheinlich sogar, dass die Siedlungen schöner anzusehen sind als die Bauleistungen mancher Facharchitekten.

Jetzt sagen Sie sich, das ist doch nichts Neues, viele Völker, so auch die Hopi-Indianer bauten so. Richtig, auch Nel erfand nichts Neues, sondern suchte nach traditionellem, preiswertem Material für seine Tassenidee, das überall vorhanden war – und kombinierte Altbekanntes neu. Eine ebenso einfache wie wirksame Technik, auf die man auch durch systematisches Nachdenken kommen kann.

8.2.4 Mehr als nur eine Funktion erfüllen

In modernen, arbeitsteiligen Gesellschaften werden immer mehr Funktionen separiert von anderen. Das heißt, zum Essen geht man in ein Restaurant, es gibt Jugendklubs für die Jungen und Altenklubs für die Alten – jede Funktion hat ihre eigenen Räume. Einkaufen muss man im Geschäft. Bücher ausleihen in der Bibliothek, zur Arbeit geht man ins Büro. Selbst Theater spielt man im Theater; kühne Regisseure bringen ausgefallene Inszenierungen – wohin? Auf die Bühne, im Theater. (In Berlin ist das natürlich anders.)

Die Vereinzelung und Vereinsamung moderner Gesellschaften hat etwas mit dieser Funktionenteilung zu tun. Jeder sitzt in seinem eigenen Raum. Warum gefallen uns die kleinen französischen Dörfer, wie wir sie aus dem Urlaub kennen? Alt und Jung sitzen beisammen, manche lesen, andere spielen, zwischendrin schneidet der Friseur jemandem die Haare. An vielen Stellen ist unsere Arbeitswelt derart rationalisiert und ausdifferenziert, dass es Chancen eröffnet, Funktionen wieder zu reintegrieren.

Ich habe vor Jahren einen Workshop zum Thema Öffnungszeiten gemacht, in dem die Teilnehmer unvoreingenommen über Doppelnutzungen von Gebäuden nachdachten: Was kann man in Supermärkten noch veranstalten? Warum werden Kanzleien nicht tagsüber zu Kunstausstellungen und abends zu Partyräumen? Was ist möglich, aus Räumen zu machen, die zeitweise ungenutzt bleiben? Ein Bettenhaus nachts zum Probeschlafen auf Matratzen oder gar als unkonventionelles Hotel?

Mehr als nur eine Funktion zu bedienen hat schlagende ökonomische Vorteile: Sie müssen keinen Raum bauen, ausstatten, beleuchten, heizen – es kommt hier nur auf Ihre Fantasie an.

Die Methode der Reintegration hat neben ökonomischen Vorteilen auch eine gute gesellschaftliche Funktion – sie wirkt der Vereinzelung entgegen, bringt Menschen zusammen, die sonst wenig miteinander zu tun hätten.

Von der Natur kann man sich abgucken, dass sie Dinge vielfach nutzt: Selten hat etwas nur eine einzige Funktion. Ein Grashalm erfüllt mindestens sechs Funktionen, lernen wir von den Bio- und Ökologen. Übertragen auf eine unternehmerische Idee sollten Sie sich also fragen: Welche Dinge fallen anderswo an, die ich kostenlos anderweitig nutzen kann? Gemeint ist hier nicht Abfallverwertung, sondern ein guter Blick dafür, was für andere Prozesse ausgedacht war und was ich mit möglichst geringer Investition für meine Zwecke umnutzen kann. In der Natur ist Mehrfachnutzung die Regel und es haben sich die vielfältigsten Kooperationen herausgebildet, die gegenseitige ökonomische Nutzung ermöglichen.

Ich hatte oft während des Studiums keine eigene Wohnung, sondern bin im Studentenwohnheim oder bei Freunden dorthin gezogen, wo gerade etwas frei war. Das war nicht nur sehr abwechslungsreich, sondern auch äußerst luxuriös. Ich musste nichts einrichten oder bezahlen und konnte viele Dinge wie Bücher, Kunst und Gebrauchsgegenstände aus aller Welt kennenlernen, auf die ich in einer eigenen Wohnung nie gestoßen wäre. Auch meine Gastgeber waren froh, denn ich ging sorgfältig mit der Einrichtung um, goss die Blumen und machte ihnen zum Schluss ein großzügiges Geschenk. Ein Geschenk, das einen Bruchteil dessen kostete, was ich hätte für Miete ausgeben müssen. Luxuriös auch unter dem Aspekt, dass ich nichts mit Vermietern, Strom- und Gasrechnungen zu tun hatte – bürokratische Dinge, gegen die jeder von uns eine Abneigung hegt.

Ich habe lange aus einem Koffer gelebt und später einen gesamten Umzug in einem VW-Käfer mit Schiebedach untergebracht. Es ist wie beim Trampen: Bevor ich ein eigenes Auto hatte, lernte ich viele Leute kennen und jeder Tag war ein großes Abenteuer. Später fuhr ich den Wagen selbst und beschäftigte mich fortan mit Reparaturen, Steuer- und Versicherungsrechnungen. Dazu kamen die Sorgen, die jedes ungewohnte Geräusch eines Autos in dessen Besitzer hervorruft, und das auf eine mögliche neue Reparatur hinweist. Ich denke dabei gar nicht an das Geld, sondern an den Aufwand und die Verzettelung, die Komplexität. Bei meinen Ideen steht daher im Zentrum der Überlegungen, wie ich den Aufwand möglichst reduzieren kann. Ich rede nicht dem Schmarotzen das Wort, sondern intelligenten Kombinationen, die für alle Beteiligten Win-win-Situationen schaffen.

8.2.5 Probleme als Chance verstehen

Probleme sind ein wunderbarer Aufhänger, um Ideen zu ihrer Lösung zu entwickeln. Für Anfänger: Während sich die meisten Menschen ärgern, wenn es zu regnen anfängt, sagt der Entrepreneur: Jetzt ist der beste Zeitpunkt, um Regenschirme zu verkaufen. Für Fortgeschrittene: Als die Berliner Mauer fiel, gab es die sogenannten Mauerspechte. Sie versuchten, sich Andenken aus dem Beton zu schlagen. Die meisten Hämmer taugten dafür nur wenig. Was braucht man wirklich? Meißel. Meißel zu verkaufen wurde zum Bombengeschäft.

Oder am Beispiel der Wasserhyazinthe: Sie ist eine Pflanze, die in tropischen Ländern in Flüssen und Seen wuchert, sich rasch vermehrt und die Gewässer verstopft und damit viel Schaden anrichtet. Für Einheimische wie für Touristen ist die Wasserhyazinthe ein alltäglicher Anblick. Ein Material, das frei verfügbar ist. Man findet den Rohstoff einfach vor, muss nicht säen, düngen, Zäune bauen, sondern braucht nur zu ernten. Und tut damit etwas Nützliches.

Darüber, wie man Wasserhyazinthen nutzbringend verwenden könnte, ist – sogar von der UNO unterstützt – viel nachgedacht worden. Als Schweinefutter und zur Kompostgewinnung theoretisch verwendbar, erwies sich die Pflanze jedoch durch ihren Gehalt von mehr als 98 Prozent Wasser und einem Rest zäher Faser als unwirtschaftlich, auch für die meisten anderen Verwendungsmöglichkeiten. Die Forschungsarbeiten auf diesem Gebiet, ohne praktisches Resultat, füllen ein dickes Buch.

Irgendwann fängt eine Designerin an – beeindruckt vom seidenen Glanz, den die Pflanzenstängel annehmen, wenn man sie durch eine Mangel dreht –, das Material zu verarbeiten. Kunstvoll in ein Gerüst aus Rattan geflochten, lassen sich aus den getrockneten Stängeln Sessel herstellen. Diese sind zudem sehr schön und haltbar. Für Designer eine interessante Variante zu anderen Materialien. Was bedeutet das für einen Ökonomen? Nicht viel, wenn er sich an den konventionellen Fragen seines Fachs orientiert: Liegt ein Wachstumsmarkt vor? Nein. Liegt eine Marktnische vor, in der man sich mit wenig Konkurrenz einrichten kann? Eher nicht.

Das ist der Punkt, der den Unterschied des Entrepreneurs zum herkömmlichen Ökonomen ausmacht: Er erkennt in etwas Vorhandenem ein Potenzial, obwohl die ökonomischen Erkennungsmuster nicht passen. Wasserhyazinthen? Kein Potenzial. Oft untersucht, ohne Ergebnis. Ein Sessel? Der Möbelmarkt ist gesättigt.

Eher durch Zufall wurde ich auf den Sessel aufmerksam. Das schöne Stück stand im Studio der thailändischen Designerin Khun Tük. Jedes einzelne Teil für sich, die Wasserhyazinthe oder der Sessel, hat nichts Erfolgversprechendes. Beide Teile zusammen gesehen sind eine Provokation: Unkraut wird zu einem Rohstoff von unerschöpflichem Potenzial.

Die Idee von den Wasserhyazinthen, in dieser Weise dargestellt, könnte den Eindruck erwecken, die Probleme lösten sich quasi wie von selbst. Dieser Eindruck wäre falsch. Vom ersten Einfall über Recherchen und Experimente bis zur ausgereiften Idee vergingen Jahre. Vom ersten Prototyp bis zum Start des Verkaufs in Deutschland waren es noch einmal drei. Mittlerweile ist in Thailand eine kleine Industrie daraus entstanden.

8.2.6 Arbeit in Spaß und Unterhaltung verwandeln

Sie erinnern sich an die Geschichte von Tom Sawyer, dem Titelhelden des 1876 erschienenen Romans von Mark Twain. Tom wird eines Tages von seiner Tante Polly dazu verdonnert, den hauseigenen Zaun zu streichen – und das ausgerechnet an einem wunderschönen Samstag, an dem alle seine Freunde schwimmen gehen und sich die Sonne auf den Bauch scheinen lassen.

Als der erste Freund bei Tom vorbeischlendert, bleibt der Spott nicht aus. Doch unser Held lässt sich nicht beeindrucken: Wer will schwimmen, wenn er die Chance bekommt, einen Zaun zu streichen? Mit Enthusiasmus vertieft sich Tom in die Arbeit, trägt hier einen Pinselstrich auf, beäugt dort eine noch nicht perfekt getünchte Stelle. Sein Freund Ben wird neugierig. Ob er vielleicht auch ein wenig pinseln dürfe?

Am Ende des Tages hat er seine Freunde davon überzeugt, dass es etwas Spannendes ist, einen Zaun zu streichen. Mehr noch, sie bezahlen ihn sogar dafür, die Arbeit tun zu dürfen. *Turn work into fun.*

Lässt sich die Geschichte auf Entrepreneurial Design übertragen? Ich meine ja: Tom hat es geschafft, die Arbeit, einen Zaun zu streichen, in einer ganz besonderen Art zu organisieren. Mit ein bisschen Fantasie und Talent für Organisation hat Tom Sawyer begriffen: Man kann sogar eine Strafarbeit zur Party umgestalten.

Beispiele für solche Designs sind durchaus denkbar: eine Kneipe, in der die Gäste selbst Bier zapfen, oder Tourismus, wo Gäste auf dem Bauernhof eine Kuh – vielleicht sogar ihre eigene – melken können. Für die Bäuerin, die täglich viele Kühe melken muss, ist es harte Arbeit, für den Gast ist es ein Erlebnis. Wenn ich vorhätte, Landwirt zu werden, würde ich versuchen, einen „Bauernhof" radikal neu zu denken: Welche Tiere eignen sich? Welche Pflanzen? Wie schaffen Sie Begegnungen, Freundschaften zwischen den Besuchern? Welche Aktivitäten, Feste, Verfremdungen könnten stattfinden? Was können Sie tun, damit die Gäste wiederkommen? Welche Aufgaben könnten die Besucher auf Dauer übernehmen? Fangen Sie nicht damit an zu überlegen, was es schon gibt: zum Beispiel Erdbeeren selbst pflücken. Gehen Sie systematisch vor. Nicht alles muss harte Arbeit bleiben, es kann auch Spaß machen. Es hilft, wenn Sie in Gedanken repetitive Arbeiten in kleine Happen aufspalten und Abwechslung organisieren. Variatio delectat – das wussten schon die Römer.

8.2.7 Visionen Wirklichkeit werden lassen

Leider erleben nicht alle Visionäre, dass ihre Ideen noch zu ihren Lebzeiten zu erfolgreichen Unternehmen werden. Aber einige schaffen es. Die vermutlich berühmteste Anekdote ist die eines jungen Mannes, der 18 Jahre lang eine Pferdekutsche mittels Benzinexplosionen zum kontrollierten Laufen bewegen wollte. Der Mann reiht Fehlschlag an Fehlschlag. Sein Vater findet seine Absicht, Menschen auf so etwas wie gefährliche Benzinmotoren setzen zu wollen, unverantwortlich; seine Freunde und Bekannten halten ihn für unfähig, ja verrückt. Den endgültigen Beweis dafür erhalten sie, als unser Innovator das Gefährt aus der Scheune fahren will. Es stellt sich heraus, dass die Kutsche größer ist als das Tor und die Scheunenwand daher eingerissen werden muss.

1903 nimmt er an einem Autorennen teil, und erreicht das Ziel, was damals keineswegs selbstverständlich war. Erst von da an wird man auf ihn aufmerksam. Der Name unseres Helden: Henry Ford. Die fruchtlosen Anfänge fehlen in den späteren Büchern und auch in seiner Autobiografie. Visionen Wirklichkeit werden lassen ist eine Technik eher für Fortgeschrittene oder ganz besonders zielorientierte Menschen, im Kleinen gilt sie aber für viele Gründer.

Das waren sieben Techniken und es wird deutlich: Nicht jede Technik eignet sich für jedes Entrepreneurial Design, aber es lohnt sich, von verschiedensten Seiten auch an Ihr Modell heranzugehen. Sagen Sie nicht zu schnell, Sie seien schon fast fertig, denn jedes Modell wird besser, wenn Sie mehr Sicht-achsen nutzen.

In meinen Workshops achte ich darauf, dass die Teilneh-mer aus völlig unterschiedlichen Bereichen kommen. Damit kann man aus einem weiten Spektrum von Ideen und Sicht-weisen schöpfen. Es ist hilfreich, Personen einzuladen, die sich bereits in gesellschaftlichen oder politischen Fragen en-gagieren, weil sie ihren Finger auf Zustände legen, die ver-besserungswürdig sind. Bei ihnen spürt man die Energie, auch wirklich etwas verändern zu wollen. Es kommt dann nicht selten vor, dass Teilnehmer nicht mehr auf Großorganisatio-nen wie Parteien oder Verbände warten wollen, sondern im Entrepreneurship einen geeigneten Weg erkennen, ihre Vor-stellungen schneller und präziser umzusetzen, und sich dabei sogar eine ökonomische Lebensperspektive eröffnen.

8.3 Über den Sinn und Unsinn von Businessplänen

Gut zehn Jahre, nachdem mein Kollege Sven Ripsas den ers-ten Businessplan-Wettbewerb in Deutschland gestartet hat, ist es Zeit, Bilanz zu ziehen. Und diese fällt durchaus gemischt aus. In einer empirischen Untersuchung wurden im Sommer 2005 alle Preisträger der Businessplan-Wettbewerbe Berlin der Jahre 1996 bis 2004 nach ihren Businessplänen und der späteren realen Entwicklung befragt.[68]

Was zuerst auffällt: Rückblickend warnen viele der be-fragten Unternehmensgründer vor dem falschen Glauben an den Businessplan, den heutige Gründer für Arbeitsamt, Bank oder Förderung entwickeln müssen. Im Wettbewerb scheint nicht ausreichend deutlich zu werden, dass der Plan selbst weniger Relevanz hat als der Prozess, in dem idealerweise ein konsistentes Entrepreneurial Design konzipiert wird. Diese Erkenntnis, dass der Plan selbst gar keinen so hohen Wert hat, ist international nicht neu und doch scheint sie mit der Zeit wieder abhandengekommen zu sein. Jeffry Timmons, einer der Pioniere der Businessplan-basierten Gründungen und damit einer der profiliertesten Autoren, schreibt deutlich, dass das schriftliche Dokument nicht zum Mantra werden darf:[69] Ein Businessplan sei im Grunde überholt, sobald er aus dem Drucker kommt.[70]

Viele höchst erfolgreiche Unternehmen wurden ohne formale Businesspläne gegründet und das ist wenig verwunderlich. Der Wert eines Businessplans liegt, wenn überhaupt, im Denkprozess, der damit in Gang gesetzt wird. Der Versuch, den Markt zu verstehen und dabei ein besseres Angebot, ein effizienteres Entrepreneurial Design zu konzipieren, ist entscheidend.

Aber was gut gemeint ist, verkehrt sich leicht ins Gegenteil, wenn es um das Ausfüllen von sogenannten Templates (Vorlagen) und das Beantworten von Fragen geht, die sich in den Handbüchern der Wettbewerbe zu jedem Kapitel finden. Statt ein eigenes Ideenkonzept zu erarbeiten, werden möglichst genaue Antworten auf die einzelnen Fragen generiert. Ein weiterer Kritikpunkt ist, dass durch die Bindung der Finanzierung an die in der Planung kommunizierten Schritte die Aufmerksamkeit für unvorhergesehene Marktsignale eingeschränkt und dem spontanen Lernen zu wenig Raum gegeben wird.

Ein besonderes Kapitel sind die in den Businessplänen vorgelegten Drei-Jahres-Projektionen. Der Gründer soll Annahmen darüber machen, wie sich Umsatz, Gewinn oder Finanzierung im Verlauf von drei Jahren entwickeln. Eine solche Anforderung klingt vernünftiger, als sie in Wirklichkeit ist.

Stellen Sie sich vor, Sie sollen die 57. Minute eines Fußballspiels vorhersagen. Völliger Schwachsinn, sagen Sie? Dann überlegen Sie bitte Folgendes. Ein Fußballspiel findet in einer verhältnismäßig einfachen und stabilen Konfiguration statt: Das Spielfeld ist klar definiert. Auf beiden Seiten elf Spieler. Die Spielregeln sind vorher bekannt und ändern sich im Verlauf des Spiels auch nicht. Wie dagegen sieht die Konfiguration aus, der ein Start-up begegnet? Das Spielfeld ist *nicht eindeutig* definiert. Es steht in einer nicht klar abgrenzbaren Verbindung mit parallelen Spielfeldern. Dort werden ähnliche Produkte angeboten, die mit dem eigenen Produkt ebenfalls konkurrieren, wenn auch nicht direkt. (Denken Sie an den Markt für Mobiltelefone. Direkt konkurrieren Sie mit anderen Mobilfunkanbietern, indirekt in „benachbarten Spielfeldern" mit Skype, Google Talk und natürlich noch dem alten Festnetzsystem.) Wie steht es um die Zahl der Spieler? Antwort: Sie verändert sich ständig. Überhaupt kommen während des Spiels komplett neue Mannschaften hinzu, neue Start-ups wie auch etablierte Spieler mit neuen Produkten. Andere geben während des Spiels auf und verabschieden sich. Selbst die Spielregeln ändern sich. Ein großer Discounter tritt in den Markt ein, jemand bietet Ihr Produkt oder Ihre Dienstleistung im Internet an oder der technologische Fortschritt verändert plötzlich Produkte und Markt.

Es ist also, so könnte man argumentieren, viel einfacher, die Phasen eines Fußballspiels vorherzusagen als die Situationen, in die ein Start-up gerät, und das in dem viel größeren Zeitraum von drei Jahren. Warum also an den Projektionen festhalten? Der Zwang, solche Rechnungen anzustellen, begünstige das Denken in Szenarien, und das sei hilfreich. Mag sein. Aber 70 Prozent der Marktannahmen in den Businessplänen erweisen sich in der Realität als falsch.[71] Ökonomen ist es vertraut, dass sie, wenn es um Markt geht, immer mit unvollständigen Informationen operieren.

Der Wert von Businessplänen sei hierzulande überschätzt worden, sagt Ripsas, der die Idee vom Babson College in Massachusetts mitbrachte. In der Evaluation zeige sich, dass selbst die Gewinner von Businessplan-Wettbewerben nach fünf Jahren keine überdurchschnittliche Performance am Markt haben.[72]

Was bleibt dann vom Businessplan? Die Pflichtübung wohl, die man absolvieren muss, um an das Geld der Banken zu kommen – wenn man es denn wirklich braucht. Für die

Geldgeber scheint es eher eine Versicherung zu sein, für den Fall, dass etwas schiefgeht und das Start-up eine ganz andere Entwicklung nimmt als im Drei-Jahres-Plan vorgesehen. Man habe aber sehr genau geprüft, heißt es dann, und der Businessplan sei sehr überzeugend gewesen.

8.4 ... und wie kann ich auf meine Gründung aufmerksam machen?

8.4.1 Von null auf eins

Niemand kennt Sie. Niemand hat auf Sie gewartet. Um von null auf eins zu kommen, braucht man mathematisch den Faktor unendlich. Von eins auf zehn ist es dann nur noch der Faktor zehn. Die schwierige Phase ist also wirklich der Anfang. Wie kann ich auf mich aufmerksam machen?

Auch das Marketing können Sie sich vorstellen wie ein Puzzle aus Bausteinen. Sie müssen durchaus nicht aufwendigem, teurem Marketing folgen. Wir wollen ja unsere Produkte preiswert machen und nicht das Geld mit Marketing hinauswerfen. Auch hier gilt: Am besten, Sie vergessen das Wort Marketing, weil es die falschen Bilder evoziert. Nennen wir es lieber: Wie kann ich Aufmerksamkeit für mein Anliegen schaffen? Was ist die Botschaft, die ich vermitteln will? Wofür bin ich angetreten? *What are you shooting for?* Womit kann ich meine Mission bekannt machen?

Ziele auf den Mond.

Selbst wenn du ihn verfehlst, wirst du inmitten der Sterne landen.

LES BROWN
Babson College, Boston

Strengen Sie Ihren Kopf an, nicht Ihren Geldbeutel. Auch das Thema Aufmerksamkeit können Sie als Thema Ideen-Kunstwerk angehen.

Kern Ihres Unternehmens, so haben wir argumentiert, ist ein Ideen-Konzept. Darin liegt bereits ein Vorteil, der Sie von anderen, konventionellen Gründungen unterscheidet. Der Vorteil liegt darin, dass Sie für eine Idee werben können, und nicht für irgendein Produkt. Sie haben ein Anliegen, sind überzeugt von einer Idee und müssen Ihre potenziellen Kunden für diese Idee gewinnen. Machen Sie jetzt nicht den Fehler, in dieser Situation in konventionelles Marketing zurückzufallen. Sie müssen nicht mit Zeitungsanzeigen werben, über Anzeigenschaltpläne nachdenken, einen Flyer herstellen oder Werbespots in Auftrag geben. Bevor Sie einem sogenannten Marketingexperten zuhören und alle die eben genannten konventionellen Werbemittel zurückweisen, stellen Sie sich selbst ein paar Fragen: Was ist das Überzeugende an meiner Idee? Mit welchen Mitteln kann ich diesen Punkt verdeutlichen? Gerade weil Sie ein eigenes Konzept entwickelt haben, weil Sie etwas Neues entwarfen, müssen Sie nicht auf konventionelle Mittel zurückgreifen. Zu jeder Idee, so kann man sagen, passen ganz bestimmte, ganz eigene Mittel.

Betrachten wir die Beispiele von Xing und studiVZ.[73] Wie schafften sie es, unter den vielen, neu gegründeten Netzwerken zu den beiden erfolgreichsten Social Networks in Deutschland aufzusteigen?

Der Gründer von Xing, Lars Hinrichs, beschreibt in einem Interview, wie ihn viele Jahre schon die Frage umtrieb, wie man Menschen besser zusammenbringen könnte. Wie man es ihnen erleichtern könnte, miteinander in Kontakt zu kommen. Wie dabei der Anlass beschaffen sein könnte und welche Mittel (Informationen) dabei hilfreich eingesetzt werden könnten. Diese Elemente seien es gewesen, so Hinrichs, die den Durchbruch ermöglicht hätten.

Ehssan Dariani, Gründer bei studiVZ, setzte auf seine ganz eigene Art und Weise, öffentliche Aufmerksamkeit zu erregen. „Gruscheln" – ein von ihm erfundenes Wort – hilft bei der Kontaktaufnahme. „Gruscheln" ist eine Annäherung via Information, eine Art „Anmache" per Internet. Zeitgenossen lästern über das Wort „Gruscheln" als Mischung aus „Grüßen" und „Kuscheln", wie immer man sich das per Internet vorstellen muss. Für eine Reihe anderer, provokanter Aktionen, von denen er sich teilweise später selbst distanzierte, wurde er in den Medien scharf kritisiert. Dariani selbst nennt sie „Radau-Marketing". In wenig mehr als einem Monat, um den Juni 2006 herum, erlebt das Netzwerk einen rasanten Anstieg und wird zum Marktführer unter den vergleichbaren Angeboten für Studenten.

Was uns ganz nebenbei interessiert: Welche Bedeutung hatten betriebswirtschaftliche Kenntnisse? Beide Gründer berichten auch auf Nachfrage nur wenig darüber. Klar, dass die Bücher ordentlich geführt werden müssten. Klar, dass die Ausgaben die vorhandenen Mittel nicht übersteigen dürften. Keine Dilettanten dafür einsetzen, bitte. Aber den eigenen Kopf freihalten für die entscheidenderen Fragen. Und die sind in beiden Beispielen nicht betriebswirtschaftlicher Art. Sondern haben zu tun mit sozialer Fantasie, Phasen des Experiments und dem Glauben an die Praktikabilität des eigenen, durchdachten Konzepts. Ein gutes Konzept ist das beste Marketing.

Wie bei Duttweiler oder Roddick ist der wirtschaftliche Erfolg ein „Abfallprodukt" der Ideen. Nicht Profitorientierung steht im Vordergrund, nicht Betriebswirtschaft und Management, sondern ein eigenes Konzept, verbunden mit einem Gespür für Trends und viel persönlichem Engagement. Heute wird Xing mit einem neunstelligen Betrag an der Börse bewertet. Der Verkaufspreis von studiVZ an den Holtzbrinck Verlag lag nicht viel darunter. Dies sind keine Fantasie-Bewertungen aus der Zeit des ersten Internetbooms, sondern durchaus nüchterne Betrachtungen des Wertes umfangreicher Netzwerke und ihrer – auch ökonomischen – Nutzungsmöglichkeiten.

8.4.2 Wir sind die Marken

Steht es in der Bibel der Ökonomie, dass die Marketingaus-
gaben immer größer werden müssen? „Wie lange", sagt Seth
Godin, „wollen wir uns noch gefallen lassen, dass wir Produkte für viel Geld kaufen müssen, von denen wir genau
wissen, dass sie eigentlich zu einem Bruchteil des Preises hergestellt wurden?" Während mir Marketingexperten beizu-
bringen versuchen, dass Marken immer wichtiger würden,
und ich viel mehr Geld in die Marke „Teekampagne" investieren müsse, denke ich in eine ganz andere Richtung.

Einleuchten würde mir, wenn Unternehmen sagen: Wir
investieren enorm in die Qualität unserer Produkte und machen den Preis so niedrig wie möglich. Solche Produkte würde ich gern kaufen und meinen Freunden und Bekannten ans
Herz legen. In Wirklichkeit passiert ja etwas anderes. Die
Kosten, eine Marke zu „pflegen" und den Menschen nahezu-
bringen, verschlingen inzwischen deutlich mehr Geld als die
Kosten für das Produkt selbst.[74] Früher schätzte ich die Produkte eines bekannten Unternehmens mit einer Farbe im
Firmennamen, die als besonders haltbar galten und auch vom
Design her überdurchschnittlich ansprechend waren. Nachdem meine Rasierapparate und Zahnbürsten in immer schneller werdendem Turnus kaputtgehen, das Unternehmen aber
gewinnbringender als früher arbeitet, kommen mir Zweifel.
Nicht am System von Markt, sondern daran, ob Markt an
dieser Stelle funktioniert.

Geistiges Eigentum schützen? Ja. Aber uns von Marken
professionell einlullen zu lassen, und das auch noch mit unserem eigenen Geld teuer zu bezahlen? Nein. Ist die Rede von
Sparsamkeit, von Einfachheit und Eigeninitiative ein Rückfall
in bürgerliche, konservative Muster? Die Kritik der Marken
und Manipulationsversuche hoffnungslos veraltet, nur 68er-
Jargon? Ich finde nicht. Im Gegenteil. Die Chancen stehen
nicht schlecht, einen Teil der Ökonomie „zurückzuholen",
uns zu eigen zu machen; Punkte zu sammeln im Wettstreit
der Ideen und Konzepte. Kurzlebige, hochgejubelte Trends,

Schlagwörter und Parolen, schnelle Jungs und schnell ange-
eignetes Geld vernebeln die Sicht; oberflächliche Analysen,
in Medienlogik flott formuliert, die reißenden Absatz finden,
tun ein Übriges.

Woran es fehlt, sind Perspektiven, die absehbare Entwicklungstendenzen der Ökonomie und die Möglichkeiten einer
breiten Partizipation und Eigenverantwortlichkeit miteinander verbinden. Und das nicht nur abgehoben theoretisch,
sondern an Beispielen praktisch nachvollziehbar für uns Normalmenschen. Es wäre doch schade, wenn wir die Chancen
den wenigen heutigen Gründern und ihren Finanziers über-
ließen.

Sich eigene, auf uns zugeschnittene „Marken" auszudenken kann ich mir selbst im Bereich der Mode vorstellen. Das
liegt zum einen daran, dass ich selbst gern eine Marke wäre,
statt mir mein Image, meine Respektabilität oder Attraktivität durch teure Uhrgehäuse, exklusive Markenhosen und
-hemden erkaufen zu müssen. Der andere Grund ist, dass ich
das Glück hatte, Professor Kambartel kennenzulernen, seinerzeit Philosophieprofessor an der Universität Konstanz.

Kambartel trug immer die gleiche helle Hose und ein praktisches, mit vielen Taschen versehenes Hemd. Er erklärte,
dass er seine Lebenszeit nicht mit so etwas Albernem verbringen wolle wie dem Herumstöbern in der Herrenabteilung von
Kaufhäusern. Fände er einmal etwas, was ihm gefalle, sei es
beim nächsten Besuch nicht mehr da. Deshalb hätte er sich
entschieden, gleich sehr viele Stücke einer Sache zu kaufen,
statt jedes Mal neu zu suchen.

Ich weiß, dass solche Überlegungen bei vielen Menschen
noch keinen Anklang finden. Wer seine freie Zeit vertreiben
will, ist im Marken- und Modebetrieb gut aufgehoben. Was
ist aber mit denen, die ihre Zeit nicht mehr vertreiben wollen,
sondern sich gern mit Dingen beschäftigen, die ihnen wichtig
sind und die das Glück hatten, dies zu ihrem Beruf machen
zu können? Sie freuen sich über Unternehmen, die ihre Produkte über lange Zeit beibehalten. Meine Assistentin Barbara ist ein Beispiel dafür. Ihren Lippenstift kauft sie immer

beim gleichen Unternehmen, und zwar deswegen, weil dieses Unternehmen die gleiche Farbe, die ihr am besten steht, seit mindestens 15 Jahren auch immer wieder herstellt. Das Lippenrouge ist nicht teurer geworden, trotzdem ist es für das Unternehmen sicher nicht unrentabel, wenn es auf häufigen Produktwechsel verzichten kann. Das Produkt heißt sinnigerweise „Be yourself".

Kommen wir zurück zu Professor Kambartel. Zunächst muss ich betonen, dass er trotz der immer gleichen Hosen und Hemden bei den Studenten und den Studentinnen durchaus beliebt war. Seine Attraktivität bezog er aus dem Anderssein; er lebte das, was ihn als Philosophen überzeugte. Und das sprang auch auf seine Studenten über. Nicht weil er Professor, sondern weil er authentisch war.

Machen wir daraus eine Unternehmensidee: Sie bringen Ihre Lieblingshose, Ihr Lieblingshemd oder Ihre Lieblingsbluse zu „Kambartel", dem Unternehmen für Charme durch Authentizität. Hose, Hemd und Bluse werden für Sie in großer Auflage, sagen wir 20 Stück, hergestellt. Sie wählen einen guten Stoff, einen, der nicht nach fünf Waschgängen bizarre Formen annimmt oder den Rest Ihrer Wäsche mit Ihrer Lieblingsfarbe tüncht. Jemand hat für Sie Qualitätsstoffe sorgfältig ausgewählt, und stellt sie, weil in großer Menge eingekauft, preisgünstig zur Verfügung. Kataloge fallen weg, weil Sie es ja sind, der das Produkt vorschlägt, nicht der Produzent. Auch die Versandkosten fallen pro Stück nicht ins Gewicht. Das Unternehmen geht kein Risiko ein, weil es auf Bestellung arbeitet und nicht, wie in der Modebranche sonst üblich, etwas auf den Markt wirft, was hoffentlich auch gekauft wird und deswegen teuer ist, weil der Hersteller weiß, dass er einen Teil eben nicht verkaufen wird und dies von vornherein auf den Preis aufschlagen muss.

Keine schlechte Idee. „Kambartel" ist ein Unternehmen mit einer echten Botschaft statt eines künstlichen, aber neuerdings unverzichtbaren *mission statement*.[75] Die Risiken sind gering, der Kapitalaufwand auch, da sich eine Vorauszahlung anbietet. Auch die nötigen Fachkenntnisse halten sich in Grenzen, da wir natürlich mit Komponenten arbeiten für Stoffauswahl, Herstellung und Versandlogistik. Marketing, der Hauptkostenanteil bei modischer Kleidung, fällt ohnehin fast weg. Wir können wählen, ob wir in Düsseldorf, Hongkong, Kapstadt, Dakar oder Lima herstellen lassen. Selbst die Waren aus Deutschland können, weil Sie die meisten der sonst üblichen Kosten sparen, preiswerter sein als die in den Warenhäusern offerierten vergleichbaren Stücke.

Denken Sie auch daran, dass die konventionellen Mittel, etwas zum Markt zu bringen, in aller Regel sehr teuer sind. Auf dem konventionellen Feld haben Sie keine Chance. Es fehlt Ihnen einfach an finanziellen Mitteln (und selbst wenn Sie ausreichend Kapital hätten, sollten Sie es an geeigneterer Stelle ausgeben). Diese klassischen Werbemittel stehen den großen und etablierten Firmen zur Verfügung, nicht Ihnen als Gründer. Mit den etablierten Konkurrenten in eine Materialschlacht mit konventionellen Mitteln einzutreten ist für Sie aussichtslos. Sie haben ausgezeichnete Chancen, große Konkurrenten anzugreifen, aber nicht in einer Materialschlacht. Wie in der Geschichte von David und Goliath müssen Sie Ihren Kopf, Ihre Kreativität, Ihren Witz einsetzen, nicht die Mittel der Riesen.

8.4.3 Lust an der Inszenierung ...

Marketing kann man auch als Inszenierung angehen. Unserer Fantasie sind keine Grenzen gesetzt. Einige Beispiele gefällig?

Die Ebuero AG macht günstige Preise für Bürodienstleistungen. Aber braucht man denn nicht professionelles Marketing, angesichts der vielen anderen Bürodienstleister, die schon am Markt sind? Wie macht man darauf aufmerksam, dass man glaubt, das Büro revolutioniert zu haben? Wenn man Student, 22 Jahre alt ist und über nur wenig Kapital verfügt?

Holger Johnson füllte eine Fabriketage (die ohnehin einen neuen Bodenbelag brauchte) mit 16 Tonnen karibischem

Sand, stellte Palmen hinein, eine Bar, Boccia-Kugeln und ein Frisbee-Spiel. Das Büro war jetzt Strand. Er setzte sich in dunklem Anzug, barfuß, auf eine leere Teekiste, und ließ sich fotografieren. Mit dieser Botschaft und dem passenden Bild berichteten über 60 Medien in Deutschland von der neuen Firma. Ein unbezahlbarer werblicher Effekt. Der Sand war übrigens billiger, als ein neuer Fußboden gekostet hätte.

Holger Johnson, Gründer der Ebuero AG

Eines Tages im Dezember traf ich auf der Straße einen Mann, der als beleuchteter Weihnachtsbaum seines Weges ging. Verblüfft blieb ich stehen, Kinder zeigten auf ihn, mit Weihnachtskäufen beladene Menschen drehten sich nach ihm um. Ich ging ein paar Schritte hinter ihm her, sprach ihn an, gratulierte ihm zu seinem Kostüm und fragte ihn nach seiner Motivation. Schmunzelnd verriet er mir: „Ich verkaufe Kerzen – seit ich mir diese Kostümierung zugelegt habe, falle ich ganz anders auf." Ich lud ihn in die Universität ein. Um meine Studenten auf eigene Ideen zu bringen, statt nur an Marketinglehrbücher zu glauben. Er kam auch tatsächlich. Und mit ihm ein Fernsehteam, das sich inzwischen an seine Fersen geheftet hatte. Sie wollten nur ihn im Bild, mich nahmen sie gar nicht wahr. So einfach mutiert man zum Star.

Gäbe es einen Oscar für Selbstinszenierung, müsste man ihn Karl Lagerfeld zusprechen. Mit kleinen Verstößen gegen Konventionen hat er es verstanden, sich medien- und publikumswirksam in den Köpfen des Publikums zu verankern. Als er anfing, einen Zopf zu tragen, war es für Männer eigentlich undenkbar, so feminin daherzukommen. Noch „schlimmer", und sogar bis heute praktisch einmalig, dass sich ein Mann Luft mit einem Fächer zuwedelt. In meinen Lehrveranstaltungen frage ich meine Studenten regelmäßig, was das Besondere an der Mode von Karl Lagerfeld ausmacht. Niemand weiß es zu sagen, aber alle kennen Karl Lagerfeld. Man kann also auch mit Verstößen gegen die Konvention, die niemanden verletzen, aber für die Augen ungewohnt sind, eine Weltmarke aufbauen. Und was die Ökonomie angeht: Einen Zopf zu binden kann nicht teuer sein und auch der Fächer kostet höchstens fünf Euro. Eine bemerkenswerte Effizienz gemessen an der Werbewirksamkeit.

Noch etwas anderes ist dran an der Geschichte. Stellen Sie sich vor, wir beauftragen eine Werbeagentur mit einer Umfrage über Karl Lagerfeld. Was denken denn die Menschen über den Modezaren? Meine eigenen kleinen Befragungen bringen jedes Mal ein eindeutiges Ergebnis: „Also das mit dem Zopf ist schon komisch. Und dann erst der Fächer. Also nein. Das sollte er wirklich aufhören." Stellen Sie sich vor, wir folgten dem Umfrageergebnis. Der Kunde ist doch König – nicht wahr? Lagerfeld ohne Zopf und Fächer. Wie geht das aus? Lagerfeld ist erfolgreich, gerade weil er sich *nicht* um den Publikumsgeschmack schert. Dadurch wird er zur Marke, nicht umgekehrt.

Was ist das Gemeinsame an diesen Vorgehensweisen? Immer spielt die Lust an der eigenen Inszenierung eine wichtige Rolle, ein spielerisches Element, das ein Kerzenverkäufer ebenso mitbringen muss wie Holger Johnson für sein Ebuero. Je origineller Ihr Konzept, desto einfacher schaffen Sie sich Beachtung, was Ihnen später auch im Umgang mit Medien und Öffentlichkeit hilft.[76] Unsere erste eigene Inszenierung außerhalb der Universität misslang übrigens gründlich. Wir hatten uns den Berliner Winterfeldmarkt ausgesucht, bekannt für seinen Charme und in einem Viertel, in dem wir für die Teekampagne aufgeschlossene Kunden vermuteten. Um für die Teekampagne einen Stand zu bekommen, musste man samstags morgens, kurz vor sechs Uhr antreten, wurde von einem Zerberus beäugt, der die Macht über den Markt hatte. Von ihm bekam man eine Standfläche zugewiesen, wo wir mit selbst geschriebenem Plakat und Tapetentisch antraten. Der Marktmeister mochte keine „Studenten", also alles, was schmal, intellektuell und unkonventionell aussah. Schon gar nicht, wenn wir es wagten, ihm zu widersprechen. Er war um diese Zeit auch schon nicht mehr nüchtern, was den Umgang noch erschwerte. Kurzum: Es machte ihm einen Riesenspaß, uns den Platz zwischen den beiden Toilettenwagen anzuweisen, wo wir dann mit unserem „Darjeeling First Flush Finest Tippy Golden Flowery Orange Pekoe" standen. Der beste Tee der Welt in passender Umgebung! Viel zu spät haben wir den Winterfeldmarkt aus unserem Repertoire gestrichen. Viele Berliner, die uns aus dieser ersten Zeit kennen, halten uns für ein kleines Alternativ- oder Studentenprojekt und fragen besorgt, ob es uns denn noch gäbe.

8.4.4   ... aber es geht auch ohne

Manchmal brauchen Sie gar kein Marketing. Nämlich dann, wenn Sie unter sich bleiben. In Ihrem Bekanntenkreis. In Ihrem Stadtviertel oder Ihrer Hausgemeinschaft. In Ihrem Klub oder Verein. Dann sparen Sie einen Kostenblock, der bei nicht wenigen Waren das Teuerste am Produkt überhaupt ist. Kosmetika sind ein bekanntes Beispiel dafür; im Prinzip solche Produkte, für die mit viel Geld eine „Marke" aufgebaut wird. Aber auch Sie können es durchaus exklusiv aufziehen. Nur eben etwas anders. Wie in der folgenden Geschichte.
   Am Anfang steht die Gründung von Schloss Vaux im Jahre 1868 in Berlin. In den darauf folgenden Jahren erwirbt eine Gesellschaft das unweit von Metz an der Mosel gelege-

ne Château de Vaux nebst ausgedehnten Weinbergen und
lässt auf diese Weise ein deutsches Champagner-Haus entstehen. 50 Jahre lang beherbergt das Château die Produktions-
basis. Dann müssen die Eigentümer das mittlerweile französische Domizil aufgeben. Neuer Sitz der Gesellschaft wird die
Rosenstadt Eltville am Rhein. Schloss Vaux spezialisiert sich
von nun an auf den Rheingau und die Versektung seiner
Spitzenweine.

1982 findet sich ein kleiner, feiner Freundeskreis, der
Schloss Vaux von einer Tochtergesellschaft der Deutschen
Bank erwirbt. Vier Jahre später wandeln die Gesellschafter
die Sektkellerei in eine Aktiengesellschaft um. Es formiert
sich eine Gruppe von 60 Aktionären, die sich mit ganzem
Herzen der Rheingauer Wein- und Sektkultur verschreibt.
Seither trifft man sich einmal pro Jahr in privat-exklusivem
Ambiente – als Dividende nehmen die Aktionäre einige Fla-
schen des edlen Tröpfchens mit nach Hause. Woher ich die
Geschichte kenne? Der Geschäftsführer eines bekannten
Wirtschaftsverbandes bat um Aufnahme in den erlauchten
Kreis – und erhielt eine freundliche Absage: Weitere Aktio-
näre seien derzeit nicht erwünscht, ebenso wenig wie eine
Ausweitung des Geschäftsmodells.

Wer unter sich bleibt, braucht kein Marketing.

8.5 Die Flaschenbaustein-Idee

Was fällt Ihnen auf, wenn Sie eine Flasche ansehen? Sie werden das Design der Flasche ansprechend finden oder nicht,
vielleicht spricht Sie die Farbe an, vielleicht überlegen Sie,
ob sie sich als dekoratives Element eignen könnte. Ich habe
mich immer gewundert über diese Designs und mich gefragt,
warum niemand eine viel näherliegende Form entwickelt.
Eine Form nämlich, die eine Flasche als Baustein weiterver-
wenden lässt. Als Material kann man an Glas, PET oder auch
Ton denken.

Besonders geeignet für Mitteleuropa wäre Glas als Baustein. Bei uns mangelt es an Licht und Wärme. Weiße Glasflaschen bieten beides. Zu Wänden zusammengesetzt, würden sie helle Räume schaffen und wie doppelte oder dreifache Glasfenster sehr gut isolieren. Statt das Glas einzuschmelzen, bekäme die Flasche *ein zweites ökonomisches* Leben und zwar ein extraordinäres. Das Ganze völlig kostenlos – ein idealer Baustoff also. In Form von Quadern mit dem Flaschenkopf in den Boden der nächsten Flasche eingelegt, würden Glasflaschen gute Verbindungen schaffen. Ich denke dabei nicht an die einfallslosen Glasbauwände der 60er-Jahre, sondern an möglichst durchsichtige, aus guter Glasqualität gefertigte Flaschen, die auch ein ästhetisch schönes Bauwerk ermöglichen.

Man könnte die Flaschen von innen und die Wände von außen begrünen, um eine Überhitzung der Räume zu verhindern. Man würde also so lange aus vernünftig geformten Flaschen trinken, bis man genügend Baumaterial zusammenhat. Die Bausparkasse wäre hier nicht Wüstenrot, sondern die Abstellkammer oder, wenn man selber nicht bauen will, öffentlich zugängliche Plätze, an denen man die Flaschen abstellt und sich Bauwillige mit kostenlosem Baumaterial versorgen könnten. Ich sehe vor meinen Augen Dörfer entstehen aus originell geformten Iglus oder senkrechten Wänden mit Dachkonstruktionen aus Holz – alle mit dem großen Vorteil von Licht und Wärme. Ich habe nie verstanden, warum man Designer beschäftigt, die sich die ausgefallensten Formen ausdenken und die einfachsten und besten Formen unverwirklicht lassen.

Ich weiß, die deutsche Bauaufsicht lässt solche Flaschen nicht zu. Nicht ganz so krass, aber ähnlich ist es in den umliegenden Ländern. In den Tropen aber wird es im Glas- oder PET-Haus zu heiß. Ich weiß, es gibt Ansätze, aus den vorhandenen Glasflaschen Häuser zu bauen, aber ich habe in der Literatur nichts gefunden, wo umgekehrt radikal Flaschen als Bausteine konzipiert wurden. Offenbar gibt es Konventionen, wie Trinkflaschen auszusehen haben, die sich mit der einfachen Form als Baustein nicht vereinbaren lassen. Ich

persönlich fände es äußerst stilvoll, quadratische Flaschen
auf den Tisch zu stellen. Immerhin ist bei Senfgläsern ein Teil
der Idee verwirklicht – nämlich die Weiterverwendung als
Trinkglas, statt die Gläser in den Glasmüll zu werfen. Es gäbe
auch bald keine Obdachlosen mehr oder Slumsiedlungen aus
Pappkarton, Holzresten und Wellblech, sondern viel nutzba-
rere und elegantere Glashäuser.

Sie vermuten richtig. Ich habe mich schon einige Zeit mit
dieser Idee beschäftigt. Ich habe sogar einen Patentantrag
gestellt. Titel: „Flüssigkeitsbehälter", Anmeldetag: 20. Mai
1996.[77] Mehr als der Antrag ist dabei nicht herausgekommen,
weil mir die Ausgaben für die weiteren Schritte dafür zu hoch
erschienen und ich mir nicht vorstellen konnte, dass für eine
so einfache Idee ein Patent vergeben wird. Bei mir zu Hause
stapeln sich Modelle für Flaschenbausteine aus Karton und
Modelle für Dachziegel, in denen die Trinköffnung der Flasche als Nabe für die Verankerung auf der Dachlatte geformt
ist; ein Sammelsurium von Gefäßen, die ich im Laufe der
Jahre gesammelt habe und die der Idee des Glasbausteins
nahekommen. Ich habe mich wirklich intensiv mit dieser Idee
beschäftigt, aber das richtig stimmige Konzept steht noch
aus. Es gibt eben auch Arbeit an Ideen, die (noch?) zu keinem
brauchbaren Ergebnis führen.

9 Entrepreneurship als Herausforderung

Nie waren die Bedingungen, eigene Ideen erfolgreich umzusetzen, so günstig wie heute. Moderne Märkte, Dienstleister und Internet ermöglichen es kleinen Firmen und Ein-Frau/Mann-Unternehmen, mit kalkulierbarem finanziellen Einsatz marktfähig zu werden.

„Warum auf die Kündigung warten?", titelte unlängst die Zeitschrift *Brigitte* und empfahl ihren Leserinnen, sich in Zeiten des Outsourcings und Lean Management vom Arbeitgeber zu lösen und ihr eigenes Geld damit zu verdienen, was sie von ihrer Firma mitbekommen haben: Wissen und Erfahrung.

Der erste intelligente Schritt in Richtung Entrepreneurship ist *nicht*, wo wir Geld verdienen könnten, sondern herauszufinden, welche eigenen Ideen und Visionen in einem stecken. Ist das gelungen, sind alle weiteren Schritte eher formaler Natur. Entrepreneurship ist eben mehr als Freiberuflichkeit: Es ist Passion, Selbstfindung, Berufung. Die Aufforderung, sich den eigenen Träumen zu stellen, sich in seiner Arbeit selbst zu verwirklichen und wirklich Großes zu leisten. Der wirtschaftliche Erfolg stellt sich dabei fast zwangsläufig ein, denn das, was wir mit innerer Überzeugung und ganzer Kraft tun, wird erstklassige Qualität haben.

Am Anfang muss die Idee stehen: Was fehlt wo? Was will ich verbessern?

Wenn stattdessen nur ein Geldmotiv steht: „Womit kann ich möglichst schnell viel Geld machen?", brauchen wir uns nicht zu wundern, dass uns selten etwas Originelles oder wirklich Nützliches einfällt. Die Frage greift zu kurz. So werden Sie nicht erfolgreich. Vielleicht ist dies sogar der Grund, warum wir mit vielen schönen Waren vollgestellt sind, nach denen sich alle diejenigen sehnen, die sie nicht haben, wir aber die Empfindung nicht loswerden, dass viele dieser Ge-

genstände und der Lebensformen, die sie miterzeugen, haarscharf an unseren Bedürfnissen vorbeigehen.

Damit kein Missverständnis entsteht: Das eben Gesagte ist nicht moralisierend gemeint. Auf gar keinen Fall. Ich bin in einer katholischen Kleinstadt groß geworden, mit evangelischen Eltern, und die Attitüde des moralisch erhobenen Zeigefingers ist mir seitdem zutiefst suspekt. Der Gründer soll Geld verdienen – viel sogar. Er muss für die Risiken und die Durststrecken, die er auf sich nimmt, entlohnt werden. Nichts wünsche ich mir sehnlicher, als dass möglichst viele der Gründer finanziell hoch erfolgreich sind. Sie verdienen das im wahrsten Sinne des Wortes. Entrepreneurship schafft insgesamt mehr Wohlstand. Der Kuchen wird größer. Wer dazu beiträgt, den Kuchen größer zu machen, hat auch das Recht, ein gutes Stück davon zu beanspruchen.

Meine Kritik richtet sich nicht gegen den Profit. Sie richtet sich gegen die inhaltsleere Weise, mit der der Profit angezielt wird. Wo marktwirtschaftliche Prinzipien weitgehend außer Kraft gesetzt werden, verliert der Profit seine Leitfunktion, seine Funktion des Maßstabs für Bedürfnisbefriedigung und Effizienz. Ich beziehe also keine idealistische oder gar marxistische Position (die den Profit als Wertemaßstab ablehnen), sondern berufe mich auf die Tradition der Wirtschaftswissenschaften, die Ökonomie nicht als sinnstiftendes Prinzip zu sehen, sondern als dienendes Prinzip des Menschen. Sinn entsteht nicht aus ökonomischen Prinzipien. Der Profit hilft, dem Sinn nachzugehen, nicht umgekehrt. Die Ökonomie ist ein Mittel, schwere, körperliche Arbeit, wirtschaftliche Not und Krankheit abzuschaffen. Gewinn ist der *Motor* für wirtschaftliche Entwicklung; er gehört nicht auf den Fahrersitz. Die Ökonomie ist nicht zuständig, wenn es um Sinnfragen menschlicher Entwicklung geht. Dies ist bis heute Konsens in den Wirtschaftswissenschaften. Die berechtigte Kritik an vielen Erscheinungsformen der Praxis sollte uns nicht dazu verleiten, pauschal die Wirtschaftswissenschaften zu verdammen. Konsens ist ein kostbares Gut geworden. An dieser Stelle sollten wir ihn nicht aufgeben.

9.1 Setzen Sie sich für ein Anliegen ein – Go for a cause

> Wenn du ein glückliches Leben willst,
> verbinde es mit einem Ziel.
>
> ALBERT EINSTEIN

Zahlen sind selten ein Objekt der Hingabe. Menschen brennen eher darauf, sich für eine sinnvolle Aufgabe einzusetzen. Man muss ihnen nur die Chance dazu geben. Machen Sie etwas Bedeutungsvolles. Es ist eine überzeugende Erfolgsformel, sich für etwas einzusetzen – zu diesem Schluss kommt auch Guy Kawasaki[78], ein erfahrener Gründer und Berater, der in der Aufbauphase von Apple eine wichtige Rolle spielte. Und er fügt hinzu: „Ich habe 20 Jahre gebraucht, bis mir das klar wurde."

Die ökonomischen Lehrbücher setzen in ihren Modellannahmen das Gewinninteresse des Gründers als entscheidende Motivation voraus. Fallstudien von erfolgreichen Unternehmensgründungen wie auch viele Unternehmerbiografien sagen jedoch eher etwas anderes. Karl Vesper etwa, ein amerikanischer Professor, der über 100 Gründungen untersucht hat, stellt fest:

„Die meisten Entrepreneure, die erfolgreich sind, haben Konzepte, die nicht nur fundierte Businessmodelle darstellen, sondern auch mit ihren persönlichen Einstellungen, dem gewünschten Lebensstil und ihren Werten in Einklang sind."[79]

Wenn Gewinnerzielung das einzige Motiv ist, sollte man besser die Finger davon lassen, bemerkt Virgin-Gründer Richard Branson. Ein Geschäft muss einen persönlich berühren; es muss Spaß machen und die Kreativität anregen.[80]

9.2 Mythos Gewinnmaximierung

Bransons Sichtweise deckt sich mit der des Gründers des
Schweizer Research Institute for Applied Economics, Richard
Ohlsen, der sagt: „Wer nur hinter dem Geld her ist, hat nicht
den langen Atem, den man braucht, um erfolgreicher Entrepreneur zu werden." Eingehendere Untersuchungen über das
Prinzip der Gewinnmaximierung als Motivationsfaktor bestätigen diese Beobachtungen. Jacobsen fasst die empirischen
Befunde in ihrer Dissertation wie folgt zusammen: „Erstaun-
licherweise, und das ist wichtig, scheint genau diese Art von
ökonomischem Erfolg bei den wenigsten Personen ein aus-
schlaggebendes Moment für die Gründung eines Unternehmens gewesen zu sein. Viel häufiger zählt bei ihnen ein nicht
ökonomisches Maß stärker, das über die unmittelbare Exis-
tenzverbesserung hinausgeht: wenn es ihnen nämlich gelingt,
ihre Fähigkeiten zu entfalten, Ideen in die Tat umzusetzen,
‚ihr eigener Herr zu sein', und sie so ein seelisches und körper-
liches Wohlbefinden in Form von Zufriedenheit erreichen."[81]
Das innere Gefühl, etwas erreicht zu haben, so Jacobsen,
erkläre wohl am besten, warum Entrepreneure oft nicht nach
Geld oder Einkommen an sich streben, sondern den finanziellen Erfolg lediglich als Maßstab und Bestätigung für ihre
Leistungsfähigkeit sehen.[82]

Der Zukunftsforscher Matthias Horx erkennt darin einen
Trend, der an Bedeutung noch zunehmen werde. Unsere in-
dividualistische Kultur, so Horx, wird einen Unternehmerty-
pus hervorbringen, der mit seiner Arbeit auch anderes verbindet als die Ebene des Geldes, der gut werden will, weil er
ehrgeizig ist – aber ehrgeizig in einem neuen, qualitativen
Sinne: Er möchte ein möglichst schlüssiges, möglichst spannendes Lebenskunstwerk gestalten.[83]

Die ausschließliche Orientierung an Umsatz und Profit
erweist sich zunehmend als Hemmschwelle für unternehmerischen Erfolg. Anfang des 21. Jahrhunderts überzeugen erfolgreiche Unternehmen nicht allein durch betriebswirtschaftliche Rationalität, sondern durch zukunftsweisende Ideen,

Verantwortungsbereitschaft und Sensibilität für die Werte der sie umgebenden Gesellschaft.

Es sind also nicht bloß Idealisten, sondern gerade auch die erfolgreichen Gründer, die nicht Geld als vorrangigen Antrieb haben. Oder anders ausgedrückt: Ein Schuss Idealismus ist offenbar eine vorzügliche Voraussetzung für eine erfolgreiche Gründung.

Dies hat unmittelbar gesellschaftspolitische Bedeutung. Mit der fälschlichen Vermutung des Gewinninteresses als alleiniger ausschlaggebender Triebkraft werden viele potenzielle Gründer abgeschreckt – so, als sei es eine Notwendigkeit, dass das Gewinninteresse im Vordergrund stehen muss, um erfolgreich Gründer zu sein. Eher ist das Gegenteil der Fall. Es gibt gute Gründe für die Annahme, dass eine gute Idee oder der Einsatz für eine gute Sache die Erfolgsaussichten einer Gründung erhöht statt schmälert.

Beispiele hierzu gibt es längst in anderen Bereichen. Menschen, die das Feld des Künstlerischen, aber auch sportliche oder gesellschaftliche Engagements wählen: Sie tun es nicht – jedenfalls nicht in erster Linie – wegen des damit im Erfolgsfall verbundenen Geldes. Nicht, weil das moralisch schnöde wäre, sondern weil es den Kern nicht trifft. Weil künstlerisches Schaffen, sportliche Höchstleistungen, soziale Herausforderungen viel spannender sind, weil sie Lebenskitzel versprechen, weil man sich selber in vielen Fasern seines Wesens verwirklichen oder zumindest in Szene setzen kann. Gefragt sind unternehmerische Initiativen in bisher unerschlossenen Bereichen. Gesucht ist der *citoyen* als Unternehmer und Künstler, der verloren gegangene soziale, emotionale und intellektuelle Qualitäten zurückgewinnt, sich und anderen sinnstiftende Tätigkeiten ermöglicht: die ideenreiche Umgestaltung unserer Lebensgrundlage durch eine offenere und reiche Kultur des Unternehmerischen.

9.3 Social Entrepreneurship

Die Idee des Social Entrepreneurship trifft in Deutschland zunehmend auf fruchtbaren Boden. Wahrscheinlich, weil der Begriff das Engagement für eine soziale Aufgabe verbindet mit der Vorstellung von unternehmerischer Initiative, zielbewusster Organisation und der Kostendisziplin von Unternehmen. So etwas wie Richard Branson und Mutter Theresa in einer Person. Darüber hinaus trifft der Begriff eine Strömung, die besagt: Regierungen, Verwaltungen und die bestehenden sozialen Organisationen scheinen mit den Problemen nicht mehr richtig fertig zu werden – sei es, weil sie ineffizient arbeiten, soziale Bedürfnisse mehr verwalten als befriedigen oder überhaupt unbeweglich und veraltet sind. Wir bräuchten – so die These – Social Entrepreneurs, die mit neuen Ansätzen auf komplexe neue Probleme adäquate Antworten finden und umsetzen.

Der Begriff Social Entrepreneurship ist neu, das Phänomen nicht. Es hat immer Social Entrepreneurs gegeben, und viele unserer Institutionen sind durch sie entstanden. Bereits im 19. Jahrhundert rief Friedrich von Bodelschwingh in Bethel eine Organisation ins Leben, die nach wirtschaftlichen Grundsätzen arbeitete und eigene Handwerksbetriebe, eine eigene Strom- und Wasserversorgung, Schulen und Ausbildungsstätten betrieb.

Der Gründer des Roten Kreuzes, Henri Dunant, war sicherlich ein Social Entrepreneur, so wie Mutter Theresa in Kalkutta.

Ein aktuelles und faszinierendes Beispiel eines Social Entrepreneurs ist Andreas Heinecke. Seine Arbeit mit Blinden geht von der Beobachtung aus, dass die entscheidende Barriere im Umgang mit Behinderten in den Köpfen der Menschen liegt: Es sind die Vorurteile und Ängste, die die Begegnung und den Austausch mit behinderten Menschen blockieren. Heineckes Antwort darauf: die Ausstellung „Dialog im Dunkeln" – eine Plattform, auf der Sehende in Dunkelheit eintauchen, von Blinden geführt werden und lernen, neu zu sehen. „Dialog im Dunkeln" stellt ein einzigartiges System der Integrationsarbeit dar, das die Überwindung von Vorurteilen zum Ziel hat und dabei Mitleid möglichst vermeidet. Die Behinderten stehen mit ihren Fähigkeiten im Vordergrund, nicht mit ihren Schwächen. Der Erfolg liegt darin, benachteiligten Gruppen wieder einen Platz in der Gesellschaft zu geben.

Über das für sich schon beeindruckende soziale Engagement hinaus schaffen Social Entrepreneurs Konzepte, die es vorher nicht gab und die sie erfolgreich in der Praxis umsetzen.

Auch für Social Entrepreneurs gilt, dass sie Pioniere sind, die mit neuen Ansätzen arbeiten – im Gegensatz etwa zu Versuchen, die bestehenden Verfahren geringfügig zu verbessern und zu optimieren. Es geht also nicht um das, was im Englischen *best practice* heißt, sondern um Neuentwürfe zur Lösung sozialer Probleme.

Muhammad Yunus ist ein gutes Beispiel hierfür. Yunus' Grameen Bank mit ihren Kleinstkrediten revolutionierte das Verständnis und die Vorgehensweise in der Kreditvergabe. *Vor* Yunus galten die Armen als nicht kreditwürdig, darüber hinaus als nicht rentable Kunden für die Banken, selbst wenn sie die Kredite zurückbezahlten, weil Kleinstkredite im konventionellen Bankensystem zu hohen Verwaltungsaufwand verursachen. Und schließlich glaubte niemand daran, dass die Armen Fähigkeiten zum Entrepreneur besitzen. Yunus schuf ein gänzlich neues System, bewies, dass die Armen gute Kreditrisiken sind und dass man eine Organisation aufbauen kann, die sich größtenteils selbst finanziert, Zinsen verlangt und erhält und dass dieses System international anwendbar ist. Wer die Geschichte von Yunus kennt, weiß, dass er mit dem für unsere Verhältnisse lächerlichen Betrag von umgerechnet 27 US-Dollar anfing und 42 Frauen zu Micro-Entrepreneurship verhalf (also mit gut einem halben Dollar pro „Projekt") und dass die Kreditnehmer das Geld ausnahmslos zurückzahlten.

Ich lade Sie ein, mit mir zusammen zu überlegen, wie wir

diese neue Disziplin des Social Entrepreneurship noch besser verstehen und in ihren Chancen und Bedingungen noch besser ausleuchten können.

Normalerweise – beim Thema Entrepreneurship – fragen wir: Wie kommt das Neue in die Welt? Wir reden über zukünftige Entwicklungen, Innovationen, Marketingstrategien.

Lassen Sie uns einmal fragen: Wie kommt das Gute in die Welt? Sie werden vielleicht sagen: Es gibt Menschen mit guten und solche mit schlechten Intentionen. Und auf das Beispiel Entrepreneurship übertragen würde das heißen: Die „Guten" machen Social Entrepreneurship, und die „Bösen" machen Business Entrepreneurship. Die einen setzen sich altruistisch für andere Menschen ein, für gute Ziele, die anderen streben nach dem Mammon.

Vieles in der populären wirtschaftlichen Diskussion hört sich so an. So, als sei der Profit das Kainszeichen, mit dem man die Guten von den Bösen unterscheiden kann. Ich glaube, so leicht sollten wir es uns nicht machen. Selbst hartgesottene Non-Profit-Menschen erkennen mittlerweile die Vorteile, die es hat, wenn man Überschüsse erzielt und sie für seine Zwecke einsetzen kann.

Noch vor 20 Jahren war es unvorstellbar, dass Non-Profit-Organisationen in unternehmerischer Weise agieren könnten.

Den Akteuren in diesem Bereich missfiel es zutiefst, die soziale Mission und die Erzielung von Überschüssen unter einen Hut zu bringen.

BOSCHEE/MCCLURG

Profite – ja oder nein – das bringt uns nicht weiter. Wir müssen uns schon eingehender mit der Motivation der Handelnden beschäftigen. Lassen Sie mich dazu eine kleine Geschichte erzählen, die die Fragestellung beleuchtet.

Harvard im Juli 1998. Howard Stevenson, Professor für Entrepreneurship, berichtet über ein neues Lernmodul der altehrwürdigen Universität. Ethisches Verhalten, so sagt er, sei jetzt Bestandteil der Managementausbildung. Man könne die Ökonomiestudenten nicht früh genug in diesen Prinzipien unterrichten. Er betont mit Nachdruck, wie wichtig der Bildungseinrichtung – nach vielen Skandalen in Corporate America – das ethische Verhalten ihrer Studenten ist. Da hört Stevenson auf, zu sprechen. Eine längere Pause entsteht. Die ersten unter den Zuhörern werden unruhig, zumal der Professor sehr rotgesichtig, kränkelnd aussieht. Er sagt einfach nichts mehr. Vielleicht eine Minute – eine Ewigkeit – vergeht. Als die Zuhörer sich ernste Sorgen zu machen beginnen, fährt er mit ruhiger Stimme fort: „Ist irgendjemand hier im Raum so töricht, dass er glaubt, man könne es so machen?" Ethisches Verhalten durch Belehrung?

Gab es nicht schon andere, die Ethik predigten? So einfach, und da sollten wir Professor Stevenson zustimmen, ist die Sache nicht. Stevensons Vorschlag: Genauer hinsehen, die Motivationslagen analysieren. Versuchen, herauszufinden, wie wir eine Win-win-Situation schaffen können.

Lassen Sie mich ein paar Thesen formulieren, die etwas ketzerisch mit den Motivationslagen von guten Menschen und den bösen umgehen, vor allem mit den guten. Es gibt eine durchaus ansehnliche Literatur, die beschreibt, dass die „guten" Menschen nicht nur altruistisch sind, sondern auch eigennützige Ziele verfolgen. Sei es so etwas wie Zufriedenheit mit sich selbst, das Streben nach Anerkennung in der Community, der Wunsch nach sinnerfüllter Arbeit, der Wunsch, etwas Positives erreicht zu haben, vielleicht auch der Wunsch, damit eine hervorgehobene Position zu erreichen – sei es in öffentlicher Anerkennung, sei es in einer Führungsposition einer gemeinnützigen Organisation. Nicht zuletzt geht es auch um die Absicherung des eigenen Arbeitsplatzes. Daran ist überhaupt nichts Einschränkendes oder gar Schlechtes, ich meine nur, eine solche Einschätzung der Motivationslagen ist realistischer und treffender, als nur die altruistischen Gesichtspunkte im Auge zu behalten. (Sie sind eingeladen, entschieden zu widersprechen.)

Ich bitte auch, mich nicht misszuverstehen: Ich will nichts Ironisches oder Abwertendes über sogenannte Gutmenschen sagen, wie es häufig in der öffentlichen Debatte geschieht. Das ist nicht meine Absicht. Ich plädiere lediglich für eine genauere Betrachtung der Motivationslage. Und die Chance, Gutmenschen auch dort zu finden, wo wir sie gemeinhin nicht vermuten.

Nehmen wir uns jetzt die „Bösen" vor. Business Entrepreneurship, so haben wir im ersten Teil gesehen, unterscheidet sich vom Social Entrepreneurship durch seine Profitorientierung.

Aber wir wissen, dass Profite nicht vom Himmel fallen. Man muss sie sich erarbeiten und trifft dabei auf ganz bestimmte Bedingungen. Und man kann, glaube ich, generell sagen: Heute wirken eine ganze Reihe von Tendenzen, die es immer schwerer machen, skrupellose Geschäftspraktiken auf Dauer erfolgreich durchzuhalten.

Entwicklungstendenzen, die dazu führen, dass sich Ethik immer mehr bezahlt macht

✔ Bildungsniveau steigt
✔ Wettbewerb nimmt zu, Märkte werden transparenter
✔ Vergleichsmöglichkeiten werden besser
   (vergleichende Tests, Internet)

✔ „Ethic pays" wird tendenziell realistischer, skrupellose Geschäfte zu machen schwieriger.

Was ich damit sagen will: Selbst wenn wir annehmen würden, dass „Böses" im Schilde geführt wird, zwingen die Marktbedingungen tendenziell zu „gutem" Verhalten.

„Ethic pays" – Ethik macht sich bezahlt – ist längst Teil der Managementliteratur.

Der Goodwill einer Company, das Vertrauen, das den Produkten entgegengebracht wird, die positive Nennung in den Medien ist von zunehmend hohem, ja geradezu unbezahlbarem Wert. Die „Brent Spar"-Affäre war ein Wendepunkt in Sachen Unternehmenspolitik und Verbrauchermacht. Sie zeigte, dass selbst große Unternehmen wie Shell sich letztlich dem Druck der Öffentlichkeit beugen müssen. So weit die mehr objektive Seite des „bösen Business Entrepreneur".

Wie steht es mit seiner subjektiven Seite?

Die populäre Interpretation der Wirtschaftswissenschaften führt den Homo oeconomicus ins Feld, eine Art Frankenstein der Gefühle und der Seele, der nichts als Profit im Kopf hat. Dabei wird übersehen, dass die Fachdisziplin Ökonomie, wie jede andere Fachdisziplin auch, in ihrer fachwissenschaftlichen Betrachtung, das heißt, um die Fülle der Einflussfaktoren zu reduzieren, von allen anderen als den fachwissenschaftlichen Aspekten abstrahiert. Der Homo oeconomicus ist eine Modellannahme und nicht eine Realitätsbeschreibung. Das lernen die Studenten der Wirtschaftswissenschaften im ersten Semester. Menschen sind aus Fleisch und Blut und haben selbstverständlich mehr als nur ökonomische Ziele. Das gilt auch für Entrepreneure. Wir haben im vergangenen Kapitel dargelegt, dass gerade erfolgreiche Unternehmensgründungen Persönlichkeiten verlangen, die mehr sind als nur Gewinnmaximierer. Natürlich spielt auch der Wunsch nach Anerkennung, nach etwas Spektakulärem, nach Unabhängigkeit und Erfolg eine Rolle. Das Geld und das aufgebaute Vermögen sind oft nur Maßstäbe, Erkennungsmarken für den Erfolg. Die Generation der Gründer lebt oft ausgesprochen frugal.

Was ich damit sagen will: Der Unterschied zwischen den Social Entrepreneurs und den Business Entrepreneurs ist bei genauerer Betrachtung kleiner, als er in der öffentlichen Diskussion gesehen wird. Ich würde sogar eine Konvergenz-These aufstellen: Während Social Entrepreneurs aufgrund von Budgetkürzungen in Zukunft stärker Mittel der Effizienz und Marktorientierung einsetzen müssen und sich damit auf die Business Entrepreneurs zubewegen, werden die Business Entrepreneurs durch zunehmende Information, Transparenz,

Vergleichsmöglichkeiten und Wettbewerb gezwungen, gute Produkte anzubieten, gerade wenn sie auf Dauer wirtschaftlich erfolgreich sein wollen.

„In Einklang zu sein mit den Werten der Gesellschaft", so der Managementberater Gareth Morgan, „sei eine Voraussetzung für Erfolg." „Unternehmerische Ideen müssen mit den gesellschaftlichen Werten und Problemen verwoben sein" und „Gleichgültigkeit gegenüber sozialen Problemen verschreckt die Menschen, erschüttert ihr Vertrauen und schlägt fast immer negativ zurück, jedenfalls auf lange Sicht", so Morgan.[84] Entrepreneure müssten heutzutage ein viel größeres Maß an Verantwortlichkeit einbringen, und dazu brauche es nicht gleich hohe moralische Beweggründe, sondern eigentlich nur den Wunsch nach Überleben und Erfolg. Die Business Entrepreneurs bewegten sich also *in ihrem höchst eigenen Interesse* auf die Social Entrepreneurs zu, könnte man sagen. Funktionierende Märkte schafften Mechanismen, die tendenziell zu gutem Verhalten zwängen.

Noch einen dritten Punkt würde ich anführen wollen, was die Perspektiven des Social Entrepreneurship in Deutschland angeht. Die Ausdehnung des Gedankens des Entrepreneurship in den sozialen Bereich könnte dazu führen, dass Menschen, die dem Bereich des Unternehmerischen bisher skeptisch gegenüberstanden, mehr Aufgeschlossenheit und Verständnis für einen Teilbereich von Wirtschaften erfahren, der sicher sympathischer ist als der Bereich der großen anonymen Firmen und multinationalen Konzerne.

Social Entrepreneurship ist für die Entwicklung von Gesellschaften genauso wichtig wie Entrepreneurship für die Entwicklung der Wirtschaft.

Wir sollten diesem Bereich viel mehr Aufmerksamkeit schenken als bisher.

ROGER MARTIN/SALLY OSBURG
„Social Entrepreneurship: The Case for Definition",
Stanford Social Innovation Review 2007

9.4 Muss man zum Entrepreneur geboren sein?

Muss man zum Entrepreneur geboren sein? Es ist eine weit-verbreitete Auffassung, dass der Entrepreneur eine Reihe von Persönlichkeitsmerkmalen mitbringen muss, wenn er erfolgreich sein will: Durchsetzungsvermögen, *locus of control* (Selbstwirksamkeit), kaufmännische Kenntnisse und Fertigkeiten, Ausdauer oder rhetorisches Geschick usw. Das klingt alles sehr einleuchtend. Trotzdem ist es unzutreffend.

Vor allem in den USA sind eine stattliche Zahl empirischer Studien vorgelegt worden, die nach den Persönlichkeitsfaktoren fragen, die erfolgreiche Entrepreneure ausmachen. In den Studien stellte sich heraus, dass diese so scheinbar einleuchtenden Charaktermerkmale mit den empirischen Befunden *nicht* belegbar sind. Der *traits approach* – so werden in der Entrepreneurship-Forschung die Studien zu Persönlichkeitsmerkmalen von Gründern genannt – zeigt also überraschenderweise *keine* spezifischen Charaktermerkmale von erfolgreichen Gründern.[85] Trotz intensiver Forschung konnte bisher weder ein einzelnes Persönlichkeitsmerkmal noch eine Kombination derselben festgestellt werden, mit der man Gründungshandlungen oder ihren Erfolg vorhersagen kann.[86]

Man kann es nicht oft genug betonen: Es gibt keine vorgegebenen Charaktereigenschaften eines Gründers, die Vorhersagen für seinen wirtschaftlichen Erfolg zulassen. Die Vermutung ist nicht unbegründet, dass Eigenschaften wie Durchsetzungskraft oder Führungsstärke sich im Laufe der Zeit herausbilden. Es wäre aber falsch, diese Eigenschaften als Grundlage des Erfolges zu betrachten und sie als unverzichtbar vorauszusetzen.[87]

Dieser Sachverhalt lässt die Schlussfolgerung zu, dass weit mehr Personen als Gründer infrage kommen, als man gemeinhin glaubt. Es bedeutet, dass wir das Netz viel weiter werfen können, wenn es darum geht, eine breitere und offenere Kultur des Unternehmerischen zu denken. Entrepreneurship ist kein Spezialfeld, das nur wenigen zugänglich und nur mittels besonderer Fähigkeiten besetzbar ist. Es gibt keine herausragenden Eigenschaften, die *voneweg* erforderlich wären, will man erfolgreich zum Gründer avancieren.[88]

Die nächste Konvention, die uns blockiert, sehr viel mehr innovative Gründungen auf den Weg zu bringen, ist uns bereits begegnet und heißt: Man brauche einen genialen Einfall. Und den hätten eben nicht viele Menschen. Ein paar Glückspilze vielleicht, aber eben nicht viele. „Ich bin ein ganz normaler Mensch. Und das muss ja auch erlaubt sein."

9.4.1　„Viel zu schwierig?"

Seeschule Rangsdorf, Oktober 2004. „Für Hauptschüler ist das Thema viel zu schwierig." So die erste Rückmeldung von Lehrern, als Sven Ripsas und ich den ersten Workshop des deutschen Ablegers der National Foundation for Teaching Entrepreneurship (NFTE) vorbereiteten. „Sie werden mit Ihrem Workshop Schiffbruch erleiden." Die Lehrer aus den beteiligten Hauptschulen konnten sich nicht vorstellen, dass das Thema angenommen würde. „Schüler interessieren sich nicht für Unternehmensgründung."

Der letzte Satz ließ uns aufhorchen. „Mag ja sein", so dachten wir, „dass die Schüler nicht zuhören, wenn wir ihnen nur von unseren Erfahrungen berichten, aber ein Unternehmen zu gründen – das soll langweilig sein?"

Es kommt ganz anders. Natürlich halten wir keine langen Vorträge, sondern geben ein paar wenige Beispiele und fragen, fragen, fragen. „Was macht ihr in eurer Freizeit?" „Wofür gebt ihr euer Geld aus?" „Was bekommt ihr dafür?" „Ist das gut oder nicht so gut?" „Könntet ihr das besser machen?" „Was würde euch dazu fehlen?" Oder auch: „Was macht ihr besonders gerne?" „Könnte man damit Geld verdienen?" „Wie müsste das aussehen?" „Was braucht ihr dafür?" „Woher bekommt ihr die Kenntnisse dafür?" „Wer müsste euch dabei helfen?" „Wie könnte man diese Hilfe für euch mobilisieren?" Ein Schüler bemerkt in der Pause, in der Schule

würde sie keiner fragen, da müsse man immer nur lernen. Er
hatte befürchtet, beim Workshop müsse man schon wieder
„lernen".

Die Schüler sollen sich etwas ausdenken. Etwas, was sie
entweder gerne tun, was sie vielleicht schon ein bisschen können, was Sinn macht für die Mitschüler, Freunde, Eltern, in
der Nachbarschaft. Es sind die ersten tastenden Versuche,
eine „unternehmerische Idee" zu finden. Manche der Schüler
tun sich damit schwer. Sie fangen mit einer Idee an und stellen fest, dass sie auf Schwierigkeiten stoßen. Und geben dann
auf. Wir fragen nach und lassen uns die Schwierigkeiten erklären. Oft kommt allein schon durch die Beschreibung der
Schwierigkeit ein Einfall, wie man sie vielleicht beheben kann.
Oder sie fragen uns, was wir von der Idee hielten? So, als ob
sie uns um Erlaubnis fragen müssten und wir die Instanz
wären, die weiß, ob die Idee funktioniert oder nicht. Wir
erklären ihnen, dass es niemanden gäbe, der das genau wüss-
te, und dass sie selbst beurteilen müssten, ob so eine kleine
Idee etwas tauge oder nicht. Das ist neu. Ihr Urteil scheint
sonst nicht gefragt zu sein. Sophie sagt nachdenklich: „Ich
dachte immer: Wer sich eine tolle Geschäftsidee ausdenkt,
muss ein ganz besonderer Mensch sein. Aber die Beispiele
haben uns gezeigt, dass man nicht einmal wahnsinnig helle
sein muss. Man muss nur seiner Fantasie freien Lauf lassen,
an einer Idee arbeiten und sich von keinem so leicht entmu-
tigen lassen."

Allmählich schälen sich in den Gruppen kleine unternehmerische Konzepte heraus. Mehrere Schüler fahren einen
Motorroller und leiden finanziell, wenn der Roller in die
Werkstatt muss. Könnte man auch selbst reparieren? Eigentlich nicht, aber es gibt Freunde oder Bekannte, die einem
helfen können. Die Idee einer Rollerwerkstatt nimmt Gestalt
an. Manche kauften schon vorher Ersatzteile und versuchten,
sie einzubauen. Jetzt könnte man gemeinsam diese Teile beziehen, vielleicht beim Großhändler und Geld sparen. Ein
Gruppenmitglied wirft ein: „Wenn ich eine Cola trinken will,
ist das jedes Mal furchtbar teuer. Wir könnten doch in der

Werkstatt unsere eigene Cola trinken, und wenn Freunde dabei sind, die Cola viel billiger verkaufen als am Kiosk." Eine Rollerwerkstatt also mit Getränkeausschank.

Auch an Kleidung entzündet sich die Fantasie. T-Shirts etwa: Löcher hineinschneiden, die Ärmel umnähen oder mit wilden Graffiti bedrucken.

Am Nachmittag des dritten Tages werden die Ideen präsentiert. NFTE bestand darauf, dass die Schüler per Power-Point vortragen sollen. Wirklich neu für die Schüler und keine leichte Aufgabe. Selbst wir waren skeptisch, ob dieser Kraftakt gelingt. Dann ist es so weit. Unter der Jury befinden sich hochkarätige Persönlichkeiten, darunter Stephen Brenninkmeijer aus der C&A-Dynastie und Vorstand von NFTE Deutschland. Bis zum letzten Moment wird hektisch gearbeitet, manche Ideen werden noch rasch umgestaltet oder umformuliert; eine Schülerin weint, weil sie ihre Idee plötzlich nicht mehr überzeugend findet.

Die Präsentation beginnt. Alle Schüler sind dabei; 19 Konzepte werden vorgetragen. Eigentlich alle praktikabel, überschaubar, aus dem Lebensumfeld der Schüler. Einer der Schüler hat sich besonders bizarre Graffiti ausgedacht für seine T-Shirt-Produktion. In der Begründung seiner Idee sagt er: „In den Läden findet man doch nichts Gescheites. Wenn ich zu C&A gehe – das ist alles so langweilig!" Der Schüler ist sich nicht bewusst, wer vor ihm sitzt. Die Lehrer und wir lachen. Stephen Brenninkmeijer auch. Ihm gefallen die Muster.

Natürlich wissen wir, dass solch ein Workshop eine Sondersituation darstellt, mit guter Vorbereitung und Ausstattung und ungewohnter Aufmerksamkeit für die Teilnehmer – Merkmale, die die Hauptschule unter den heutigen Bedingungen nur schwer aufbringen kann. Bei aller Vorsicht also bei der Interpretation eines einzelnen Workshops: Unternehmensgründung ist ein gutes Thema, selbst für Hauptschüler. Nicht nur, dass daraus die eine oder andere Initiative wächst, sondern auch für unkonventionelles Lernen der Schüler, für ihr Selbstbewusstsein und für ihren Mut, mehr als bisher „zu unternehmen".

9.4.2 Nicht die Ressource, sondern das Konzept gibt den Ausschlag

Die empirischen Befunde erteilen auch eine Absage an alle Versuche, durch *Tests* herauszufinden, wer sich denn zum Gründer eignet. Vieles spricht dafür, dass die Fähigkeiten, die wir Gründern zuschreiben, erst im Prozess, also im Verlauf der Gründung entstehen.[89]

Ich kann dies aus meinen eigenen Beobachtungen bestätigen: Ich habe mehr als einmal erlebt, dass Personen, die man gemeinhin auf gar keinen Fall als Gründer aussichtsreich bewerten würde, sich hervorragend im Prozess der Gründung und des Aufbaus des Unternehmens geschlagen haben. Aus der Überzeugung heraus, ein durchdachtes und schlagkräftiges Konzept zu besitzen, entstanden der Wille und das Durchhaltevermögen, dieses selber ausgedachte Ideenkind in die Praxis umzusetzen. So beispielsweise mein Student Kurt, der davon überzeugt, ja besessen war, dass es ihm gelingen würde, Rockkonzerte viel preiswerter zu machen, sodass auch Jugendliche ohne großes Einkommen teilnehmen könnten. Seine Idee war, Gruppen auftreten zu lassen, die noch keinen Namen hatten, in denen er aber vielversprechende Vertreter einer neuen Rockrichtung sah.

Kurt selber war ein Einzelgänger, fand unter seinen Mitstudenten kaum Anhänger seiner Person oder Idee. Stattdessen bedrängte er mich, ihm das Auditorium maximum der Universität für eine Rock Night zur Verfügung zu stellen. Auch mir war Kurt nicht sehr sympathisch; ich verstand sein Anliegen zunächst nur in Bruchstücken, weil er es nicht klar kommunizieren konnte. Erst seine Beharrlichkeit und sein Drängen machten mir deutlich, dass er an dieser Idee gearbeitet hatte und von ihr überzeugt war. Um es kurz zu machen: Ich konnte die Verwaltung der Freien Universität zu diesem Experiment überreden. Bereits die erste Rock Night war überraschend gut besucht; auch meine eigenen Befürchtungen und Vorurteile gegen solche Veranstaltungen blieben unbegründet.

Die bald darauf folgende zweite Rock Night war ausverkauft. Die dritte Rock Night war dermaßen überfüllt, dass
wir nur knapp einer Katastrophe entgingen: Die Teilnehmer
stürmten eine Empore, die nur für wenige Personen zugelassen war und die einzustürzen drohte. In meiner Not – ich
haftete für alles – holte ich einen Feuerspeier, der als Pausen-
clown vorgesehen war, und scheuchte die Besucher mit seiner
Hilfe von der Empore.

Das Konzept von Kurt ging völlig auf. Die damaligen fünf
Mark Eintritt reichten zu mehr als zur Deckung der Veran-
staltungskosten inklusive Gage für die Bands. Die von Kurt
ausgewählten Musiker waren gut und sie verschafften sich
mit diesem ersten prominenteren Auftritt einen größeren Be-
kanntheitsgrad. Nur nebenbei sei erwähnt, dass unter den
auftretenden Sängern auch Herbert Grönemeyer war, bis dato
praktisch unbekannt.

Dennoch zog Kurts Erfolg keineswegs nach sich, dass er
bei seinen Mitstudenten mehr Anerkennung fand. Im Gegenteil: Eine Gruppe von Studenten verlangte lautstark, dass
auch ihnen die Chance für eine solche Veranstaltung eingeräumt werden müsse. So ein Konzert sei doch ganz einfach,
sagten sie, und: Das, was Kurt kann, können wir auch. Unter
diesem Vorzeichen fand eine Veranstaltung statt, die sogar
noch mit dem Aufwind arbeitete, als Benefizkonzert für die
Sandinisten in Nicaragua Unterstützung zu leisten. Das Konzert, trotz großen Aufwands und politischer Korrektheit –
jedenfalls, was die meisten der FU-Studenten der damaligen
Zeit anging –, wurde ein äußerst mäßiger Erfolg. Mit etwas
Glück wurden gerade die Kosten eingespielt. Es war so typisch: Die Ressource (der Raum) wurde als wichtig angesehen, nicht das Konzept. „Hätten wir das Audimax, könnten
wir das auch." Es war aber, wie sich im Vergleich zeigte,
Kurts Idee, seine Neigungen und Vorlieben, sein Gespür für
gute, aber noch nicht bekannte Musiker, kurz, das Konzept,
das den Ausschlag gab.

9.5 Entrepreneure braucht das Land

In unserer Gesellschaft gibt es viele Menschen, die kreativ sind, gute Ideen haben, die sie gerne umsetzen wollen, und dies in Parteien, Verbänden, Vereinen oder ehrenamtlichen Tätigkeiten mit großem Einsatz auch tun. Sie kämen kaum auf die Idee, dass sie solcherlei auch als Entrepreneurship mit finanziellem Erfolg betreiben könnten.

Sie kommen auch deshalb nicht darauf, zu gründen, weil ihnen angeblich die betriebswirtschaftlichen Kenntnisse fehlen. Die konventionelle Sichtweise bevorzugt Menschen, die – und sie werden dazu auch beraten – sich eine Krawatte umbinden, mit Banken gut stellen, lange Anträge ausfüllen, schließlich noch Omas Häuschen verpfänden und mit BWL-Kenntnissen, Bankkredit oder anderen Fördermitteln ausgerüstet, den Schritt in die Selbständigkeit wagen.

Dieser Sorte Gründer stellen wir einen Typus gegenüber, den wir für durchaus geeignet halten, der sich aber durch die ihm nahegelegte Einarbeitung in die Betriebswirtschaftslehre und in die sogenannte Welt der Wirtschaft abgeschreckt fühlt.

So wie die herrschende Praxis der Businessplan-Wettbewerbe auf die Beschäftigung mit betriebswirtschaftlichen Themen angelegt ist wird auch in vielen Gründerseminaren und Publikationen das ohnehin schmale Rinnsal potenzieller Gründer unbeabsichtigt noch weiter eingeschränkt. Denn in der gängigen Gründerberatung kommen Eigenschaften wie Kreativität, Leidenschaft oder Engagement für eine Sache als Voraussetzungen für einen Gründer nicht zur Sprache. So, als spielten sie einfach keine Rolle. Obwohl viele erfolgreiche Unternehmer diese Facetten ihrer Persönlichkeit explizit oder implizit hervorheben, wird solchen Eigenschaften auch in der herkömmlichen Forschung nur wenig Wert beigemessen. Statt der vermuteten blanken Gier nach Gewinn spielt eher die Lust am Abenteuer, an der Herausforderung für viele Entrepreneure eine wichtige Rolle. Richard Branson, der schillernde und auch in sportlicher Hinsicht extreme Gründer von Virgin Records schreibt in seiner Biografie:

„Ich werde häufig gefragt, warum ich unbedingt mit Schnell-
booten oder Heißluftballonen Rekorde brechen will. Ich
hätte doch Erfolg, Geld und eine glückliche Familie und solle mich daher lieber nicht solchen Risiken aussetzen, sondern
mein Glück genießen. Daran ist gewiss etwas Wahres und ein
Teil von mir stimmt dieser Ermahnung auch von Herzen zu.
Ich liebe das Leben, ich liebe meine Familie. Der Gedanke,
dass ich sterben und Joan ohne Ehemann beziehungsweise
Holly und Sam ohne Vater zurücklassen könnte, jagt mir
einen Schauer über den Rücken. Aber ein anderer Teil meiner
Persönlichkeit treibt mich, neue Abenteuer zu wagen und
immer wieder meine Grenzen zu suchen. Bei genauerem
Nachdenken würde ich sagen, dass ich in meinem Leben so
viele Erfahrungen wie nur möglich machen möchte. Die kör-
perlichen Abenteuer verleihen meinem Leben eine besondere
Dimension, was dazu führt, dass meine geschäftlichen Aktivitäten mir noch mehr Spaß machen."[90]

Es spricht vieles dafür, dass Entrepreneure im Prinzip ein
freieres, intensiveres und wahrscheinlich erfüllteres Leben
führen können als viele ihrer Zeitgenossen. Zwar haben wenige Menschen so extreme Persönlichkeitsmerkmale wie Richard Branson, dennoch sind viele der bekannteren und
überzeugenden Gründerpersönlichkeiten eher freie Geister,
Künstlern ähnlicher als Managern oder Buchhaltern.

Das Geheimnis heißt weder Wissen noch Geld.

Was man wirklich braucht, ist
✔ Optimismus, ist Zuneigung, Enthusiasmus, Intuition,
✔ Neugier, Liebe, Sinn für Humor und Freude,
✔ Magie und Spaß –
✔ kurz: ein Schlückchen vom Zaubertrank Euphorie.

Nichts davon findet man im Lehrplan
einer Business School.

ANITA RODDICK

9.6 Entrepreneurship ist Abenteuerurlaub

Was viele Menschen im Abenteuerurlaub suchen, kann im Entrepreneurship gewendet werden in eine innovative, zuweilen extravagante berufliche Perspektive. Die Mühen der Lohnarbeit werden nur schlecht durch die Fokussierung auf Urlaub gemildert. Besser ist es da schon, die kurzen Elemente eines spannenden Urlaubs in eine erfüllendere berufliche Tätigkeit während eines ganzen Jahres umzuwandeln.

Entrepreneurship ist im Kern Lust an Kreativität. Ich kenne viele Entrepreneure, die mit dem konventionellen Urlaub, wie er für abhängig Beschäftigte typisch und so sehnlich erwünscht ist, nichts anfangen können. Wer nicht von Business Administration aufgefressen wird, kann sich auch ohne Urlaub am Strand aufhalten, wenn ihm das hilft, seine Ideen zu sortieren und gedanklich in neue Designs zu transformieren. Er wird dies aber nicht als Zeit-*Vertreib* betrachten, sondern als *Investition* in das Ideengebilde seines Unternehmens. Ich kann heute ohne Übertreibung sagen, dass ich Menschen bedaure, die Urlaub brauchen – mein ganzes Leben ist inzwischen Urlaub und intensiver und abwechslungsreicher als früher. Ein neues, eigenes Business Model zu entwerfen ist für mich fesselnder als einen Kriminalroman zu lesen oder ins Kino zu gehen. Man setzt Ideenkinder in die Welt und begleitet ihre Entwicklung. Das ist – wie bei echten Kindern auch – etwas unglaublich Bereicherndes, Lebendiges und Spannendes.

Meine persönliche Art kreativ zu arbeiten, ist es, durch die Natur zu laufen. Wenn mich Strand und Palmen anzögen, würde ich dort spazieren gehen. In einem Liegestuhl oder einer Hängematte habe ich es nie länger als fünf Minuten ausgehalten. Vermutlich muss jeder seine eigene Form von kreativem Umfeld finden. Kierkegaard brauchte seine sechs Stehpulte. Dem Schachweltmeister Bobby Fischer wird nachgesagt, dass er sich, während er über die nächsten Spielzüge nachdachte, in einem Taxi in der Stadt herumfahren ließ. Ein berühmter buddhistischer Mönch soll entscheidende Eingebungen beim Pinkeln erfahren haben.

Es gibt bessere Alternativen als abhängige Beschäftigung: Das, was früher als Lohnarbeit beklagt wurde, gerät in einer falsch geführten Arbeitsplatzdiskussion in die Gefahr, verherrlicht zu werden. Plötzlich wird Lohnarbeit zu etwas Wertvollem.

Ich selbst erinnere mich noch gut: Bis in die 60er-Jahre des letzten Jahrhunderts wurden an Bergarbeiter die höchsten Löhne gezahlt. Die Argumentation, mit der die Gewerkschaft IG Bergbau diese Löhne forderte und legitimierte, war, dass die Arbeit unter Tage eine Hölle auf Erden darstelle. Hitze, Staub, harte körperliche Arbeit und die Gefahren am Arbeitsplatz waren die Ausprägungen der Hölle. Diese Hölle musste materiell entgolten werden. Das hat mir eingeleuchtet. Seit damals kämpft die Bergbaulobby Hand in Hand mit der Gewerkschaft für die Erhaltung des Kohlebergbaus. Seit einem halben Jahrhundert wird der Bergbau – also die Erhaltung der Hölle – sogar hoch subventioniert. Sind wir alle verrückt geworden? Oder hat uns das Arbeitsplatzargument die Sicht vernebelt?

Deshalb verdienen die Arbeiten von Frithjof Bergmann[91] mehr Beachtung. Heute bestehe die Chance, sich aus der „leisen Krankheit der Lohnarbeit" zu verabschieden und einen Arbeitsplatz selbst zu schaffen, der befriedigender ist als das, was in den meisten Unternehmen als Angestelltentätigkeit geboten wird. In *Neue Arbeit, neue Kultur* legt er dar, dass heute die technischen Voraussetzungen gegeben sind, Produktion dezentral, in kleinen Einheiten also, und selbstbestimmt zu organisieren.

Unternimm dein Leben selbst und lass es nicht von anderen unternehmen. Das Konzept des „Lebensunternehmers"[92] geht in die gleiche Richtung. Das bisherige, auf Wissensvermittlung konzentrierte Bildungssystem müsse ergänzt werden um Kompetenzen, die jeden Menschen in die Lage versetzen, „Unternehmer seiner besten Potenziale" zu werden.[93]

Natürlich kann man auch Entrepreneurship betreiben, ohne selbst ein Unternehmen zu gründen. Statt sich auf Stellenanzeigen zu bewerben und sich in die lange Schlange der Arbeitssuchenden einzureihen, kann man ein gutes Entrepreneurial Design auch dazu verwenden, sich selbst außerhalb von Stellenangeboten zu positionieren. Nicht das Abschlusszertifikat des Bildungssystems steht dann im Vordergrund, sondern ein ausgearbeitetes Konzept, das bestehenden Unternehmen oder Organisationen als Möglichkeit zur Innovation angeboten wird. Jeder Personalchef wird sich dreimal überlegen, ob er einen „Bewerber" abweist, der ein originelles Konzept in der Hand hat und umzusetzen verspricht. Es könnte ja sein, dass das Konzept bei der Konkurrenz Furore macht. Ein unmittelbarer Transfer von Bildung in wirtschaftliche Innovation also, ohne den Umweg über Unterrichtsfächer, Zertifikate und Berufsbezeichnungen. Ein Transfer wie im Bilderbuch sogar: Keine schlechte Alternative in einer Zeit, in der Arbeitsplätze der attraktiven Art – mit erfüllender Arbeit, gut bezahlt und sicher – immer seltener werden. Eine Art von «Intrapreneurship»[94], so könnte man es bezeichnen.[95] „Wenn Sie mich einstellen, bin ich bereit, mein Konzept zum Vorteil Ihres Unternehmens einzubringen." Ein durchaus attraktives Angebot für ein Unternehmen, vor allem wenn es nur wenige Innovationen aus dem eigenen Haus heraus hervorbringt. Wer als Arbeitssuchender so vorgeht, signalisiert, dass er unternehmerisch zu denken gelernt hat. Für den Entrepreneur ist diese Vorgehensweise vorteilhaft, wenn er sich nicht selbst mit den Formalien einer Gründung herumschlagen will. Entrepreneurship in dieser Weise angegangen, lässt die Business Administration definitiv entfallen, denn sie wird ja von dem bestehenden Unternehmen übernommen.

Im Gegensatz zu diesen Ansätzen gehen in den *Traum von der eigenen Selbständigkeit* oft Vorstellungen ein, die in der Realität nicht zutreffen. „Sein eigener Chef zu sein" ist nicht immer der Weg ins Glück. Viele, wenn nicht die Mehrheit, stellen fest, dass sie mehr, härter und verantwortungsbeladener arbeiten müssen als ihre eigenen Angestellten. Dazu kommt die Unsicherheit des Gelingens des eigenen kleinen Unternehmens, die ja vor der empirisch hohen Scheiternsquote gesehen werden muss. Der Chefaspekt allein taugt wenig, wenn nicht ein Konzept zugrunde liegt, das sehr durchdacht und ausgereift auf vorhandene Marktnachfrage einzugehen versteht wie auch Aspekte enthält, die zur Person des Gründers oder des Gründungsteams passen.

Wie könnte es sonst sein, dass erfolgreiche Gründer Bücher schreiben können wie *Business ist wie Rock 'n' Roll* (Richard Branson), *The Lazy Way to Success* (Fred Gratzon) oder *Success At Life: How To Catch And Live Your Dream* (Ron Rubin), um nur drei zu nennen? Gründen bedeutet nicht notwendig einen 16-Stunden-Tag, ausgefüllt mit betriebswirtschaftlichen Inhalten. Wir müssen uns von dieser unzulässig verkürzenden Vorstellung lösen.

9.7 Die Person rückt in den Mittelpunkt

Wenn ich mir die Studenten aus meinem Umfeld vor Augen führe, die selbst ein Unternehmen gegründet haben oder auf dem Weg dorthin sind, ist da noch etwas, das lohnt, an dieser Stelle festgehalten zu werden. Es sind nicht nur neue Unternehmen entstanden mit besseren Produkten oder Dienstleistungen. Es sind auch neue Menschen entstanden, in dem Sinne, dass sich ihre Persönlichkeit positiv entwickelt hat. Sie sind fokussierter, lernfähiger, kommunikationsfreudiger geworden. Sie sind optimistischer, lebenstüchtiger und -bejahender; sie sehen sogar besser aus. Natürlich, werden Sie sagen, Erfolg wirkt sich günstig auf den Menschen aus. Aber es ist noch ein Stück mehr als das.

Wenn Sie mich heute fragen, welches Mittel, welche Methode oder gar Therapie am besten zur Persönlichkeitsentwicklung geeignet ist, dann habe ich eine klare Antwort: Entrepreneurship. Nichts, auch nichts entfernt Vergleichbares hat sich positiver auf die Persönlichkeit meiner Studenten ausgewirkt als die Aufnahme der Spur Richtung Unternehmensgründung. Ich kann den Prozess sogar im Einzelnen beschreiben. Es fängt damit an, dass der Betreffende fokussiert. Bei mir selbst, mit meiner Teeidee, war es, dass ich plötzlich einen „Teeblick" bekam. Ohne mich irgendwie anstrengen zu müssen, nahm ich alles auf – und zwar begierig –, was mit Tee zu tun hatte. In einer Ladenzeile blieb mein Blick an Teegeschäften hängen, wie automatisch, ich studierte die Auslagen wie ein Kind und nahm ganz nebenbei viele Details wahr, gewann zügig Kenntnisse, ja sogar Spezialwissen. Kein Teekurs, *keine noch so anschauliche Lernsequenz hätte effektiver sein können*. Plötzlich erhält die eigene Aufmerksamkeit eine Richtung, einen Sinn.

Das gleiche Phänomen beobachte ich bei meinen Studenten. Aus der Unbestimmtheit der Studentenexistenz entsteht plötzlich ein zielgerichtetes Schauen, ein nachhaltiges Interesse an einem Gegenstand. Die Fokussierung scheint nicht mit dem üblichen Pflichtenkatalog des Studiums zu konkurrieren, sondern eher mit dem Hallodri, dem Zeitvertreib. Wo andere Jugendliche oder Erwachsene ihre Zeit mit Nebensächlichem verbringen, gestalten auf den Geschmack gekommene Entrepreneure ein Ideenkonzept und ihre ökonomische Zukunft. Und dies nicht, weil ein moralisierender Vater oder eine andere Autorität dies erzwingen möchte, sondern wie von selbst. „Self-directed learning", nennen es moderne Pädagogen, ohne es meist selbst bei ihrer Klientel wirklich in Gang zu bringen.

Betrachtet man Entrepreneurship in der hier vorgenommenen Weise, wird deutlich, dass die Person des Gründers viel stärker als bisher in den Mittelpunkt rückt. In der alten Betrachtungsweise ist der Gründer eine Figur, die betriebswirtschaftliches Denken umsetzt, also in seiner Besonderheit, in seiner Persönlichkeit eher unwichtig, ja sogar tendenziell störend ist. Am besten, man würde ihn durch mathematische Formeln und einen Computer ersetzen können. Dann würde er richtig gut funktionieren, diszipliniert sein und nicht mit seinen Neigungen und Emotionen in optimal organisierte Prozesse hineinfunken. Genau dies waren auch die Überlegungen, mit denen die Betriebswirtschaftslehre im Laufe der Zeit die Person des Gründers immer unwichtiger werden ließ. Die Person wurde höchstens in dem Sinne beleuchtet, ob sie denn in der Lage sei, die von ihr erwarteten Leistungen auch zu erbringen – nicht eben das, was Humboldt vorschwebte.

> Die Bestimmung des Menschen
> ist die Ausbildung seiner Individualität
> zu dem harmonischen Kunstwerk
> einer in all ihren Anlagen entwickelten Persönlichkeit,
> die zu allen Seiten der Welt ein positives Verhältnis hat.
>
> WILHELM V. HUMBOLDT

Wenn dagegen Ideen im Mittelpunkt stehen, vor allem solche, die originär sind oder kreative Neukombinationen darstellen, kommt entscheidend die Person wieder ins Spiel. „The essence of entrepreneurship is being different", sagt Marc Casson.[96] Anders zu sein als die anderen, gibt den Ausschlag.

> Im Kern heißt Entrepreneurship, anders zu sein als die anderen.
>
> MARC CASSON

Joseph Schumpeter (1883–1950), österreichischer Ökonom, der an Universitäten wie Oxford, Cambridge und Harvard lehrte, war der Erste, der die Unternehmerfigur als entscheidendes Element wirtschaftlicher Dynamik herausgearbeitet hat.[97] Natürlich gab es schon vorher Unternehmer, aber die Wirtschaftswissenschaften sahen es als Fortschritt an, von der Person mit ihren Unwägbarkeiten unabhängig zu sein. Wissenschaft als Versuch, allgemeingültige Vorgaben zu erarbeiten, die von der Individualität der beteiligten Personen abstrahieren. Wo Gewinnmaximierung allein die Maxime ist

– sei es als grundlegendes Motiv, oder weil der Markt es erzwinge –, komme man auch mit betriebswirtschaftlichen Optimierungen aus, unabhängig von der Person, die sie anwende. Wozu sich dann mit der Person beschäftigen?

Heute wird Schumpeter wiederentdeckt. Weil sich gezeigt hat, dass Unternehmer aus Fleisch und Blut nicht über einen Kamm zu scheren sind, und dass viele der bahnbrechenden Ideen nicht in Großorganisationen entstehen, sondern in den Köpfen von Querdenkern und Unangepassten. Neuanfang, ungewohnte und unerprobte Ideen, Risiko mit der Gefahr des Untergangs – dies alles fordert andere als betriebswirtschaftliche Schwerpunkte.

Schumpeter teilte die „Unternehmer" in zwei Lager: die „Wirte" und die „innovativen Unternehmer". Im ersten Lager seien die etablierten Firmen, die ihren Markt verteidigten, während die Antriebskräfte einer Volkswirtschaft aus dem zweiten Lager kämen, den Angreifern, die mit neuen Produkten oder Verfahren in den Markt drängten.[98] Das Bessere ist der Feind des Bestehenden. Folgerichtig sprach Schumpeter von „schöpferischer Zerstörung". Sie sei der Preis für Produktivitätsfortschritte.

Während Festredner Innovationen nicht genug loben können, wird es beim Punkt „schöpferischer Zerstörung" merkwürdig ruhig. Schumpeter wird zwar von Politikern aller Richtungen zitiert, aber in seiner Konsequenz verdrängt.

9.8 Grundprinzip menschlichen Gestaltungswillens: Effizienz

Ein Mitarbeiter von McKinsey klopft an die Himmelstür. Petrus öffnet: „Einer von McKinsey kommt mir hier nicht rein", sagt Petrus kategorisch. „Wieso rein?", sagt der Mann von McKinsey. „Hier müssen 5 000 raus."

Wenn von Effizienz gesprochen wird, denkt man schnell an Entlassungen. Zu Recht: Die Statistiken zeigen, dass bereits seit Anfang der 80er-Jahre die Zahl der Arbeitsplätze in Großbetrieben kontinuierlich abnimmt. Dagegen entstehen bei Unternehmensgründungen und in kleinen und mittleren Betrieben neue Arbeitsplätze.[99]

Effizienz ist aber ein umfassenderes Prinzip als nur das der betrieblichen Rationalisierung. Erfinder beschäftigen sich damit, Kreativität ist gefragt, neue Produkte und Verfahren können sinnvoll sein – manchmal sind Paradigmenwechsel erforderlich, um große Produktivitätsfortschritte zu erreichen. Jeder versucht, seine Aufgaben so wenig aufwendig wie nur möglich, zu erledigen. Auch Adam Smith, ein Moralphilosoph, war sich nicht zu schade, sich mit dem Problem zu beschäftigen. Er erkannte die Bedeutung der Arbeitsteilung und des Marktes als Voraussetzung für mehr Wohlstand. Adam Smith legte damit die Grundlagen der modernen Wirtschaftstheorie. Was ich damit sagen will: Die Beschäftigung mit Effizienz ist nicht ein Privileg der Betriebswirtschaftslehre, sondern ein Grundprinzip menschlichen Gestaltungswillens.

„Etwas unternehmen" hat im Deutschen einen durchaus guten Klang. Es verheißt Initiative, etwas über den Alltag hinaus tun, man erhofft etwas Spannendes, Bereicherndes. Der Begriff „Unternehmen" ist schon nicht mehr ganz so positiv besetzt. Bei „Unternehmer" schließlich werden schnell auch Bilder wach, die, oft beschrieben, die Person tendenziell negativ beleuchten. „Unternehmertum" gar weckt Bilder von älteren Herren im grauen Anzug, mit nur noch wenig positiven Assoziationen. Nein, werden Sie sagen, Unternehmer und Unternehmertum sind doch Leitfiguren unserer Wirtschaftspolitik. Gerade im kontinentaleuropäischen Raum hängen aber dem Unternehmerischen negative Konnotationen an, die man mit politischer Pragmatik angesichts hoher Arbeitslosenzahlen allein nicht so leicht verändern wird. Unternehmertum und damit Profitstreben als Leitlinie für gesellschaftliche Veränderungen? Das soll eine positive Vorgabe sein?

Mein Gehalt als Professor, vom Staat bezahlt, gilt als anständig verdient. Dass die Teekampagne Gewinne macht, ist dagegen verdächtig. Als die kleine Firma im feuchten Keller des wirtschaftspädagogischen Instituts, für den wir eine hohe Miete bezahlten, zum ersten Mal Überschüsse erwirtschaftete und wir dies voller Stolz auch erzählten, kündigte uns die Fachbereichsverwaltung über Nacht die Räume. Es war, als hätte man im Keller des Instituts einen Bordellbetrieb entdeckt.

Der Staatsbeamte stand bei uns von jeher in höherem Ansehen als der Händler oder Gewerbetreibende. Spätestens seit der Romantik ist die Verachtung des Gewinnstrebens geradezu Grundausstattung jeder Gesellschaftskritik. Entstehen Gewinne nicht durch Ausbeutung der Arbeitskraft? Marx ist out. Aber die Bilder des Frühkapitalismus haben in unseren Gehirnen – nicht an der Oberfläche, aber in den tieferen Verzweigungen – unauslöschliche Spuren hinterlassen. Während Ökonomen im Gewinn die Leistung sehen, die Kosten niedriger als die Erträge zu halten, sehen andere vor allem das Primat des Gewinninteresses. Oder erkennen, wie der Philosoph Sloterdijk, die „Klasse der Kapitalbesitzer und Unternehmer, die mit verheerend progressiver Energie alle stationären Verhältnisse in die Luft sprengen und sämtliche soliden Zustände verdampfen lassen".[100]

9.9　Aktiv am Marktgeschehen teilnehmen

Auch wenn wir es weniger dramatisch ausdrücken: Die Beobachtung ist nicht von der Hand zu weisen, dass die Ökonomie nicht nur in immer mehr Lebensbereiche eindringt, sondern unser tägliches Leben inzwischen stärker zu beeinflussen beginnt als Religion, Kultur oder Bildung. Die Wirtschaftswissenschaften übrigens fühlen sich für Ziele grundsätzlich nicht zuständig, sondern beschränken sich auf die Optimierung ökonomischer Prozesse. Sie klammern gesellschaftliche Ziele absichtlich und ausdrücklich aus. Während die Wirtschaftswissenschaft also Sinnfragen bewusst anderen Disziplinen zuschreibt, greift die ökonomische Praxis immer massiver in die Zielbestimmungen ein. Damit werden die Optimierungen zum Selbstzweck, zu einer Art Selbstläufer. Und dies in immer kürzeren Zeitabständen. Gab früher die Jahresbilanz der Unternehmen eine Art Zeittakt vor, so sind es für die großen Konzerne heute Vierteljahresbilanzen.

Bevor wir aber von einem „entfesselten Kapitalismus" sprechen, uns in die Protestecke drängen lassen oder gegen Globalisierung zu Felde ziehen, sollten wir uns fragen, ob es denn unumgänglich ist, dass wir die Gestaltung des wirtschaftlichen Feldes „der Klasse der Kapitalbesitzer und Unternehmer", also *anderen*, überlassen müssen. Dabei nehmen wir bereits *passiv* am Marktgeschehen teil: Wir stellen Preisvergleiche an und nutzen Institutionen des Qualitätsvergleichs wie die Stiftung Warentest. All das ist schon als Tradition im Bewusstsein der meisten Menschen verankert. Wir wissen, dass es sich lohnt, als informierte und selbstbewusste Konsumenten aufzutreten.

Die Möglichkeiten, sich auch *aktiv*, als Anbieter, am Marktgeschehen zu beteiligen, erscheinen uns heute noch als realitätsfern – vielleicht aber nur, weil wir uns mit den Chancen und Bedingungen in diesem Feld nicht ausreichend vertraut gemacht haben.

9.10 „Ein leerer Sack kann nicht aufrecht stehen" – Die zweite Stufe der Aufklärung zünden

Das System Markt lebt von der Partizipation. Darin gleicht das marktwirtschaftliche System dem politischen. Demokratie ist auf den Wettstreit der Parteien und politischen Programme angewiesen; Markt lebt vom Wettstreit der Ideen und Konzepte im wirtschaftlichen Bereich. In Sachen Demokratie ist uns klar, dass wir uns selbst beteiligen und unsere Interessen artikulieren müssen. Wer das Feld anderen überlässt, darf sich nicht wundern, wenn auf ihn keine Rücksicht genommen wird. In Sachen Markt aber leisten wir uns den Luxus, ihn als etwas Unzugängliches oder Zweitrangiges zu betrachten und ihn anderen zu überlassen. Sicher, Markt funktioniert nicht vollkommen. Auch Demokratie funktioniert nicht vollkommen, und doch wird es niemandem einfallen, deswegen das System Demokratie gering zu achten oder gar abzuschaffen.

Im System Politik fand in den vergangenen Jahrhunderten der Übergang von Monarchie und Oligarchie zur Demokratie statt. Im System Wirtschaft hingegen muss der Übergang zu mehr Partizipation erst noch vollzogen werden, der uns für das System Politik schon selbstverständlich erscheint. Allzu verfestigt scheinen hier noch die Strukturen, verkörpert in den großen Unternehmen und multinationalen Konzernen, als dass der Einzelne eine Chance sehen würde, das Wirtschaftsgeschehen auch aktiv, als Anbieter, nicht nur als passiver Konsument, zu beeinflussen.

Nicht die aufgeklärte Rhetorik allein hat im 18. und frühen 19. Jahrhundert dem Bürgertum die Beteiligung an der Macht erfochten, sondern vor allem die hinter ihr stehende zunehmende Entfaltung seiner wirtschaftlichen Kraft. Die skeptische Interpretation des Marktes übersieht tendenziell dessen emanzipatorische Qualitäten. Die Marktprinzipien sind gegen die Mächtigen gerichtet: Gegen Feudalismus und

Protektionswesen, gegen königliche Handelsprivilegien suchten diese Prinzipien die Partizipation von nicht privilegierten
gesellschaftlichen Gruppen durchzusetzen. Die Beteiligung
am Wirtschaftsgeschehen war die Voraussetzung, auch politische Partizipation einzufordern.

Die wirtschaftliche Emanzipation des Individuums ist
unverbrüchlicher Teil seiner persönlichen. „An empty sack
cannot stand upright", schrieb der amerikanische Gründer,
Schriftsteller und Politiker Benjamin Franklin 1740 in seinem
Almanach *Poor Richard.*

Heute können wir die Konturen einer breiten Partizipation im ökonomischen System erkennen.

Der Einwand, der von den Konservativen jahrhunderte-
lang gegen die bürgerliche Emanzipation und die Demokratie ins Feld geführt wurde, gleicht aufs Haar den Vorbehalten,
die auch heute scheinbar plausibel sind: Der Normalmensch
sei nicht in der Lage, die richtigen Entscheidungen zu treffen;
ihm fehlten der Bildungshintergrund und das Verständnis für
die Zusammenhänge, kurz: eine Fülle von Merkmalen, die
nur den Gebildeten, den Adeligen und Reichen zur Verfügung
stünden; Frauen galten als gänzlich ungeeignet für die Teil-
habe am politischen Geschehen.

Sehen wir uns die Argumente genauer an, warum es für
Normalmenschen nicht möglich sein soll, als Wirtschaftssub-
jekte *aktiv* im Wirtschaftsgeschehen mitzuspielen: Man brauche viel Kapital, man brauche ein Patent, ein Forschungsergebnis, man brauche umfangreiches Wissen, man müsse
gelernt haben, professionell zu leiten und zu verwalten, das
Risiko sei zu hoch.

Und noch eine andere Tradition leistet ungewollt einer
solchen Argumentation Vorschub: Teile des Bildungsbürger-
tums pfleg(t)en die Ansicht, Geld korrumpiere, Wirtschaft
verändere den Charakter der Menschen; oder, umgekehrt,
zöge nur Menschen mit bestimmten – negativen – Charaktereigenschaften an. Diese Interpretation geht zurück auf teils
jahrhundertealte antikapitalistische Bilder: die Geldfeind-
schaft des frühen und mittelalterlichen Christentums ebenso

wie die marxistische Analyse des Kapitalisten und die anti-
semitische Karikatur des Bankiers.

Manche politischen Lager, allen voran die Marxisten, behaupten, es sei gar nicht wünschenswert, dass der Bürger sich
ökonomisch emanzipiere. Er würde dann das Spiel der anderen Seite spielen, würde selbst zum Unternehmer und „Aus-
beuter", und dies konterkariere seine ursprüngliche Absicht.
Skandalgeschichten wie jene der „Neuen Heimat" scheinen
eine solche Argumentation zu bestätigen.

Als Immanuel Kant im Jahre 1784 die Frage „Was ist
Aufklärung?" beantwortete, gab er eine Definition nicht allein der politischen, sondern auch der ökonomischen Selbst-
befreiung des Subjektes. „Aufklärung ist der Ausgang des
Menschen aus seiner selbst verschuldeten Unmündigkeit",
stellte der Philosoph fest. „Unmündigkeit ist das Unvermö-
gen, sich seines Verstandes ohne Leitung eines anderen zu
bedienen. Selbst verschuldet ist diese Unmündigkeit, wenn
die Ursache derselben nicht am Mangel des Verstandes, sondern der Entschließung und des Mutes liegt, sich seiner ohne
Leitung eines anderen zu bedienen." Und Kant forderte:
„Habe Mut, dich deines eigenen Verstandes zu bedienen!"

Erst wenn das Wirtschaftsgeschehen für die meisten Menschen verständlich und zugänglich geworden ist und viel mehr
Menschen als heute diese Möglichkeit auch aktiv wahrnehmen, haben wir das Ziel der Aufklärung erreicht: Menschen
auch im Feld der Ökonomie mündig zu machen und sie in
die Lage zu versetzen, offen, selbstbewusst und mutig in einer
Gesellschaft mitzuwirken, in der die entscheidende Frage
nach wirtschaftlicher Gestaltung nicht durch die wirtschaftliche Macht von wenigen bestimmt wird.

10 Von Denkgewohnheiten Abschied nehmen – Aus der Vergangenheit nicht auf die Zukunft schließen

Innovative Unternehmensgründungen sind der Motor moderner Ökonomien. Mit ihnen kommen neue Technologien, neue Ideen und Konzepte auf den Markt; sie erhalten den Wettbewerb und führen zu Produktivitätsfortschritten, darüber sind sich die Wirtschaftsexperten einig.

Die westlichen, entwickelten Industrieländer und Japan sind Wohlstandsinseln mit einem Anspruchsdenken, das im Weltmaßstab grotesk erscheint. Auch das ist nicht moralisierend gemeint, sondern soll den Blick des westlich geprägten Auges schärfen. In dem Maße, wie wir mit der ganzen Welt konkurrieren und die von uns bisher als Entwicklungsländer belächelten Länder sich zunehmend als konkurrenzfähig erweisen, müssen wir uns dieser globalen Betrachtung und Herausforderung stellen. Die modernsten Fabriken entstehen heute nicht mehr bei uns, wie das in der Nachkriegszeit in Deutschland der Fall war, sondern in den aufstrebenden Schwellenländern. Diese Länder bieten heute das, woraus auch das deutsche Wirtschaftswunder einst resultierte: im Weltmaßstab niedrige Löhne, eine unterbewertete Währung und moderne Industrieanlagen.

Es muss uns schon etwas Neues einfallen, wollen wir nicht nur klagend den Verwerfungen, die die Globalisierung bei uns verursacht, zusehen. Nicht alle Entwicklungen sind für uns negativ. In einer postindustriellen Gesellschaft spielen Ideen und Konzepte eine weitaus größere Rolle als früher. Doch mit dieser Erkenntnis müssen sich auch unsere Einstellungen ändern: Warum konkurrieren hierzulande so viele Menschen um die letzten Arbeitsplätze einer sich verlagernden Industriegesellschaft? Warum gibt es so wenige Gründer, die mit eigenen Ideen und Konzepten darauf antworten? Warum machen wir uns so wenig Gedanken darüber, welche nützlichen Dinge und Dienstleistungen die Menschen in Zukunft in unserem Land und in der Welt benötigen?

10.1 Was tun, wenn die ökonomische Basis wegbricht? – Das Beispiel Manaus, Brasilien

Nach der Erfindung des Verfahrens der Vulkanisation in der zweiten Hälfte des 19. Jahrhunderts kam es in der Amazonasregion zu einem Kautschukboom, der die brasilianische Stadt Manaus zu einer der damals reichsten Städte der Welt machte.

Manaus eröffnet das Teatro Amazonas am 7. Januar 1897 mit *La Gioconda* von Amilcare Ponchielli. Die Pflastersteine rund um die Oper sind extra aus einem Sand-Kautschuk-Gemisch gefertigt worden, um die Vorführungen nicht durch die vorbeifahrenden Pferdefuhrwerke zu stören. Ein Großteil der Baumaterialien wird aus Europa importiert, Manaus ist die zweite Stadt der Welt, die eine öffentliche Straßenbeleuchtung hat. Viele Bürger sind sehr vermögend, leben in Palästen. Es ist an der Tagesordnung, seine Wäsche in Kisten verpackt nach Lissabon zu verschiffen, damit sie dort im sauberen portugiesischen Wasser gewaschen und dann zurückgesandt wird. Der Reichtum scheint fast unermesslich und auf sicherem Fundament zu stehen. Die Kautschukproduktion läuft gut, wird ständig noch ausgedehnt.

1915 kommt die Nachricht, dass es deutschen Chemikern gelungen ist, künstlichen Kautschuk herzustellen. Über Nacht sinkt der Preis für natürlichen Kautschuk drastisch. Jahre später ist Manaus eine verlassene Stadt, die alten Prachthäuser und Paläste sind verfallen.

Der Punkt von Interesse an dieser historischen Episode ist folgender: Was passiert in Manaus nach der Nachricht, dass die bisherige ökonomische Basis wegbricht? Klagen die Bürger darüber, dass sie kaputtgespart werden? Sind sie empört, wie die öffentlichen Bediensteten reihenweise entlassen und die Gebäude dem Verfall preisgegeben werden? Wurde versucht, die vielen Arbeitslosen zu Selbständigen zu machen? Hat man für den Erhalt der Oper gekämpft und mit welchem Erfolg?

Oder gab es Stimmen, die so etwas sagten wie: Wir sind in einer völlig neuen Situation, lasst uns nach vorne blicken? Offenbar nicht.

Muss unter Umständen eine ganze Region auf eine völlig neue, noch ungewisse ökonomische Perspektive umgestellt werden? Alles wichtige Fragen. Wie hat man seinerzeit reagiert? Und: Können wir aus der Situation von damals lernen? Für Manaus scheint sich jedenfalls eines sagen zu lassen: Eine Anpassung ist unterblieben, die Verarmung breiter Bevölkerungsschichten für viele Jahrzehnte war die Folge. Sicher ist: Diejenigen, die über die Verarmung und die damit einhergehenden Verheerungen klagten, trugen wenig zur Verbesserung der Situation bei. (Erst in den 90er-Jahren des letzten Jahrhunderts wird über den beginnenden Tourismus eine neue Einkommensquelle erschlossen, die erneut Wachstum und vielleicht auch Wohlstand verspricht.)

> Das Gewohnte ist meist noch hemmender als das Mächtige.
>
> ERNST BLOCH

Das Beispiel ist hilfreich, um aus der rückwärtsgewandten Sichtweise herauszukommen. Manaus vor dem Einbruch glaubte sich sicher und stand im Mittelpunkt der wirtschaftlichen Macht. Auch bei uns glauben immer noch viele Menschen, wie die Bewohner von Manaus, wir lebten im Mittelpunkt des wirtschaftlichen Geschehens der Welt. Oder hätten eine Chance, dorthin zurückzukehren.

Nach dem Aussterben der alten Industrien geraten in Deutschland mittlerweile auch viele andere lohnintensive Wirtschaftsbereiche in existenzgefährdendes Fahrwasser. Der Unterschied der Lohnkosten von eins zu sieben zu Osteuropa und eins zu 20 zu Indien und China ist nicht einfach wegzustecken. Die höhere Arbeitsproduktivität bei uns wird auf Dauer den Unterschied in den Lohnkosten nicht ausgleichen. Im Gegenteil. Wenn die neuen und modernen Fabriken in den Schwellenländern entstehen, führt das zu einem sprunghaften Anstieg der Arbeitsproduktivität dort. Auch die Infrastruktur holt in Riesensprüngen auf. Was sich am Horizont abzeichnet, ist: Wissen und Infrastruktur der Ersten Welt werden zu Preisen der Dritten Welt angeboten. Haben wir darauf eine Antwort?

Es ist keineswegs selbstverständlich, dass Bereiche wie Forschung und Entwicklung bei uns bleiben. Indische oder chinesische Universitätsabsolventen sind nicht schlechter als unsere, nur sehr viel preiswerter zu beschäftigen – mit unseren Augen betrachtet. Es ist in diesem Buch nicht der Platz und nicht die Absicht, eine Diskussion über die wirtschaftlichen Zukunftsaussichten Deutschlands zu führen. Nur ist die Sicherheit, in der wir uns wiegen, dass alles schon schlimm ist und eigentlich nur wieder besser werden kann, nicht recht nachvollziehbar. Es spricht vieles dafür, dass der Abstieg aus der ersten Klasse der Industrienationen erst begonnen hat.

Eine befreundete Journalistin und eine Nachbarin, beide in großen Verlagshäusern beschäftigt, erzählten mir unlängst ihre fast gleichlautende Geschichte: Wie der Untergang zwar schleichend, aber doch viel schneller als erwartet vor sich gehe. Erst bleibt der Verlag unter dem prognostizierten Ergebnis, dann wird rationalisiert und an der Qualität gespart. Im zweiten Schritt sinken die Margen und Abonnentenzahlen besorgniserregend – aber noch behilft man sich mit der allgemeinen schlechten Wirtschaftslage als Erklärung. Jetzt werden ehemals zentrale Dienstleistungen outgesourct und die Dienstleister im Preis gedrückt.

Im nächsten Jahr folgen erste Entlassungswellen und es wird überlegt, wie man mittels vieler neuer Produkte und modernerer Marketingkonzepte die Kunden zurückgewinnt. Marktforschung zeigt, dass junge, nachfolgende Zielgruppen eher online-affin sind. Schnell werden einige Blogger eingekauft, um Communitys zu pflegen, und alle Inhalte auch online eingestellt – echte Maßnahmen zum Umlenken auf einen neuen Kurs werden spät oder gar nicht eingeleitet. Die schlichte Tatsache, dass sich immer weniger Menschen über Printprodukte informieren, wird übertüncht durch mehr und mehr Produkte, die meist die dritte Ausgabe nicht überleben. Alles immer schnelllebiger, kürzer, bunter, billiger – eine Anpassung an das Internet, das man aber immer noch nicht als echte Konkurrenz ansieht.

Währenddessen arbeiten die Konkurrenten im World Wide Web zu einem Bruchteil der Kosten. Unter Umständen sind sie witziger, jünger, schneller und statt eines ausgewogenen Fachbeitrags lesen viele Menschen vielleicht lieber einen subjektiven Blog und dessen Kommentierungen. Außerdem erhalten sie jede Nachricht in Echtzeit und ungefiltert per RSS-Feed auf ihren Rechner – das heißt, ich erhalte meine eigene Zeitung auf meinen Computer, mein Laptop oder mein Handy, genau zu den Themen, die mich interessieren.

Was die Leser auch gut finden: Es kostet viel weniger, es muss kein Wald mehr abgeholzt werden, ich muss kein Altpapier mehr entsorgen. Kurzum: Eine maßgeschneiderte elektronische Zeitung ist ökonomisch und ökologisch sinnvoller als das herkömmliche Printprodukt. Der Großverlag, der weiter so Zeitung macht wie immer, erhöht die Abo-Prämien, schaltet großflächige Werbung und steuert so immer schneller auf den Abgrund zu.

Das glauben Sie nicht? Sie lesen immer noch gerne Ihre Zeitung zum Morgenkaffee, sind eher ein haptischer Typ und werden Ihre Zeitung niemals abbestellen? Dann zählen Sie auf Dauer vielleicht zu einem Auslaufmodell. Wahrscheinlich haben die ersten Eisenbahnreisenden auch das Rütteln der Postkutsche vermisst und fanden, wie überliefert wird, die

Geschwindigkeit der Lokomotive „Adler" (35 Kilometer je Stunde) auf ihrem Weg von Nürnberg nach Fürth atemberaubend schnell.

Übrigens arbeiten beide Bekannten inzwischen in Online-Projekten.

Heute helfen Jammern und eine rückwärtsgerichtete Sichtweise genauso wenig wie damals. Die Klagen über Arbeitslosigkeit und Sparmaßnahmen führen nicht weiter. Angesagt ist allein, der neuen Situation ins Auge zu sehen.

Die Frage muss dann heißen: Gibt es die Chance für eine Neupositionierung der Wirtschaft? Wo könnten solche Chancen liegen?[101] Von *wem* können wir erwarten, dass er solche Chancen erkennt?

Leider funktioniert unsere Politik genau andersherum: Es wird für den Erhalt gekämpft, statt für die Neuorientierung. Jedes Unternehmen, das offen Arbeitsplätze ins Ausland verlagert, bringt die Politik, die Gewerkschaften, die öffentliche Meinung gegen sich auf. Selbst ein Schwellenland wie Thailand geht den umgekehrten, offensiven Weg: Es fordert seine Unternehmen auf, rechtzeitig Produktionen nach China auszulagern, und Felder mit höherer Wertschöpfung zu suchen, bevor ganze Branchen in den Konkurs gehen. Dabei betragen die Lohnkostenunterschiede zwischen beiden Ländern weniger als 50 Prozent. Bei uns ist das Thema „Auslagerung" tabuisiert. Wer heute mit Eurozentrismus die ökonomischen Probleme betrachtet, wird dafür belohnt, wer radikales Umdenken fordert, abgestraft.

Und eine besonders forsche Parole heißt sogar: Unser Pessimismus ist schuld. Wir seien zu verzagt, zu schwarzseherisch. In der zweiten Jahreshälfte 2007 genügt schon ein leises Konjunkturlüftchen und die Stimmung schlägt in die alten Raster um: Wohin mit den unerwarteten Steuermehreinnahmen? Ist nicht alles wieder im Lot? Die Sorgen der letzten Zeit ein Gespenst, das es jetzt zu verscheuchen gilt?

10.2 Wir brauchen innovative Gründungen ...

Der Global Entrepreneurship Monitor (GEM) führt in seinem Länderbericht Deutschland 2005 aus: „Innovative Gründungen [...] stimulieren den Wettbewerb in den jeweiligen Märkten, forcieren den wirtschaftlichen Strukturwandel und generieren im Erfolgsfall Wachstum und Arbeitsplätze. Für ein hoch industrialisiertes und rohstoffarmes Land wie Deutschland sind sie daher eine der Schlüsselvariablen für internationale Wettbewerbsfähigkeit. Deshalb müssen wir unsere Anstrengungen zur Steigerung von Innovationen und insbesondere von innovativen Gründungen, vor allem in forschungs- und wissensintensiven Wirtschaftszweigen, forcieren."[102]

In der Wirtschaftswissenschaft wie in der Wirtschaftspolitik herrscht Konsens, dass es die Neugründungen von Unternehmen sind, die positive Wachstums- und Beschäftigungseffekte mit sich bringen. Dies gilt aber nicht für *imitative* Gründungen. Sie sorgen lediglich dafür, dass die Märkte nicht verkrusten, indem sie den Wettbewerb beleben. Größere Beschäftigungswirkungen haben sie jedoch in der Regel nicht.[103] Die *innovativen* Gründungen dagegen wachsen schneller als die imitativen Gründungen; Arbeitsplätze entstehen nicht nur bei ihnen, sondern auch bei anderen Unternehmen, die die neuen Chancen erkennen, wie Zulieferer, Komplementäranbieter und Serviceunternehmen.[104]

10.3 ... aber es muss nicht immer Hightech sein

Leider wird in der Politik, aber auch vielfach in der wissenschaftlichen Literatur der Begriff der innovativen Neugründungen fast ausschließlich nur auf *technologieorientierte* Gründungen bezogen. Andere Gründungen, etwa diejenigen, die hier als Konzept-kreativ vorgestellt wurden und die durchaus vergleichbare Produktivitätsfortschritte mit sich bringen können, geraten dabei aus dem Blickfeld.

Dass wir dazu neigen, die wirtschaftliche Zukunft in Hightech-Bereichen zu sehen, ist verständlich, weil Deutschland seine Wirtschaftskraft lange Zeit aus industrieller Stärke bezog. Bekanntlich war die Bundesrepublik noch bis in die 70er-Jahre in vielen Bereichen technologisch führend in der ganzen Welt: Bergbau, Stahlindustrie, Schiffbau, Feinmechanik, Optik, chemische Industrie, Elektroindustrie, Automobil-, Maschinen- und Anlagenbau, um nur die bekannteren zu nennen.

Heute gibt es viele leistungsfähige, industrielle Forschungs- und Entwicklungszentren auf der ganzen Welt, nicht nur bei uns in Mitteleuropa, den USA und Japan. Sie stehen in intensivem Wettbewerb untereinander. Nur auf Hightech zu setzen ist also, als ob man im Sport alles auf eine einzige Disziplin setzen würde und dabei übersieht, dass man in anderen, weil nicht so umkämpften Bereichen, die Medaillen einfacher holen kann.

Noch ein anderer Gesichtspunkt kommt hinzu: Diejenigen, die die Forschungsleistungen erbringen, sind nicht notwendigerweise auch diejenigen, die die unternehmerischen Leistungen schaffen. Das Umdenken von Hightech in unternehmerische Spitzenleistungen ist, wie wir gesehen haben, eine ganz andere Disziplin.[105]

Inzwischen liegen die Wachstumsmärkte einer globalisierten Welt eher auf anderen Gebieten, während wir Deutschen noch an Bildern und Vorstellungen aus der Industriegesell-

schaft hängen, die zunehmend unrealistischer werden. Der
Bereich des Tourismus ist ein solches Gebiet. Es ist inzwischen
der größte Wirtschaftszweig weltweit überhaupt, mit stabilen
Wachstumsraten, an denen sich so schnell auch nichts ändern
wird. Wachsende Einkommen und höhere Bildung führen zu
überproportionaler Nachfrage in diesem Bereich. Wenn man
die hohe technologische Obsoleszenz und den intensiven
Wettbewerb bei Hightech-Produkten vergleicht mit anderen
Wirtschaftsbereichen – wie zum Beispiel dem Tourismus –,
dürfte die (ökonomische) Wahl nicht schwerfallen.[106] Dass
die gemäßigten Klimazonen der Welt die angenehmsten sind
– und nicht etwa die Tropen –, wissen Asiaten längst und
wird sich auch bei uns noch herumsprechen. Auch dass nicht
nur Sonne, Sand und Sex den Tourismus kennzeichnen, sondern auch Lifestyle, Kunst und Kultur hochattraktiv sein
können.

Hohe Qualitätsmaßstäbe und Glaubwürdigkeit sind solide, langfristig stabile Wettbewerbsvorteile. Wir können uns
aber auch *neue* Qualitätsstandards zusätzlich zur Funktions-
tüchtigkeit und Haltbarkeit von Produkten vorstellen. Gerade auch in Deutschland haben wir uns einen Namen gemacht
in Sachen ökologischer Innovationen, den Sicherheitsstan-
dards der Produkte oder Rückstandsanalysen bei Lebensmitteln. Wenn man so will, eine Modernisierung des noch in
Teilen der Welt hoch angesehenen „made in Germany".

Um nicht falsch verstanden zu werden: Ich mache keine
Aussage gegen Hightech, sondern gegen die Verengung der
Blickrichtung auf nur einen einzigen, umkämpften, hoch ris-
kanten und von rascher technologischer Obsoleszenz geprägten Sektor der Wirtschaft.

Man sollte auch nicht übersehen, dass das Selbstvertrau-
en staatlicher Förderpolitik in krassem Widerspruch steht zu
ihren wirtschaftlichen Erfolgen. Die einschlägigen Behörden
glauben zu erkennen, welche industriellen Entwicklungen
zukunftsträchtig sind. So etwa wurden in Deutschland Bereiche wie Großrechner, die Nutzung der Atomenergie und
die Krillkrebse in der Antarktis als besonders vielverspre-

chend angesehen und mit hohen Fördermitteln ausgestattet.[107] Unternehmerisch denkende Menschen in unserem Land staunten schon immer darüber, dass ausgerechnet Lebenszeit-Beamte die unternehmerischen Spürnasen der Nation sein sollen.

So spektakulär Hightech-Gründungen im Erfolgsfall sind – für den einzelnen Gründer oder ein Team ist es außerordentlich schwierig, im Bereich des Hightech zu gründen und zu überleben. Der technische Fortschritt vollzieht sich heute viel rascher als früher. Um mit dem Stand der Forschung und Entwicklung mitzuhalten, müsste der Entrepreneur, wie bereits dargelegt, weltweit mit den jeweiligen Forschungseinrichtungen verknüpft sein. Es ist dies wohl eine in der Praxis eher unrealistische Annahme. Was für wenige international gut aufgestellte Universitätsinstitute und Konzerne leistbar scheint, ist für die meisten nicht derart gut vernetzten Gründer fast aussichtslos. Will man mehr Menschen für eine „Kultur des Unternehmerischen" gewinnen, greift die Beschränkung auf Hightech viel zu kurz.

Auch statistisch nehmen erfolgreiche Hightech-Gründungen viel geringeren Raum ein, als die Berichterstattung in den Medien erkennen ließe.

Nun wird man den Glauben an Hightech nicht so rasch erschüttern können. „Una sancta ecclesia", hieß es früher. Es gibt nur eine heilige Kirche. Dabei wäre schon viel gewonnen, wenn wir wenigstens zwei Kirchen zuließen. Also nicht nur auf die Entwicklung von Hightech setzen, sondern auch die *Anwendung* von Hightech als Ausgangspunkt nehmen. Skype oder Ebuero sind exzellente Beispiele dafür.[108] Konzeptkreative Gründungen gehen mit der innovativen Anwendung von Hightech gut zusammen.

10.4 Initialzündung im Ideenraum – cultural entrepreneurship

Dass der Bereich des Kulturell-Kreativen zunehmende wirtschaftliche Bedeutung erhält, ist bekannt; dies zeigt sich auch in der Rezeption von Begriffen wie *creative industries* oder *creative economy*. Im *post*industriellen Zeitalter haben sich die gesellschaftlichen Werte längst weg von Basisbedürfnissen hin zu kulturellen Werten verschoben – dies spiegelt sich auch in den Bedürfnissen der Käufer wider. Dass aber zwischen Entrepreneurship und dem kulturell-kreativen Bereich auch eine innere Verwandtschaft besteht, stößt in Deutschland eher auf Befremden. Noch immer werden Kunst und Kultur hierzulande als Luxus angesehen, während wirtschaftliches Handeln als Reich der Notwendigkeit gilt. Es erklärt vielleicht, warum bei uns Entrepreneurship rasch mit „Betriebswirtschaft für Gründer" gleichgesetzt wird.

Wir haben bereits dargelegt, dass heute der Entrepreneur dem Künstler näher steht als dem Manager. Die Argumente von Stanley Gryskiewicz und Frans Johansson gehen in eine ganz ähnliche Richtung[109]

Gryskiewicz, vom Center for Creative Leadership, empfiehlt uns, sich mit Kunst zu beschäftigen: weil sie uns herausfordert, neue Perspektiven zu finden, uns auch emotional berührt und unsere Selbstverständlichkeiten infrage stellt.[110] Er spricht von „Positive Turbulence", ein Begriff, der an Schumpeters „schöpferische Zerstörung" erinnert, als einem bereichernden Element für Ideen und Anstöße. Es gehe darum, eine Atmosphäre zu schaffen, die das Denken in den Grenzen des Status quo aufbreche und für neue Wege öffne. Vier Charakteristika spielten dabei eine Rolle:

- „Welcoming difference" – Informationen und Abläufe zuzulassen, die unbekannt oder unerwartet sind und die eigenen Vorgehensweisen massiv infrage stellen.
- „Inviting multiple perspectives" – zu divergierenden Sicht-

weisen und unorthodoxen Interpretationen von Sachverhalten zu ermutigen.

- „Controlling the intensity of turbulence" – das Ausmaß und die Geschwindigkeit von Veränderung so zu moderieren, dass die gewünschten Prozesse nicht in negative Entwicklungen umschlagen.

- „Developing receptivity" – die Voraussetzungen zu schaffen, dass die Beteiligten mit Veränderungen umgehen und sie mitgestalten können.

Frans Johansson, Autor und Entrepreneur, argumentiert, dass entscheidende Denkanstöße und Innovationen aus dem Zusammentreffen von Ideen aus unterschiedlichen Kulturen und Disziplinen entstehen. *Diversity drives innovation.* In einem solchen Ideenraum (idea space) käme es zu einer Initialzündung von außergewöhnlichen Sichtweisen und Entwicklungen. Der Autor nennt dies den „Medici-Effekt" in Anlehnung an die Zeit der berühmten Bankiersdynastie der italienischen Renaissance.[111]

Die Medicis förderten und finanzierten schöpferisches Arbeiten in seiner ganzen Breite. Dank dieses Klimas trafen in Florenz Bildhauer, Wissenschaftler, Dichter, Philosophen, Maler, Finanziers und Architekten aufeinander. Sie lernten voneinander und überwanden die Grenzen ihrer Disziplinen und Kulturen. Sie schafften damit eine Welt neuer Ideen, die uns heute als Renaissance bekannt ist.[112]

Aber wir müssen gar nicht in das Florenz des 15. und 16. Jahrhunderts gehen. Auch unsere eigene Epoche enthält Elemente in dieser Richtung. Kulturell-kreative Kompetenz spielt immer häufiger eine Rolle für den wirtschaftlichen Erfolg von Unternehmensgründungen. Karl Vesper beschreibt in seinen Studien, dass die Phase der Konzeptentwicklung vergleichbar ist mit dem künstlerisch-kreativen Prozess:[113]

> Die Entwicklung einer innovativen unternehmerischen Idee
> ist vor allem ein kreativer Prozess,
> ihre Ausarbeitung vergleichbar
> mit einem künstlerisch-gestaltenden Akt.
>
> KARL VESPER

Städte wie New York, Barcelona oder Berlin haben längst eine Wissenschafts- und Kulturszene, die jener Zeit in Florenz in nichts nachsteht. Was den Medicis aber offenbar gelungen ist, war der Brückenschlag. Eine Atmosphäre zu schaffen, in der „über die Schulter zu sehen" zur Einladung wird, statt ängstlich das „Nichtgemeinsame" zu betonen.[114] Einen Ideenraum, in dem *cultural entrepreneurship* entsteht.

Also warten, bis sich eine neue Kultur unternehmerischen Handelns von ganz allein entwickelt? Eine Kultur des Entrepreneurship, die ihre Anstöße auch aus dem kulturellen Bereich einer Gesellschaft bezieht? Von Personen, die sich nicht an Fördertöpfen orientieren, sondern Ideen schmieden und so lange daran arbeiten, dass sie im schumpeterschen Sinne „schöpferische Zerstörung" an einer Ökonomie üben, die sich bei uns mehr an den Errungenschaften der Vergangenheit als an den Anforderungen der Zukunft orientiert. Einer Ökonomie auch, die den meisten Menschen bisher fremd geblieben ist und in der sie keine Chance sahen, aktiv gestaltend zu partizipieren.

Auf eine solche Kultur warten wir vergeblich, solange wir an überholten Vorstellungen kleben und an einem Bild des Gründers festhalten, das eher abschreckt als einlädt. Wir können und müssen Entrepreneurship als offenes, attraktives Feld für eigenständiges, schöpferisches Handeln formulieren.

Business Administration ist wichtig und muss professionell betrieben werden. Aber wir müssen Gründer durch sie entlasten, nicht verscheuchen. Und: Sinnstiftende Ideen und Konzepte kommen nicht (nur) aus der Ökonomie.

> Wirtschaften ist etwas viel zu Wichtiges,
> als dass wir es den Ökonomen
> überlassen sollten.
>
> (Im Original: „Der Krieg ist etwas viel zu Bedeutendes, als dass man ihn
> den Militärs überlassen dürfte." Das Zitat wird Otto von Bismarck zuge-
> schrieben, geht aber wohl auf Talleyrand zurück. Auch der Ökonom Ge-
> org Simmel, bekannt durch seine Geld-Theorie, soll das Zitat in dieser
> Weise gebraucht haben.)

Wie langweilig wäre die Welt der Architektur, wenn es nur
die Statiker gäbe. Neue Konzeptionen, extravagante Entwür-
fe würden nur noch selten vorkommen. Nichts gegen Statiker,
aber unter ihrem Blickwinkel werden ausgefallene Formen
leicht zu Flausen, die es dem Ideengeber wieder auszutreiben
gilt.

Wir dürfen die Welt der Ökonomie nicht den Business
Administratoren, nicht den Verwaltern überlassen. Sie sind,
um in diesem Bild zu bleiben, die Statiker – notwendig, ja
unverzichtbar, aber nicht prädestiniert für Neuentwürfe, Experimentelles, Andersartiges, Provozierendes. Doch genau
diese Qualitäten brauchen wir, wenn auf viele der anstehen-
den Probleme neue, zeitgemäße Antworten gefunden werden
sollen.

Tun wir damit nicht vielen Administratoren Unrecht, die
ihr Bestes geben, um Probleme zukunftsgerecht und verant-
wortungsbewusst zu lösen? Sicherlich. Aber der Punkt, um
den es hier geht, ist folgender: *Verwaltung* als Ordnung-
halten, als Bewältigung von Komplexität bringt bestimmte
Sichtweisen mit sich, die *gerade nicht* innovationsfreudig
sind – deshalb dürfen wir das Neue, Experimentelle, die
avantgardistischen Ideen nicht unbedingt von den Verwaltern
erwarten.

10.5 Bereitet unser Bildungssystem auf Entrepreneurship vor?

In der Realität des Marktes werden Entscheidungen immer unter Unsicherheit getroffen. Schule ist aber ein System von Sicherheit. Der Lernstoff ist vorgegeben, steht in Lehrbüchern; Aufgaben, Lösungswege und Lösungen sind den Lehrern bekannt. Komplexe Wirklichkeit wird didaktisch reduziert und Fächern zugeordnet. Schon das *Setting* des Bildungssystems liegt also quer zu den Anforderungen von Entrepreneurship.

Das gegenwärtige Bildungssystem ist das Problem, nicht die Lösung

Das „Setting" unserer Bildungseinrichtungen ist kontraproduktiv:

- In der Realität sind Entscheidungen unter Unsicherheit zu treffen, nicht in sicherem Rahmen
- Lösungen muß man suchen, nicht vorfinden
- Ökonomische Lebensperspektiven entwickeln, statt Schulfächer lehren
- Entrepreneurship verstehen, angeleitet von Beamten auf Lebenszeit?
- Selbst die PISA-Studie stellt sich nicht der Herausforderung Entrepreneurship

---

Heute sind die Lernprozesse weitgehend verschult, in den Inhalten wie in den Formen. Die Abschlüsse und der Weg dorthin, die Scheine oder *credit points*, zählen. Die Tatsache, dass das Modell der Qualifikation längst nicht mehr stimmt – dass das Bildungssystem weiß und lehrt, welche Qualifikationen im Berufsleben später gefragt sind –, ist bekannt, wird aber im schulischen Alltag beiseitegeschoben.

Erziehen Lehrer Kinder zu kleinen Unternehmern, fördern sie Leidenschaft, das zähe Verfolgen ungewöhnlicher Ideen? Wohl eher nicht. Es würde ablenken vom Lehrstoff, vom zu absolvierenden Pensum, von guten Noten und vielem anderen mehr.

Kommt die Suche nach einer ökonomischen Lebensperspektive in der Schule überhaupt vor? Man kann argumentieren, dass im Stoff der Fächer Bezüge zur späteren Lebenswelt gefunden werden könnten; dass die innere Systematik der Fächer und ihr Aufbau eben nicht immer den aktuellen Bezug zur Lebenssituation erlaubten; dass Schule insgesamt schon irgendwie mit Blick auf die spätere Lebensperspektive funktioniere.

Aber Vorsicht: In aller Regel handelt es sich um die Perspektive, einen Beruf zu finden und auszuüben, und damit um *abhängige* Beschäftigung.

Auf diese Aufgabe konnte sich das Bildungssystem früher beschränken. Es war das Beschäftigungssystem, von dem man erwartete, dass es neue Arbeitsplätze generiere. Es lag also stillschweigend eine Art Arbeitsteilung vor, die dem Bildungssystem die Qualifizierungsaufgabe zuwies und dem Beschäftigungssystem die Rolle, Arbeitsplätze, sortiert nach Berufen, bereitzustellen. Diese Arbeitsteilung funktioniert nicht mehr.

Heute müssen wir an das Bildungssystem die Anforderung stellen, Absolventen in die Lage zu versetzen, ihren eigenen Arbeitsplatz, oder, noch besser, neue Arbeitsplätze durch neue Unternehmen zu kreieren.[115] Hält man sich jedoch das Setting von Schule und die Einstellung vieler Lehrer zum Thema Markt vor Augen, wie auch die Tatsache, dass den meisten Pädagogen die Welt der privatwirtschaftlichen Unternehmen fremd ist, muss man zu dem Schluss kommen, dass das Bildungssystem eher einen Teil des Problems denn dessen Lösung darstellt.

Dabei stünden die Chancen, einen Beitrag zu Entrepreneurship zu leisten, gar nicht schlecht. Immer dort, wo es um Wissen, um Freiräume, um Ideenfindung geht, hat das Bildungssystem grundsätzlich Vorteile gegenüber dem Beschäftigungssystem. Dies gilt vor allem gegenüber dem Berufsalltag, seiner Enge und seinem Zeitdruck. Neue Ideen brauchen Orte, die Offenheit, neue Sichtweisen und Experimente ermöglichen. Die spezifischen Fähigkeiten von Menschen zu erkennen und zu fördern, Eigenheiten zu erkennen und zu akzeptieren, sind eigentlich von jeher Anliegen guter pädagogischer Theorie.

Noch aus einem anderen Grund kommt Entrepreneurship in der Schule selten vor. Nicht wenige Lehrer sagen: *„Wir wollen doch keine kleinen geldgierigen Monster heranziehen."* Ein wenig ist es wie früher in der Klosterschule und später in den Schulen bei uns. Die Sexualität wird ausgeblendet: Wir wollen doch keine sexbesessenen kleinen Monster produzieren. Also das Thema Sex so lange von den unschuldigen Kinderseelen fernhalten wie möglich. Später dann, als diese Position nicht länger haltbar war, weil realistische Pädagogen erkannten, dass die Beschäftigung mit dem Thema sonst unkontrolliert und unter negativen Vorzeichen passiert, erfand man den Aufklärungsunterricht. Der war zunächst eher abschreckend aufgebaut, nicht aus der Gefühls- und Interessenlage der Jugendlichen. Geschlechtskrankheiten wurden dargelegt, lange bevor Aids diesem Thema eine ganz andere Dimension gab.

Man könnte daraus folgern, dass wir einen ökonomischen Aufklärungsunterricht brauchen. Aber nicht einen der Abschreckung, mit der Aussicht auf Buchhaltung, Rechnungswesen und Bilanzen. Sondern eine Schule, die uns die Welt des Geldes und des Marktes nicht vorenthält, auch nicht deren Faszination und Versuchungen. Eine Schule, die in ihren Inhalten wie in ihrem Setting mit den Möglichkeiten für eigenes Entrepreneurship vertraut macht.

Die Neugier für Ökonomie und die Fähigkeit zu unkonventionellem Denken ist vorhanden. Immer vorhanden gewesen. Aber verschüttet durch ein zur Unselbständigkeit erziehendes, auf abhängige Beschäftigung ausgerichtetes Bildungssystem und eine historisch gewachsene und von nicht wenigen Pädagogen gepflegte antiökonomische, antiunternehmerische Haltung.

10.6 Ist der Unternehmensgeist ausgewandert?

Wie steht es um den Unternehmensgeist? Mit dem Auftauchen des „Investors" (anstelle des Unternehmers), der „Industriepolitik" (anstelle der Marktfunktion) und des staatlichen Dopings der „nationalen Champions" (anstelle der Anwendung des Kartellgesetzes) scheint er im Aussterben begriffen. Für die Großen gilt schon länger, dass sie mit dem Druckmittel von Massenentlassungen die staatliche Politik erpressen können. Das böse Wort von „den Gewinnen, die privatisiert, und den Verlusten, die sozialisiert werden" machte so die Runde. Für die Kleinen ist das Risiko nach wie vor hoch – sehr hoch sogar. Die Mehrzahl von ihnen ist fünf Jahre nach der Gründung nicht mehr dabei.

In den großen Konzernen existieren ganze Abteilungen, die mit nichts anderem beschäftigt sind, als Subventionsanträge auszufüllen. Die Programme hierzu stammen aus den Ministerialabteilungen der EU in Brüssel. Ist der Unternehmensgeist aus der Wirtschaft ausgewandert?

Könnte es sein, dass wir bei Greenpeace, Transparency International, Foodwatch und vielen anderen Gruppierungen inzwischen mehr Eigeninitiative und Risikobereitschaft finden als in Teilen von Corporate Germany? Die Vorstellung, die sich immer mehr durchsetzt, dass wir nationale oder EU-Champions brauchen, die der staatlichen Führung und Unterstützung bedürfen, deutet darauf hin. Es sind offenbar, auf sich selbst gestellt, unfitte Gesellen, die erst durch staatliches Doping oder Subventionskrücken fit für den internationalen Wettkampf werden.

Aber ist nicht gerade Deutschland berühmt für seinen unternehmerisch handelnden „Mittelstand"? Namen wie Hasso Plattner, Hans Peter Stihl, Erich Sixt, Heinrich Deichmann, Hermann Kronseder, Heinz Dürr, Götz Werner oder Claus Hipp, um nur wenige zu nennen, fallen einem hierzu sofort ein.

Ja, es gibt herausragende Unternehmerpersönlichkeiten. Aber wie viele sind es? Ein paar Dutzend, ein paar Hundert? Sind sie repräsentativ für das, was wir die deutsche Wirtschaft nennen? Und gehören sie nicht einer schon etwas älteren Generation an, die, was ihre Werte betrifft, im Aussterben begriffen scheint? Menschen, die nicht mit dem Geld, das sie in ihrem Unternehmen verdienen, um sich werfen, keinen extravaganten Konsum zur Schau stellen, sondern das Geld lieber in ihr Unternehmen stecken?

Geister lieben es, so glaubt der Stamm der Lahu in Nordthailand, sich Menschen als Körper zu suchen, aus denen heraus sie dann agieren. Manchem Politiker bei uns muss genau das widerfahren sein. Der Unternehmensgeist ist in ihn geschlüpft, und er redet überzeugt von frischen Ideen, Risikobereitschaft und Gründern, die in Garagen starten. Die Wirklichkeit freilich sieht ganz anders aus.

Den Garagengründungen macht die deutsche Arbeitsstättenverordnung gründlich den Garaus. Nachhaltig. Holger Johnsons Regale und Raumteiler aus leeren Teekisten – einfach, funktional, kostenlos – hatten keine Chance. Abräumen. Ein Gespräch zwischen Gründer und den Beamten der Bezirksverwaltung herbeiführen? Aussichtslos.

Bleiben noch die frischen Ideen. Die Sie bitte mit Krawatte um den Hals und im Anzug Ihrem Banker vortragen. Oder Ihrem Berater, der, meist aus öffentlichen Mitteln finanziert, ohne eigene Gründungserfahrung, die kreativen Seiten Ihres Ideengebildes mit Begeisterung aufnehmen wird. Ab in die Küche der BWL. Dort wird das Gericht zubereitet. Schluss mit den Flausen. Mitleidiges Lächeln für Ihre ausgefallenen Ideen. Wie für einen Kranken, dem der Arzt gut zuredet, doch der Realität ins Auge zu sehen.

In Kontinentaleuropa scheint die politische Überzeugung zu herrschen, dass Entrepreneurship durch Subventionen gefördert werden muss. Es ist nicht leicht nachzuvollziehen, wie mit der verbreiteten Mentalität der Politiker, Entrepreneurship zu *subventionieren*, Unternehmensgeist geweckt werden soll. Denn Unternehmensgeist bedeutet ja im Kern,

Mittel *selbst* zu *erwirtschaften.* Es ist genauso widersinnig, Unternehmensgeist zu subventionieren, wie einen Marathonläufer zur Ausdauer trainieren zu wollen, indem man ihn erst einmal in einer Sänfte trägt. So gewöhnt er sich vielleicht schon an die Entfernung ...

Es sollte uns wirklich neugierig machen, was denn als Ergebnis herauskäme, wenn wir eine unvoreingenommene und ehrliche, wissenschaftlich sorgfältige Evaluation der bisherigen Förderpolitik vornehmen würden.

Zum Subventionsthema ist aus der Wirtschaftsverwaltung zu hören (Originalton): „Wir subventionieren doch alles, dann wenigstens auch die Gründer!" Offenbar, so der Glaube, hebt sich der Sargdeckel nur noch, wenn mit viel Geld gewunken wird.

Wer gleichzeitig betrachtet, welchen bürokratischen Aufwand diese Fördergelder nach sich ziehen, wird erkennen, dass Gründer von ihrer eigentlichen Aufgabe, ein überzeugendes Entrepreneurial Design zu entwickeln, eher abgelenkt werden.

Als die ersten Fördermittel im Bereich Entrepreneurship angeboten wurden, wurde aus der kleinen Zahl von ungefähr acht Berliner Hochschullehrern, die sich seit Jahren mit dem Thema beschäftigt hatten und in ihrem Umfeld erfolgreiche Gründungen vorweisen konnten, plötzlich die überraschend große Zahl von etwa 90. Wir arbeiteten Wochen und Monate an einem großen gemeinsamen Forschungs- und Praxisprojekt, mit hohem Aufwand an Koordination und vielen Kompromissen bei der Konzipierung. Schließlich wurde das Projekt abgelehnt und über Nacht waren wir wieder nur noch acht. Der Spuk war vorüber.

Nicht der Unternehmensgeist muss von Ministerien an die Universitäten herangetragen werden, sondern genau umgekehrt. Wir brauchen eine Kultur des unternehmerischen Denkens und Handelns, das auch unsere Bildungsverwaltung erfasst, sie weitaus experimentierfreudiger, effizienter und weniger hoheitlich arbeiten lässt. Wir müssen das Feld des Unternehmerischen attraktiver machen, weg von der Einübung in verwaltendes Denken und Administration, hin zu den Ideen, Wünschen und Leidenschaften. Wir brauchen eine *culture of entrepreneurship*, aber sie entsteht nicht durch Bürokratie mit der Wurst von Fördermitteln und dem Wust der Richtlinien dazu.

Was wirklich helfen würde: Gründer beim Start von bürokratischen Auflagen freizustellen. Einmal im Leben sollte man Menschen die Chance geben, für eine begrenzte Zeit unternehmerisch zu experimentieren. Würde man den Gründern *ein Jahr Bürokratiefreiheit gewähren*, statt von Garagengründungen zu schwadronieren, wäre schon viel gewonnen.[116]

Die einfache Garagengründung scheitert schon an den Verordnungen für das Mobiliar. Ganz zu schweigen von der richtigen Anordnung sanitärer Anlagen, der Beleuchtung, der Höhe des Treppengeländers und vielen anderen Dingen mehr. Statt an seinem Konzept zu arbeiten, ist der Gründer damit beschäftigt, formale Anforderungen an sein im Entstehen begriffenes Unternehmen zu erfüllen. Es ist nicht nötig, Gesetze außer Kraft zu setzen, sondern es würde genügen, eine Regelung zu finden, die diese bürokratiefreie Zeit auf ein Jahr begrenzt. Dies hätte den Vorteil, dass der Gründer, gerade zu Beginn seiner Gründung, einen größeren Freiraum erhält, an seinem Konzept zu feilen und es weiter zu verbessern.

10.7 Declaration of Independence

Wir haben heute alle Mittel zur Verfügung, um wirtschaftlich selbst etwas zu unternehmen. Wir sind nicht länger abhängig von der Betriebswirtschaftslehre und ihren Lehrgängen, in denen wir uns in formale Techniken einarbeiten sollen. Allan Gibb, herausragende Persönlichkeit der Gründungsforschung in Großbritannien, geht sogar so weit, zu fordern, den Bereich Entrepreneurship gänzlich aus dem, wie er es nennt, *business knowledge context* herauszulösen. Die Bedeutung der intensiven Auseinandersetzung mit einem Konzept sei durch die

Dominanz der betriebswirtschaftlichen Wissensvermittlung an den Rand gedrückt worden. Es sei notwendig, Entrepreneurship aus dieser Ecke herauszuholen und die meist enge Verbindung mit Business Administration aufzugeben, weil dies ein viel zu eingrenzendes Denkmuster sei.[117]

Entrepreneurship muss sich aus der Umklammerung durch die Betriebswirtschaftslehre befreien. Die Stunde der Unabhängigkeit hat geschlagen.

Declaration of Independence

Wir erkennen das Primat der Betriebswirtschaftslehre nicht länger an.

Wir gehen im eigenen Interesse sparsam und vernunftgeleitet mit unseren finanziellen Mitteln um.

Wir verstehen die Betriebswirtschaftslehre als willkommenen Partner, uns bei der Verwirklichung unserer Ziele zur Seite zu stehen.

Unsere Konventionen waren das Hindernis. The enemy was us. Wir standen uns selbst im Weg. Wir lebten in Bildern von gestern und vorgestern und hielten beharrlich daran fest. Das war verständlich, vielleicht sogar liebenswert, aber es blockierte uns unnötig. Heute können wir uns nicht mehr alle Details erarbeiten über die Dinge und Strukturen, mit denen wir arbeiten.

Oder, um es in einem praktischen Bild auszudrücken: Wenn wir mit dem Hammer einen Nagel in die Wand schlagen, müssen wir die Metalllegierung des Hammerkopfes nicht kennen, auch nicht seine Verankerung auf dem Holzstiel. Aber wir sollten Qualitätswerkzeug kaufen, nicht Pfusch, sonst fliegt uns der Hammerkopf um die Ohren. Um Qualität von Pfusch zu unterscheiden, müssen wir keinen Fortbildungskurs über Hammertechnologie besuchen.

Unabhängigkeit heißt nicht, dass man den bisher herrschenden Teil nun völlig negieren oder abwerten würde. Es heißt lediglich, dass man die Beherrschung abstreift, dass man den angemessenen Platz zuweist. Betriebswirtschaftslehre als Partner ja, als dominierende Instanz nein.

11 Aufforderung zum Tanz

Zwei schwedische Ökonomen, Jonas Ridderstråle und Kjell Nordström, gaben ihrem Buch *Funky Business* den Untertitel: *Wie kluge Köpfe das Kapital zum Tanzen bringen.*[118] Ihre zentrale These ist, dass die neuen Champions im Wirtschaftsleben diejenigen sein werden, die Ideen haben, auch wenn sie nicht über Kapital verfügen. Die Verlierer seien die Kapitalisten ohne Ideen.

> Die neuen Champions sind die Ideengeber ohne Kapital.
> Die Verlierer werden die Kapitalisten ohne Ideen sein.
>
> RIDDERSTRÅLE & NORDSTRÖM

Sie glauben, Sie taugten nicht für Entrepreneurship, weil Sie sich für die Welt des Geldes nicht begeistern könnten und Sie auch ein bisschen Idealismus in sich spürten? Sie seien nicht zum Gründer geboren, weil Ihnen die Ellenbogen und das Durchsetzungsvermögen fehlten?

Verbinden Sie Ihren Idealismus, Ihr Engagement für eine bessere Gesellschaft mit der Lust zu einem sparsamen, ideenreichen, kreativen Umgang mit Ressourcen.

Beginnen Sie damit, ein vorhandenes gutes Produkt preiswerter zu machen. Dies ist keine unwichtige Aufgabe. Es ist auch volkswirtschaftlich sinnvoll, für niedrigere Preise einzutreten. Während wir aufgrund der wachsenden Konkurrenz aus Schwellen- und Entwicklungsländern bei unseren Löhnen und Gehältern kaum noch über Steigerungsmöglichkeiten verfügen, haben wir bei unseren im Weltmaßstab hohen Preisen Spielraum nach unten. Auch bei konstanten Löhnen und Gehältern, aber sinkenden Preisen würde unser Wohlstand steigen. Wenn wir die Preise für Lebensmittel und Textilien senken können – und dazu stehen die Chancen gut –, hätte dies auch positive soziale Auswirkungen. Wer nur über ein

geringes Einkommen verfügt, gibt überproportional mehr
Geld für diesen Teil der Lebenshaltungskosten aus.

Wenn Sie sich zum künstlerisch-kreativen Arbeiten hingezogen fühlen: Bleiben Sie dabei! Entrepreneurship ist Kunst.
Es ist die kreative Tätigkeit des Neuentwurfs, die Inspiration
verlangt, Intuition und Einfühlungsvermögen, auch in soziale und gesellschaftliche Zusammenhänge. Wer aber Inspiration und Intuition sucht, braucht Muße, Abstand und jenen
weiten Blick, den die Hektik des Alltags nicht zulässt. Versuchen Sie nicht, Betriebswirtschaftler zu werden. Hören Sie
ihm stattdessen gut zu, wie einem Rechtsanwalt. Er arbeitet
mit Techniken, die Sie zwingend benötigen. Lassen Sie jedoch
nie zu, dass diese Mittel zum Ziel werden – weil Sie das aus
der Erfolgsspur werfen würde. Entdecken Sie Ihre kindliche
Neugier wieder, und lassen Sie sich nicht von konventionellen
Vorstellungen beeindrucken, auch und gerade nicht im Feld
der Ökonomie. Dann haben Sie eine gute Chance, Langwei-
lern und Geschäftshuberei etwas Besseres entgegenzusetzen.
Arbeiten Sie an Ihrem Konzept so lange, bis Sie selbst völlig
überzeugt sind.

Entrepreneurship bietet die Chance, mit unkonventionellen Ideen und Sichtweisen zu arbeiten und gerade damit erfolgreich am Wirtschaftsleben teilzuhaben. Eine solche „Kultur des Unternehmerischen" bezieht bewusst Personen wie
Künstler, Außenseiter oder gesellschaftlich engagierte Menschen ein, die bisher in der Welt der Wirtschaft weder für sich
Handlungschancen sahen noch als Anreger oder Akteure
geeignet erschienen. Unsere Gesellschaft braucht unternehmerische Initiativen, die nicht nur neue Bedürfnisse heraus-
kitzeln, sondern auf vorhandene Probleme mit ökonomischer,
sozialer, aber auch künstlerischer Fantasie antworten.

Ein eigenes Unternehmen zu gründen ist nicht länger etwas völlig Außergewöhnliches, sondern steht viel mehr Menschen offen, als wir uns bisher vorstellen konnten. Aktive
Mitwirkung an der Gestaltung unserer Wirtschaft nicht nur
für wenige? Mitbestimmung der ganz anderen Art? Sein eigenes Unternehmen entwerfen und besitzen?

Drei Schritte sind es, mit denen wir die Landschaft des Unternehmerischen radikal verändern können. Eigentlich sind es nur gedankliche Schritte, neue Sichtachsen auf das Problem, wenn man so will, die uns ermöglichen, das Thema Unternehmensgründung ganz anders anzugehen.

Der erste Schritt besteht darin, zu erkennen, dass gute Konzepte heute wichtiger sind als Kapital.

Der nächste Schritt besteht darin, viel radikaler als bisher Arbeitsteilung auch auf dem Gebiet des Entrepreneurship anzuwenden. Die Vorstellung, dass Entrepreneure in allen Bereichen ihres Unternehmens einschlägig vorgebildet sein müssen, führt zwangsläufig zu ihrer Überforderung.

Der dritte Schritt besteht darin, ein Unternehmen aus Komponenten zusammenzusetzen. Arbeitsteilung und Spezialisierung eröffnen die Möglichkeit, ein Unternehmen fast vollständig aus Komponenten zu bilden. Das neu gegründete Unternehmen arbeitet damit von Anfang an professionell, benötigt viel weniger Kapital, verringert die Risiken und ist weniger anfällig für typische, im Verlauf des Wachstums des Unternehmens auftretende Krisenkonstellationen.

Diese aus den drei Schritten an sich schon völlig neue Situation, in der Unternehmensgründer heute operieren können, lässt sich noch um einen vierten Schritt radikalisieren. In einer Art Super-Entrepreneurship können wir uns darauf spezialisieren, quasi schlüsselfertige Unternehmen anzubieten, die nur noch den Namen und das Logo des neuen Eigentümers bekommen müssen. Damit wird dem Gründer nicht nur die gesamte betriebswirtschaftliche Verwaltung abgenommen; er bekommt auch ein fertiges Gerüst mitgeliefert, das er für eigene Ideen nutzen kann. Es ist ein *stepping stone*, ein Zwischenschritt, zum eigenen Ideenkind. Das Abwerfen des Ballastes der Unternehmensverwaltung räumt den Weg frei, sich auf die Arbeit am Konzept zu konzentrieren. Wo der Künstler Rahmen, Leinwand und Farbe nicht selbst herstellen muss, kann er den eigentlich schöpferischen Akt des Malens in den Mittelpunkt seiner Tätigkeit stellen und alle Kräfte auf dieses Element fokussieren.

> Nichts ist stärker als eine Idee, deren Zeit gekommen ist.
>
> VICTOR HUGO

Es ist eine Unabhängigkeitserklärung, vom Primat und Diktat der Betriebswirtschaftslehre. Markt als Wettbewerb der Ideen. Ökonomie als die schönste aller Künste: Schöpferisches Gestalten, das zu Ort, Zeit und Person passt und eine tragfähige, dauerhafte ökonomische Perspektive eröffnet. Ein Ideen-Kind, das nicht nur der Stolz der Eltern ist, sondern sich für die Gesellschaft nützlich machen kann, weil es die Aufmerksamkeit auf sich zieht durch gute und preiswerte Produkte. Schließlich ein Weg, der Ungleichheiten nicht verschärft, sondern durch breitere Partizipation auf unternehmerischem Wege zu einer gleichmäßigeren Verteilung von Einkommen und Vermögen führen kann.

„Entrepreneurship für viele" ist im Moment noch eine Vision – aber zum Greifen nahe.

Anhang

Jeder kann Entrepreneur werden
Interview mit Professor Muhammad Yunus
(Auszug)[119]

Die ungleiche Verteilung von Einkommen und Vermögen, die immer noch weiter wachsende Kluft zwischen Arm und Reich sind sozialer Sprengstoff in Form einer Zeitbombe, die jederzeit explodieren kann. Die konventionellen Versuche von Umverteilungspolitik, sei es über progressive Steuertarife, über Lohnpolitik, staatliche oder private Hilfsprogramme, erwiesen sich als nicht geeignet oder nicht ausreichend, den Trend zu verstärkter ökonomischer Ungleichheit zu bremsen oder umzukehren.

Yunus, Professor für Ökonomie, hat ein Programm entwickelt, das auf der ganzen Welt Anerkennung findet und in vielen Ländern adaptiert wurde: Die Armen als Unternehmer zu betrachten, sie mithilfe von Kleinstkrediten in die Lage zu versetzen, Micro-Enterprises zu betreiben, und das mit erstaunlichem Erfolg. Dass er für dieses Lebenswerk den *Friedens*nobelpreis bekommen hat, zeigt, dass es um mehr geht als nur die Verbesserung der ökonomischen Lage der Betroffenen. Dauerhafter Frieden entsteht nur, wenn eine wachsende Antwort auf die Kluft in den Einkommens- und Vermögensverhältnissen der Menschen gefunden wird.

Faltin: Als Ökonomen wissen wir, dass die Ursache ungleicher Einkommens- und Vermögensverteilung darin liegt, dass nur wenige unternehmerisch tätig werden. Da fängt das Problem an. Diejenigen, die Unternehmer werden, können Kapital anhäufen, was die anderen nicht können. Der entscheidende Punkt, die Ungleichheit in der Gesellschaft zu ändern, liegt in einer höheren Beteiligung der Menschen an Entrepreneurship …

Yunus: Ganz genau. Mein Eindruck ist, dass alle Menschen geborene Unternehmer sind. Jeder hat die Anlagen dazu. Aber die Gesellschaft ermöglicht es nicht, diese Anlagen auch zu entfalten. Viele Menschen wissen gar nicht, dass sie diese unternehmerischen Fähigkeiten besitzen. Sie denken: „Ich weiß nicht, was ich tun soll. Ich arbeite für jemand anderen, weil ich in mir selbst nichts Brauchbares entdecken kann." Genau an diesem Punkt scheitert die Gesellschaft: Wir sollten die Menschen ermutigen, das Potenzial, das in ihnen steckt, auch wirklich auszuschöpfen. Es ist eine wundervolle Gabe, die wir haben, aber nicht wahrnehmen, und das ist der Grund, warum die Menschen sie auch nicht kennen. Auf diese Weise produzieren wir das Problem der Ungleichheit. Die Menschen sind sich ihrer selbst nicht bewusst. Wenn sie ihre Fähigkeiten wahrnehmen würden, könnten sie damit einen Beitrag zur Gesellschaft leisten.

Faltin: Dies glaubt aber niemand. Sie sagen, dass jeder die Fähigkeiten zum Unternehmer in sich hat, sogar auch jene, die nicht gut ausgebildet sind. Kann denn wirklich jeder Entrepreneur werden?

Yunus: Ja. Auch eine Bettlerin oder ein Bettler aus Bangladesch, Indien oder Afrika hat genauso viel unternehmerisches Potenzial in sich wie jeder andere auf dieser Welt. Sie haben nur niemals erkannt, was tatsächlich in ihnen steckt, weil sie nie ahnten, wozu sie in der Lage sind. Die Gesellschaft hat nie zugelassen, nie ermöglicht, diesen Schatz zu heben. Was unser Potenzial angeht, sind wir alle gleich. Manche Menschen haben ein bisschen von diesem Potenzial entdeckt, andere entdecken es nie.

Faltin: Welche Rolle spielt hier die Bildung? Normalerweise glauben wir, dass das Bildungssystem uns mit den notwendigen Fähigkeiten und Talenten ausstatten sollte …

Yunus: Nicht Bildung allgemein, sondern eine ganz bestimmte Art von Bildung ist wichtig. Manche Bildungsinhalte können eine falsche Denkweise und geistige Haltung fördern. Bildung kann darauf ausgerichtet sein, für eine andere Person zu arbeiten. Dies ist keine gute Bildung, wenn wir Entrepreneurship im Auge haben. Bildung sollte stattdessen darauf zielen, den Menschen Folgendes zu vermitteln: „Du hast die Fähigkeiten, Dinge selbständig anzupacken. Aber wenn es dir gefällt, für jemand anderen zu arbeiten, ist das auch in Ordnung." Bildung sollte die Menschen ermutigen, selbständig zu denken und ihre Talente zu entdecken, statt nur den Weg für eine spätere Anstellung in einem Unternehmen zu ebnen. Man sollte nicht davon abgehalten werden, herauszufinden, dass man Dinge auch völlig anders tun kann. Bildung muss offen sein, damit man sich seiner Möglichkeiten bewusst werden kann. Die Informationstechnologie ist in diesem Zusammenhang bedeutsam. Man muss seinen eigenen Weg finden können, anstatt nur den Lehrbüchern zu folgen, muss über den eigenen Tellerrand hinausgucken können. [...]

Faltin: Die Zeit ist reif dafür, dass wir viel mehr unternehmerisch tätig werden. Welchen Rat geben Sie uns? Wie sollen wir hier bei uns mit diesem Prozess beginnen?

Yunus: Der Anfang findet immer auf persönlicher Ebene statt. Hinzu kommt die Schaffung von Institutionen, Bildungsmöglichkeiten und Websites, an die sich jeder Bürger wenden kann, um folgende Fragen zu stellen: „Was mache ich hier? Könnte ich dies oder jenes tun? Warum verfolge ich diese oder jene Richtung nicht etwas genauer?" Es geht darum, Individuen dazu zu bringen, sich wie solche zu verhalten, sich selbst zu entdecken. Von allen Dingen, die wir tun können, um Unternehmer aus uns zu machen, ist dies das Beste.

—⁓—

Wenn selbst islamische Frauen unter extrem ungünstigen gesellschaftlichen Bedingungen in einem stark unterentwickelten Land erfolgreich zu Entrepreneuren werden können, sollte man erwarten, dass dies bei uns unter den doch viel besseren Voraussetzungen erst recht möglich ist. Nicht nur für die verschwindend geringe Zahl von Menschen, die bisher schon ein Unternehmen gründen, sondern für möglichst viele Menschen.

Anmerkungen

1 Die Auseinandersetzungen, die diese Idee auslöste und die zur Gründung des Unternehmens Projektwerkstatt im Jahre 1985 führten, sind beschrieben in Faltin/Zimmer 1996, S. 184 ff., S. 198 f.

2 Der Gedanke des Social Entrepreneurship ist in Deutschland erst im Entstehen. Dass man unternehmerisch denken und gleichzeitig sozial engagiert sein kann (und dieses Engagement nicht nur als PR-Maßnahme nutzt), ist hierzulande noch ungewohnt. Man wird entweder dem einen oder dem anderen Lager zugerechnet.

3 Vgl. Faltin/Zimmer 1996, S. 161 ff.

4 Vgl. Goebel 1990.

5 Soll sagen: Ohne Finanzierungsanstrengungen, vor allem aber ohne die Betonung der betriebswirtschaftlichen Umsetzung ist nach herrschender Auffassung eine Gründung nicht denkbar. Erst wenn man praktisch das Gegenteil in der Praxis erfolgreich vorführt, hat man eine Chance, dass ein neuer Ansatz auch wahrgenommen wird.

6 Die Agora, das griechische Wort für Marktplatz, war im Athen der Antike der Ort der politischen Diskussion.

7 *Süddeutsche Zeitung*, Online-Ausgabe, 25. Oktober 2006.

8 *Spiegel online*, 2. Dezember 2007.

9 Die kleine Firma „Rapskernoel.info", ebenfalls im Umfeld der Teekampagne entstanden, finden Sie im Kapitel 7.3 „Komponieren Sie Ihr Unternehmen".

10 Die Entstehungsgeschichte des Schweizer Migros ist ausführlich dargelegt in: Faltin/Zimmer 1996. S. 161 ff.

11 Vgl. Gebhardt 1991.

12 Im Folgenden beschrieben nach: *Mission X: Der Kampf um die schwarze Formel.*

13 Auch *Gablers neues Wirtschaftslexikon* räumt ein, dass es für den international längst gängigen Begriff des Entrepreneurship im Deutschen kein Äquivalent gibt.

14 Vgl. Klandt 1999; Blum/Leibbrand 2001; Dowling 2003; Fueglisthaler 2004; eine rühmliche Ausnahme: Malek/Ibach 2004.

15 Für viele: von Collrepp 2004.

16 Dies geschieht in der Regel durch einen sogenannten Businessplan.

17 Vgl. Timmons 1994.

18 Vgl. Bygrave 1994, S. 10 f.; vgl. Ripsas 1997.

19 In der deutschsprachigen Literatur scheint sich der Begriff des Geschäftsmodells durchzusetzen, die wörtliche Übersetzung des amerikanischen „business model" – eine höchst unglückliche Wortschöpfung. Sie reduziert die notwendige Ideenarbeit ausgerechnet auf das Wort „Geschäft", während der Begriff „Modell" nach Theorie klingt, obwohl das Konzept doch gerade an seiner Praxistauglichkeit gemessen werden muss.

20 Institut der Deutschen Wirtschaft, Köln 2006, *Wachstumsfaktor Innovation.*

21 Vgl. Mitchell/Coles 2003, S. 19.
22 Vgl. Goleman 1997.
23 Das deutsche Wort Gestalt ist wie Kindergarten oder Zeitgeist sogar ein international gebräuchlicher Begriff.
24 Vgl. Menger 2006.
25 Die Parallelen von Kunst und unternehmerischem Handeln betont auch Szyperski (2004).
26 Vgl. Jacobsen 2003.
27 Vgl. Goebel 1990.
28 Vgl. Jacobsen 2003, S. 47 ff.
29 Vgl. Gratzon 2004, der beschreibt, wie er sprichwörtlich aus der Hängematte heraus ein erfolgreiches Konzept entwickelte.
30 Siehe etwa das neuerliche Interesse, das Strategieüberlegungen finden, die auf dem Zusammenspiel von Planung und hoher Improvisationsfähigkeit beruhen, wie sie von Strategen wie Scharnhorst oder Gneisenau geführt wurden.
31 Vgl. Jacobsen 2003.
32 Schade, dass Hoof an die Otto-Gruppe verkauft hat. Man wird abwarten müssen, ob die neuen Besitzer das Anliegen des Gründers fortführen.
33 Vgl. Birkenbach 2007.
34 Vgl. Malik 2006, S. 17 ff. und Birkenbach 2007, S. 212 f.
35 Vgl. Malik 2006, S. 36.
36 Führen im Sinne von Vorausdenken, Ziele setzen – was im Englischen der Begriff „Leadership" ausdrückt.
37 Ingvar Kamprad, der Gründer von Ikea, sagt von sich: „Ich bin ein katastrophaler Organisator."
38 Vgl. Timmons 1994.
39 Auch Szyperski (2004) plädiert für eine Trennung. Zu einem guten Unternehmer gehöre ein effizienter Manager.
40 Vgl. Faltin 2001, S. 127 f.
41 Auch Allan Gibb, Doyen der Entrepreneurship-Forschung in Großbritannien, kommt, abweichend von seinen Kollegen, aus seinen langjährigen Erfahrungen zum gleichen Ergebnis. Er fordert, Entrepreneurship aus der Umklammerung durch den „Business Knowledge Context" zu lösen. Vgl. Gibb 2001
42 *Die Zeit*, 16. November 2006, Nr. 47.
43 Roddick 1991, S. 25
44 Solche Diskussionen hatte ich noch aus Deutschland in unguter Erinnerung. An eine Prüfung erinnere ich mich ganz besonders. Ich wollte nach Mosambik. Dort sollte 1976 nach der Ablösung der Portugiesen ein neuer Typ Schule eingerichtet werden, der Theorie und Praxis vor dem Hintergrund enormer ökonomischer Probleme verbinden sollte. Mein Kollege Ludwig Gutschmid und ich boten unsere Hilfe an. Wir hatten bereits ein halbes Jahr Portugiesisch-Kurse hinter uns, nun brauchten wir noch ein Visum. Dieses erhielt man jedoch nur, wenn die Gruppe Akafrik in Bielefeld, ein Solidaritätskomitee für Afrika, dies unterstützte. Ludwig und ich traten an. Wir wurden von einer Erstsemester-Soziologiestudentin der Universität Bielefeld scharf nach

unseren Zielen und unserer Motivation befragt, und obwohl wir uns mit dem Land beschäftigt hatten, gewissenhaft vorbereitet und voller Sympathie für die Anti-Kolonialisten waren, bestanden wir alle beide die ideologische Prüfung nicht. Die Situation in Manila war nicht ganz so dogmatisch, aber in der Sache ähnlich.

45   Übrigens können Sie selbst diesen Service anbieten. Die Technologie, also die gesamte Software und Hardware, einschließlich des Abrechnungssystems, können Sie für deutlich unter 1 000 Euro installieren und damit sogar Skype Konkurrenz machen (www.outbox.de).

46   Wie bekannt, wurde Skype für mehr als 1,8 Milliarden US-Dollar (plus weitere Zuschläge) an eBay verkauft. Mit über 300 Millionen Usern ist Skype momentan das mit Abstand größte Telekomunternehmen der Welt und dies zu Telefongebühren, mit denen die „großen" Gesellschaften überhaupt nicht mithalten können. Natürlich denken wir alle in konventionellen Kategorien und wundern uns im Falle von Skype, wie ein kleines Team in einem so kurzen Zeitraum eine so große Wertsteigerung erzielen konnte. Wenn man Skype aber vom Marktergebnis her betrachtet und an den Bewertungen der eingesessenen Unternehmungen bemisst, überrascht der erzielte Verkaufspreis nicht.

47   Das Bundesministerium für Wirtschaft und Technologie hat im Juni 2009 das Konzept „Gründen mit Komponenten" als eine der vier besten Ideen ausgezeichnet, die Zahl und Qualität nachhaltiger Unternehmensgründungen in Deutschland zu erhöhen.

48   Die folgenden Ausführungen basieren auf einem Universitätsvortrag von Professor Georg Schreyögg zum Thema Entrepreneurship im Sommersemester 2006 an der Freien Universität Berlin.

49   Vgl. Fritsch/Weyh 2006.

50   Vgl. Aldrich/Auster 1986.

51   Greiner 1998, S. 60, zitiert nach einem Vortrag von Professor Schreyögg zum Thema Entrepreneurship im Sommersemester 2006 an der Freien Universität Berlin.

52   Greiner 1998, S. 60, zitiert nach einem Vortrag von Professor Schreyögg zum Thema Entrepreneurship im Sommersemester 2006 an der Freien Universität Berlin.

53   Greiner 1998, S. 62, zitiert nach einem Vortrag von Professor Schreyögg zum Thema Entrepreneurship im Sommersemester 2006 an der Freien Universität Berlin.

54   Bygrave 1994, S. 13.

55   Einen ersten Anlauf in diese Richtung gibt es schon: www.silber-zahnbuerste.de.

56   Selbst im Geburtsland des Venture Capital und der Business Angels, den USA, stammen übrigens gut 70 Prozent der notwendigen Gründungskapitalien von Familienmitgliedern und Freunden.

57   Ich erinnere mich an einen Studenten, der in der Teekampagne arbeitete und für eine Bewerbung die Begutachtung durch einen Hochschullehrer brauchte. Er bat mich, seine (durchaus wertvolle) Mitarbeit in der Teekampagne *nicht* zu nennen. Er sah dies als Karriere schädigend an.

58 Vgl. Suter 2002.
59 Wenn Sie noch mehr Details brauchen: Faltin/Zimmer 1996, S. 102 ff.
60 Vgl. Goleman/Kaufman/Ray: 2002, S. 25.
61 Vgl. Flach 2003.
62 Vgl. Knieß 2006.
63 Das Kaufen und Verkaufen von ausländischen Währungen, Produkten oder Wertpapieren zwischen zwei oder mehr Märkten, um einen direkten Gewinn durch das Ausnutzen von Unterschieden bei den verschiedenen Marktpreisen zu erzielen.
64 Allerdings gibt es im Internet eine Reihe von Beispielen, dass die blitzschnelle Übernahme von in den USA funktionierenden Konzepten, erfolgreich war. Alando/eBay war ein erster solcher Fall.
65 Vgl. Kirzner 1978.
66 Mithilfe eines „Gerätes in einer kleinen Schachtel" konnte laut Juni-Ausgabe 1938 (!) der Zeitschrift *Scientific American* jeder, der ein Radio oder Telefon besaß, über Fax eine Zeitung empfangen (zitiert nach *Die Welt* vom 28. November 1992).
67 Vgl. *The Nation*, 7. August 1995.
68 Vgl. Ripsas/Zumholz/Kolata 2007.
69 Vgl. Timmons 1994, S. 379 ff.
70 Vgl. Timmons/Spinelli/Zacharakis 2004, S. 39.
71 Vgl. Horx 2001, S. 146.
72 Ripsas/Zumholz/Kolata 2007, S. 2.
73 Die Interviews mit den beiden Gründern Hinrichs und Dariani finden Sie unter http://labor.entrepreneurship.de/blog/category/video/.
74 Dies scheint selbst für die Pharmaindustrie zu gelten, die ja von sich behauptet, besonders viel Geld in die Forschung zu stecken. Doppelt so viel Geld wie in die Forschung investierten die Unternehmen ins Marketing, argumentiert Markus Grill in seinem Buch *Kranke Geschäfte* (Grill 2007, S. 15 ff.).
75 Wenn Sie unbedingt ein mission statement haben wollen, laden Sie es sich doch kostenlos bei Dilbert's (nonsense) mission statement generator im Internet herunter.
76 Die „Ökonomie der Aufmerksamkeit" (Franck 1998) ist eine neuere, wissenschaftliche Ausdrucksweise dieser Gedanken. Im Wettkampf um Erfolg am Markt gehe es darum, die Aufmerksamkeit möglichst vieler Adressaten auf sich zu ziehen.
77 Aktenzeichen 19620270.1 des Deutschen Patentamtes. Zusatzanmeldung am 20. Januar 1997, AZ 19753179.2.
78 Vgl. Kawasaki 2004, S. 3.
79 Vgl. a. a. O., S. 5.
80 Vgl. Branson 1999, S. 63.
81 Jacobsen 2003, S. 42.
82 Vgl. a a. O., S. 56.
83 Vgl. Horx 2001.
84 Morgan 1991, S. 292.
85 Vgl. die Dissertation Jacobsen von 2003, S. 54 ff., die praktisch alle

verfügbaren empirischen Studien in ihre Untersuchung einbezogen hat. Vgl. auch Ripsas 1997.

86 Vgl. Jacobsen 2003, S. 72.

87 Vgl. Ripsas 1997.

88 Vgl. Jacobsen 2003, S. 72ff.

89 Vgl. Ripsas 1997.

90 Vgl. Branson: 1999, S. 219.

91 Vgl. Bergmann 2004.

92 Vgl. Reitmeyer 2008 und Heinle 2005.

93 Vgl. Heinle 2005.

94 Vgl. Pinchot 1985. Pinchot hat den Begriff in die Diskussion gebracht. Er beschreibt Angestellte eines Unternehmens, die als Entrepreneurs in eben diesem Unternehmen agieren, obwohl sie lediglich Mitarbeiter sind.

95 Vgl. Faltin 2001, S. 127 f.

96 Vgl. Casson 1990.

97 Vgl. Schumpeter 1993.

98 Wer Schumpeter gelesen hat, den muss es merkwürdig berühren, wenn in den deutschen Medien immer von „den Unternehmern" als einem mehr oder weniger einheitlichen Lager gesprochen wird. „Innovatoren" und „Wirte" haben grundsätzlich verschiedene Interessen.

99 Vgl. Albach/Dahremöller 1986, S. 11.

100 Sloterdijk 2005, S. 110.

101 Wenn es diese Chance nicht gibt, muss man dann über einen geordneten, weil sonst katastrophalen Rückzug nachdenken? Muss man sich gegebenenfalls mit wachsender Massenarbeitslosigkeit, sozialen Unruhen, einem starken Anwachsen von Kriminalität, Prostitution und anderen Begleiterscheinungen von Verarmung abfinden?

102 Vgl. Sternberg/Brixy/Schlapfner 2006, S. 5.

103 Vgl. Franke/Lüthje 2004, S. 38.

104 Vgl. a. a. O., S. 39.

105 Erinnern wir uns an Joseph Schumpeter, der gerade die Unterscheidung zwischen „Invention" and „Innovation" zum Ausgangspunkt seiner Analyse machte.

106 Vielleicht liegt Deutschlands Zukunft auch in der Bewahrung seiner Geschichte, seiner Geisteshaltungen, Kunst, Kultur und Baudenkmäler. Was für Venedig, die Altstadt von Amsterdam oder Paris gilt, gilt im Kleinen für die Stadtkerne vieler traditionsreicher Städte.

107 Die Liste der Beispiele fehlleitender Industriepolitik ließe sich, vor allem was Ostdeutschland angeht, eindrucksvoll verlängern (Lausitz-Ring, Cargolifter, Spandauer Wasserstadt).

108 Auch die Teekampagne oder Ebuero integrieren Hightech in erheblichem Ausmaß in ihre Prozesse. Wenn ein Kunde auf der Website der Teekampagne das „Okay" für seine Bestellung klickt, erledigt die dahinterliegende Software die gesamte Rechnungsstellung, die Buchhaltung und die Lagerhaltung. Beim Versender wird in diesem Moment das Adressenetikett ausgedruckt. Unsere Software programmiert sogar das Lesegerät beim Verpacker. Es liest den Barcode auf der Packung

und vergleicht, ob dieser mit der Bestellung übereinstimmt. Unser Online-Shop und die meisten der dahinterliegenden Prozesse sind also voll automatisiert. Dies ist eine Komponente des Unternehmens, die wir auch anderen Gründern anbieten. Ich nenne diese Details auch deswegen, damit man sich vorstellen kann, wie dies den Aufbau eines eigenen Unternehmens wesentlich vereinfacht und auch viel kostengünstiger macht, als wenn man alle diese Prozesse selbst einrichten und betreiben muss.

109   Vgl. Gryskiewicz 2006 und Johansson 2004.
110   Vgl. Gryskiewicz 2006, S. 21 ff.
111   Vgl. Johansson 2004, S. 2.
112   Vgl. a. a. O., S. 2 f.
113   Vgl. Vesper 1993.
114   Man kann allerdings fragen, ob das Bild der Bankiersfamilie und ihrer Zeit nicht im Rückblick verklärt wird. Die Medicis hatten ja nicht nur Musterknaben und -fräuleins in ihren Reihen.
115   Vgl. Faltin 1998, S. 19.
116   So wie früher das Hauseigentum gefördert wurde: Ein Mal im Leben durfte man Sonderabschreibungen in Anspruch nehmen.
117   Vgl. Gibb 2001.
118   Vgl. Ridderstråle/Nordström 2000.
119   Das englische Original ist erhältlich im Blog von www.entrepreneurship.de. Das Interview wurde am Vision Summit am 4.6.2007 in Berlin aufgenommen.

Literaturverzeichnis

Albach, Horst/Dahremöller, Axel 1986: *Der Beitrag des Mittelstandes bei der Lösung von Beschäftigungsproblemen in der Bundesrepublik Deutschland*. IfM-Materialien Nr. 40, Institut für Mittelstandsforschung, Bonn

Aldrich, H. E./Auster, E. 1986: „Even Dwarfs Started Small: Liabilities of Size and Age and their Strategic Implications". In: *Research in Organizational Behaviour*, Bd. 8, S. 165–198

Ambrosch, Marcus 2010: *Effectuation – Unternehmergeist denkt anders!* Echomedia Verlag, Wien

Bendixen, Peter 2003: *Das verengte Weltbild der Ökonomie. Zeitgemäß Wirtschaften durch kulturelle Kompetenz*. Wissenschaftliche Buchgesellschaft, Darmstadt

Bergmann, Frithjof 2004: *Neue Arbeit, neue Kultur*. Arbor Verlag, Freiamt im Schwarzwald

Birkenbach, Katja 2007: *„Form follows Function" als ein Gestaltungsprinzip für das Geschäftsmodell eines Entrepreneurs*. Dissertation, Manuskript, Berlin

Blum, Ulrich/Leibbrand, Frank 2001: *Entrepreneurship und Unternehmertum. Denkstrukturen für eine neue Zeit*. Gabler Verlag, Wiesbaden

Branson, Richard 1999: *Business ist wie Rock 'n' Roll: die Autobiographie des Virgin-Gründers*. Campus Verlag, Frankfurt am Main/New York

Bygrave, William D. 1994: „The Entrepreneurial Process". In: Bygrave, William D.: *The Portable MBA in Entrepreneurship*. Wiley, Hoboken, NJ

Casson, Marc (Hrsg.) 1990: *Entrepreneurship*. E. Elgar Pub., Brookfield, Vt.

Chan, Kim W./Mauborgne, Renée 2005: *Der Blaue Ozean als Strategie. Wie man neue Märkte schafft, wo es keine Konkurrenz gibt*. Carl Hanser Verlag, München

Collrepp, Friedrich v. 2004: *Handbuch Existenzgründung: Für die ersten Schritte in die dauerhaft erfolgreiche Selbständigkeit*. 4. Aufl., Schäffer-Poeschel Verlag, Stuttgart

Curtis, Lee J. 1999: *Lloyd Loom. Wohnen mit klassischen Korbmöbeln*. Mosaik Verlag, München

Dees, J. Gregory 2001: *The Meaning of "Social Entrepreneurship"*. Kauffman Centre for Entrepreneurial Leadership, Stanford

Dowling, Michael 2003: *Gründungsmanagement*. 2. Aufl., Springer Verlag, Berlin

Drucker, Peter F. 1985: *Innovation and Entrepreneurship*. HarperCollins, New York

Faltin, Günter 1987: „Bildung und Einkommenserzielung. Das Defizit: Unternehmerische Qualifikation". In: Axt, Heinz-Jürgen (Hrsg.): *Ausbildungs- und Beschäftigungskrise in der Dritten Welt*. Verlag für Interkulturelle Kommunikation, Frankfurt am Main

Faltin, Günter 1998: „Das Netz weiter werfen – Für eine neue Kultur unternehmerischen Handelns". In: Faltin, Günter/Ripsas, Sven/Zimmer,

Jürgen (Hrsg.): *Entrepreneurship. Wie aus Ideen Unternehmen werden*. C.H. Beck, München

Faltin, Günter 2001: „Creating a Culture of Innovative Entrepreneurship". In: *Journal of International Business and Economy*, Vol. 2, No. 1, S. 123–140

Faltin, Günter 2005: „Für eine Kultur des Unternehmerischen". In: Bucher, Anton/Lauermann, Karin/Walcher, Elisabeth: *Leistung – Lust & Last*. Obv & Hpt, Wien

Faltin, Günter 2007: *Erfolgreich gründen. Der Unternehmer als Künstler und Komponist*. Deutscher Industrie- und Handelskammertag, Berlin

Faltin, Günter/Zimmer, Jürgen 1996: *Reichtum von unten. Die neuen Chancen der Kleinen*. 2. Aufl., Aufbau Verlag, Berlin

Ferriss, Timothy 2007: *The 4-Hour Workweek*. Crown Publishers, New York

Fink, Klaus 2008: *Entrepreneurship. Theorie und Fallstudien zu Gründungs-, Wachstums- und KMU-Management*. facultas.wuv, Wien

Flach, Frederick F. 2003: *In der Krise kommt die Kraft*. Herder Verlag, Freiburg

Fleischmann, Fritz: *Entrepreneurship as emancipation: The history of an idea*. http://labor.entrepreneurship.de/tiki-index.php?page=Ressourcen

Franke, Nikolaus/Lüthje, Christian 2004: „Entrepreneurship und Innovation". In: Achleitner, Ann-Kristin et al. (Hrsg.): *Jahrbuch Entrepreneurship 2003/2004*. Springer-Verlag, Berlin

Friebe, Holm/Lobo Sascha 2006: *Wir nennen es Arbeit*. Heyne Verlag, München

Fritsch, Michael/Weyh, Antje 2006: „How Large are the Direct Employment Effects of New Businesses? – An Empirical Investigation". In: *Small Business Economics*, 27, S. 245-260

Fueglisthaler, Urs 2004: *Entrepreneurship*. Gabler Verlag, Wiesbaden

Gamper, Karl 2005: *So schön kann Wirtschaft sein*. J. Kamphausen Verlag, Bielefeld

Gamper, Jwala und Karl 2007: *Es ist alles gesagt. Jetzt braucht es Beispiele*. edition.gamper.com

Gebhardt, Eike 1991: *Abschied von der Autorität. Die Manager der Postmoderne*. Gabler Verlag, Wiesbaden

Gibb, Allan 1999:„Can we build effective Entrepreneurship through Management Development?" In: *Journal of General Management*, Vol. 24, No. 4

Gibb, Allan 2001:„Creative, Condusive Environments for Learning an Entrepreneurship. Living with, Dealing with, Creating and Enjoying Uncertainty and Complexity". Address to the Conference of the entrepreneurship Forum, Naples

Godin, Seth 2004:*Free Prize Inside!*. Penguin Group, New York

Goebel, Peter 1990: *Erfolgreiche Jungunternehmer*. Moderne Verlagsgesellschaft, München

Goleman, Daniel 1997: *Emotionale Intelligenz*. Deutscher Taschenbuch Verlag, München (Original: *Emotional Intelligence. Why it can matter more than IG*. Bantam Books, New York 1995)

Goleman, Daniel/Kaufman, Paul/Ray, Michael 2002: *Kreativität entdecken*. Carl Hanser Verlag, München

Gratzon, Fred 2004: *The Lazy Way To Success*. J. Kamphausen Verlag, Bielefeld

Greiner, Larry E. 1998: Commentary and Revision of HBR Classic, "Evolution and Revolution as Organizations Grow", *Harvard Business Review* 76 (3/1998), S. 55–68, Commentary "Revolution is still inevitable", S. 64–65

Grill, Markus 2007: *Kranke Geschäfte. Wie die Pharmaindustrie uns manipuliert*. Rowohlt, Reinbek bei Hamburg

Gryskiewicz, Stanley 2006: *Positive Turbulence, Developing Climates for Creativity, Innovation and Renewal*. Center for Creative Leadership, Greensboro, N.C.

Heinle, Thomas 2005: *Finde deinen Job*. Goldmann, München

Hemer, Joachim/Berteit, Herbert/Walter, Gerd/Göthner, Maximilian 2006: *Erfolgsfaktoren für Unternehmensausgründungen aus der Wissenschaft*. Studien zum deutschen Innovations system Nr. 05-2006, Herausgeber: BMBF, Berlin

Hansen, Klaus P. 1992: *Die Mentalität des Erwerbs: Erfolgsphilosophien amerikanischer Unternehmer*. Campus Verlag, Frankfurt am Main/New York

Hinterhuber Hans H. 1992: *Strategische Unternehmensführung*. De Gruyter, Berlin/New York

Horx, Matthias 2001: *Smart Capitalism*. Eichborn Verlag, Frankfurt am Main

Horx, Matthias 2005: *Wie wir leben werden. Unsere Zukunft beginnt jetzt*. Campus Verlag, Frankfurt am Main

Institut der Deutschen Wirtschaft 2006: *Wachstumsfaktor Innovation*. Köln

Jacobsen, Liv Kirsten 2003: *Bestimmungsfaktoren für Erfolg im Entrepreneurship – Entwicklung eines umfassenden Modells*. Dissertation im Fachbereich Erziehungswissenschaft und Psychologie der Freien Universität Berlin, Berlin

Jarvis, Jeff 2009: *Was würde Google tun? Wie man von den Erfolgsstrategien des Internet-Giganten profitiert*. Heyne, München

Johansson, Frans 2004: *The Medici Effect. Breakthrough insights at the intersection of ideas, concepts, and cultures*. Harvard Business School Press, Boston, Mass.

Kawasaki, Guy 2004: *The Art of The Start*. Penguin, New York

Kirzner, Israel M. 1978: *Competition and Entrepreneurship*. University of Chicago Press

Klandt, Heinz 1999: *Gründungsmanagement: Der integrierte Unternehmensplan*. Oldenbourg Verlag, München/Wien

Knieß, Michael 2006: *Kreativitätstechniken. Möglichkeiten und Übungen*. Beck in dtv, München

Kollmann, Tobias (Hrsg.): *Gabler Kompakt-Lexikon Unternehmensgründung 2005*. Gabler, Wiesbaden

Kulicke, Marianne/Görisch, Jens/Stahlecker, Thomas 2005: *Erfahrungen aus EXIST – Querschau über die einzelnen Projekte*. Fraunhofer-Institut für Systemtechnik und Innovationsforschung, Karlsruhe

Malek, Miroslaw/Ibach, Peter K. 2004: *Entrepreneurship: Prinzipien, Ideen und Geschäftsmodelle zur Unternehmensgründung im Informationszeitalter*. dpunkt.verlag, Heidelberg

Malik, Fredmund 2006: *Führen. Leisten. Leben*. 10. Auflage, Campus Verlag, Frankfurt am Main/New York

May, Matthew E./Kawasaki, Guy 2009: *In Pursuit of Elegance: Why the Best Ideas Have Something Missing*, Random House, New York

Mellewigt, T./Witt, P. 2002: „Die Bedeutung des Vorgründungsprozesses für die Evolution von Unternehmen: Stand der empirischen Forschung". In: *Zeitschrift für Betriebswirtschaft* 72, S. 81–110

Menger, Pierre-Michel 2006: *Kunst und Brot. Die Metamorphosen des Arbeitnehmers*. UvK Verlagsgesellschaft, Konstanz

Mitchell, Donald/Coles, Carol 2003: "The ultimate competitive advantage of continuing business model innovation", *The Journal of Business Strategy*, Vol. 24, S. 15–21

Moog, Petra 2005: *Good Practice in der Entrepreneurship-Ausbildung – Versuch eines internationalen Vergleichs*. Studie für den FGF, Bonn

Morgan, Gareth 1991: „Emerging Waves and Challenges: The Need for New Competencies and Mindsets". In: Henry, J. (Hrsg.): *Creative Management*. Sage Publications, London/Newbury Park/New Delhi

Opoczynski, Michael 2005: *ZDF WISO Ratgeber Existenzgründung: Business Plan/Finanzierung und Rechtsform /Steuern und Versicherungen/ Checklisten und Adressen*. Redline Wirtschaft, Frankfurt am Main

Osterwalder, Alexander 2004: *The Business Model Ontology. A Proposition in a Design Science Approach*. Dissertation, vorgelegt in der Ecole des Hautes Etudes Commerciales de l'Université de Lausanne

Osterwalder, Alexander/Pigneur, Yves 2010: *Business Model Generation*, o. V.

Pinchot, Gifford 1985: *Intrapreneuring. Why you don't have to leave the corporation to become an entrepreneur*. Harper & Row, New York

Reitmeyer, Dieter (mit Peter Spiegel) 2008: *Unternimm Dein Leben. Als Lebensunternehmer zu neuem Erfolg*. Carl Hanser Verlag, München

Ridderstråle, Jonas/Nordström, Kjell A. 2000: *Funky Business. Wie kluge Köpfe das Kapital zum Tanzen bringen*. Financial Times Prentice Hall, München

Ripsas, Sven 1997: *Entrepreneurship als ökonomischer Prozeß: Perspektiven zur Förderung unternehmerischen Handelns*. Deutscher Universitäts-Verlag, Wiesbaden

Ripsas, Sven/Zumholz, Holger/Kolata, Christian 2007: „Strategische Planungsqualität, formale Businessplanung und Unternehmenserfolg – eine empirische Untersuchung der Gewinner von Businessplan-Wettbewerben". Beitrag zum FGF-Forum, Aachen

Roddick, Anita 1991: *Body and Soul: Erfolgsrezept Öko-Ethik*. Econ Verlag, Düsseldorf/Wien/New York/Moskau

Röpke, Jochen 2002: *Der lernende Unternehmer: zur Evolution und Konstruktion unternehmerischer Kompetenz.* Mafex-Publikationen, Marburg

Rubin, Ron/Stuart, Avery G. 2001: *Success at Life: How to Catch and Live Your Dream.* New Market Press, New York

Sarasvathy, Saras D. 2009: *Effectuation: Elements of Entrepreneurial Expertise* (New Horizons in Entrepreneurship), Edward Elgar Publishing Ltd., Cheltenham

Schumpeter, Joseph 1993: *Theorie der wirtschaftlichen Entwicklung.* 8., unveränderter Abdruck der 4. Auflage (1934), Duncker und Humblot, Berlin

Sloterdijk, Peter 2005: *Im Weltinnenraum des Kapitals.* Suhrkamp Verlag, Frankfurt am Main

Soto, Hernando de 1992: *Marktwirtschaft von unten. Die unsichtbare Revolution in Entwicklungsländern.* Orell Füssli, Zürich

Soto, Hernando de 2003: *The Mystery of Capital: Why Capitalism Triumphs in the West and Fails Everywhere Else.* Basic Books, New York

Spiegel, Peter 2007: *Muhammad Yunus – Banker der Armen.* Herder Verlag, Freiburg im Breisgau

Stähler, Patrick 2002: *Geschäftsmodelle in der digitalen Ökonomie: Merkmale, Strategien und Auswirkungen.* Electronic Commerce, Bd. 7. Josef Eul Verlag, Köln

Sternberg, Rolf/Brixy, Udo/Schlapfner, Jan-Florian 2006: *Länderbericht Deutschland 2005.* Global Entrepreneurship Monitor, Hannover/Nürnberg

Suter, Martin 2002: *Business Class. Geschichten aus der Welt des Managements.* Diogenes Verlag, Zürich

Szyperski, Norbert 2004: „Künstler und Unternehmer. Was können Wissenschaftler von ihnen lernen?“ In: *DBW Editorial* 04/2004

Timmons, Jeffry 1994: *New Venture Creation. Entrepreneurship for the 21st Century.* 4. Auflage, Irwin, Boston

Timmons, Jeffry/Spinelli, Steven/Zacharakis, Andrew 2004: *Business plans that work.* McGraw-Hill Professional, New York

Vesper, Karl 1993: *New Venture Mechanics.* Prentice Hall, Englewood Cliffs, N.J.

Volkmann, Christine K./Tokarski, Kim Oliver 2006: *Entrepreneurship. Gründung und Wachstum von jungen Unternehmen.* Lucius & Lucius, Stuttgart

Witt, Peter 2005: *Stand und offene Fragen der Gründungsforschung.* Studie für das Bundesministerium für Bildung und Forschung (BMBF), Vallendar

ZDF/FWU Institut für Film und Bild in Wissenschaft und Unterricht 2004/2005: *Mission X: Der Kampf um die schwarze Formel.* Mainz

Der Autor

Günter Faltin ist Professor für Entrepreneurship an der Freien Universität Berlin. Bereits 1985 gründete er die Projektwerkstatt GmbH mit der Idee der Teekampagne. Er erhielt Einladungen zu Gastprofessuren, wissenschaftlichen Vortragsreihen und Workshops in mehr als 20 Ländern, unter anderem in den USA, Kanada, Mexiko, Brasilien, Japan und Südkorea. 1997 wurde ihm der Award der Price-Babson-Foundation, Boston, «for Bringing Entrepreneurial Vitality to Academe» verliehen. Als „Pionier des Entrepreneurship-Gedankens in Deutschland" zeichnete ihn der Bundespräsident 2010 mit dem Bundesverdienstkreuz aus.

Seit Mitte der 90er-Jahre ist die Teekampagne Marktführer im Teeversandhandel in Deutschland und der größte einzelne Importeur von Darjeeling-Tee in der Welt.

Faltin ist Business Angel und Coach von Start-Ups, darunter der EBUERO, der RATIODRINK und der Plattform DIREKT ZUR KANZLERIN.

Er ist Initiator und Sponsor des Wiederaufforstungsprojekts des World Wide Fund for Nature (WWF) für Darjeeling/Indien. 2001 errichtete er die „Stiftung Entrepreneurship".

Faltin tritt für eine Kultur des Unternehmerischen ein, die über betriebswirtschaftliches Denken hinausgeht und sich öffnet für konzept-kreative Gründungen.

Ausgewählte Veröffentlichungen

„Bildung und Einkommenserzielung. Das Defizit: Unternehmerische Qualifikationen".
In: Axt, Heinz-Jürgen (Hrsg.): *Ausbildungs- und Beschäftigungskrise in der Dritten Welt*. Verlag für Interkulturelle Kommunikation, Frankfurt am Main 1987

„The University and Entrepreneurship".
In: Ghawami, Kambiz (Hrsg.): *Education in Transition*. World University Service, Wiesbaden 1992

Reichtum von unten. (mit J. Zimmer)
2. Auflage, Aufbau Verlag, Berlin 1996

Entrepreneurship. Wie aus Ideen Unternehmen werden. (Mitherausgeber
S. Ripsas und J. Zimmer)
C.H. Beck, München 1998

„Competencies for Innovative Entrepreneurship".
In: *Adult Learning and the Future of Work*. UNESCO Institute for
Education, Hamburg 1999

„Creating a Culture of Innovative Entrepreneurship"
In: *Journal of International Business and Economy*, Vol. 2, No. 1, 2001

„Von der Kunst, ein Unternehmer zu sein".
In: Gratzon, F.: *The Lazy Way to Success*. J. Kamphausen, Bielefeld 2004.

„Für eine Kultur des Unternehmerischen – Entrepreneurship als Qualifi-
kation der Zukunft".
In: Bucher, Anton/Lauermann, Karin/Walcher, Elisabeth: *Leistung – Lust
& Last*. Obv & Hpt, Wien 2005

Erfolgreich gründen. Der Unternehmer als Künstler und Komponist.
Deutscher Industrie- und Handelskammertag, Berlin 2007

„Unternehmerische Kompetenzen für die Zukunft".
In: Bertelsmann Stiftung (Hrsg.): *Generation Unternehmer? Youth
Entrepreneurship Education in Deutschland*. Verlag Bertelsmann Stiftung,
Gütersloh 2009.

Dank

Ein Buch zu schreiben hat viel mit Entrepreneurship zu tun. Am Beginn steht eine erste Idee: dass dem Thema Unternehmensgründung als aktive Teilnahme am Wirtschaftsgeschehen eine zentrale gesellschaftliche Bedeutung zukommt, dass es aber anders angegangen werden muss, als es bisher geschieht. An der Universität wachsen Ideen durch Lehre und Forschung, bei einer Unternehmensgründung aber vor allem durch Praxis – eine Veranstaltung, bei der man leicht seine Reputation wie auch sein eigenes Vermögen verliert. Ich erinnere mich an einen wohlmeinenden Kollegen, der mir dringend abriet, ein Unternehmen zu gründen: ein Hochschullehrer tauge dafür einfach nicht.

Mein besonderer Dank gilt den langjährigen Kollegen, Wegbegleitern und Diskussionspartnern. Allen voran Fritz Fleischmann für die vielen Gespräche über die gesellschaftspolitische Bedeutung des Themas, als folgerichtige „zweite Stufe der Aufklärung"; Sven Ripsas für das gemeinsame Ringen um den Brückenschlag zwischen Betriebswirtschaftslehre und Entrepreneurship, um den Wert von Businessplan-Wettbewerben und um den Begriff der Konzept-kreativen Gründungen; Dietrich Winterhager für die Geduld und Nachsicht bei meiner Kritik an der eigenen Fachdisziplin; Frithjof Bergmann für Kontakt und Einsicht in modernste Technologie wie den Fabrikator; Jürgen Zimmer für unvergessliche hautnahe Erlebnisse, nicht nur mit dem Abenteuer-Restaurant; Otto Herz für heftige Diskussionen, ob unser Bildungssystem zu Entrepreneurship beiträgt oder nicht; Stephan Reimertz für wertvolle Hinweise aus der Welt der Kunst und der Geschichte; Peter Spiegel, Kurt Hammer, Ullrich Boehm, Hartmut Frech und Hans Luther für die verständige und ausdauernde Unterstützung.

Die Umstände fügten es, dass ich rasch Gesprächspartner fand, die das Thema aus internationaler Sicht kannten und mich ermutigten, wie Miroslaw Malek (HU Berlin), Jeffry Timmons, William Bygrave (beide Babson College), Allan

Gibb (Durham), Howard Stevenson (Harvard), Eric van Hippel (MIT), Seri Phongphit (Chulalongkorn). Ich hatte das Glück, Ivan Illich zu erleben (der mich darauf aufmerksam machte, dass Aristoteles den gemeinen Betrug, die Prostitution und den Handel als Todsünden bezeichnete); mit Hernando de Soto in Kontakt zu stehen oder einen Workshop zusammen mit Muhammad Yunus durchzuführen und später in Bangladesch Micro-Entrepreneurship vor Ort zu erleben.

Viele meiner Freunde und Kollegen haben den Fortgang der Überlegungen mit Verständnis und Sympathie begleitet. Ich danke Walter Dürr, Günther Seliger, Volker Trommsdorf, Hans Georg Gemünden, Prof. Ann-Kristin Achleitner, Heinz Klandt, Prof. Ulrich Braukmann, Prof. Reza Asghari, Georg Schreyögg, Dieter Puchta, Helge Löbler, Andreas Gebhardt, Eberhard Wagemann, Matthias Horx, Liv Kirsten Jacobsen, Katrin Fischer, Dieter Kleiber, Gerd Hoff, Dieter Geulen, Gerhard Huhn, Peter Goebel, Maritta Koch-Weser, Johanna Richter, Ralf Fücks, Holm Friebe, George White, Gunter Pauli, Wolfgang Sachs, Harry Hermanns, Mike Schluroff, Klaus Heymann, Eike Gebhardt, Peter Schweizer, Johannes Lindner, Hannes Offenbacher, Markus Strauch, Patrik Varadinek, Dorothea Kress, Utz Paul Karpenstein, Winfried Kretschmer, David Krahlisch, Udo Blum, Alf Ammon, Franz Dullinger, Stefan Becker, Ulrike Becker, Marie-Therese Albert, Angelika Krüger und Christine Lipp-Peetz für ihre konstruktive Kritik.

Den Gründern in meinem Umfeld danke ich die Herausforderung, die im Buch beschriebenen Prinzipien einem Härtetest auszusetzen; vor allem Holger Johnson, der das Prinzip „Funktion statt Konvention" eindrucksvoll mit seinem Ebuero bestätigt; sowie Rafael Kugel mit RatioDrink, Conrad Bölicke, Thomas Fuhlrott, Max Senges, Thorsten Alles, Thomas Klamroth, Thomas Wachsmuth, Viktoria Trosien, Caveh Valipour Zonooz, Katja Birkenbach, Christian Fenner, Nils Dreyer, Thomas Straßburg und Stefan Arndt mit ihren eigenen Unternehmen.

Stellvertretend für alle, die im Labor für Entrepreneurship ihre Ideen mit mir diskutierten und dabei halfen, den Blick auf das Wesentliche zu lenken, seien Lars Hinrichs, Lukasz Gadowski, David Diallo, Michel Aloui, Hans Reitz, Jeannette Griesel, Ron Hillmann, Michael Silberberger und Ehssan Dariani genannt.

Und da ist natürlich das Unternehmen Projektwerkstatt, mit dem alles begann: Mein besonderer Dank geht hier an meine langjährigen Mitstreiter Peter Lange, Thomas Räuchle, Verena Heinrich, Shanti, Kathrin Gassert, sowie an Florian Komm, Jaroslaw Leszczynski, Verena Bischoff, Bozena Schymankiewitz, Simon Jochim und die Freunde und Geschäftspartner der Projektwerkstatt: Helga Breuninger, Markus Hipp, Klaus Weidner, Leo Pröstler, Penelope Roßkopf, Alexander Wolf, Karl und Jwala Gamper, Karl Hacker, Helmut Spanner, Ashok Lohia, Ajay Kichlu, Anshuman Kanoria, Ashok Sengupta, Sujoy Srimal. Dank auch an Impulsgeber wie Gabi van Dyk, Thomas Heinle, Hans Wall, Werner Wiesner, Johannes Dinnebier, Jana Dreikhausen, Otto Ulrich, die Partner vom Innovationscampus Wolfsburg, stellvertretend hierfür Oliver Syring, Margarete Hoffmann und Maren Leinweber, die Kollegen von der Charité-Stiftung Stefan Gutzeit und Friederike Hoffmann sowie die Initiatoren vom Network for Teaching Entrepreneurship, Stephen Brenninkmeijer, Ferdinand Schneider, Kyra Prehn, Connie und Wolf-Dieter Hasenclever.

Besonders nachdrücklich möchte ich meiner Assistentin Barbara Hoppe danken, die mit außergewöhnlichem Engagement bei der Entstehung des Manuskripts mitgewirkt hat; bei vielen Formulierungen fand ich in Stefanie Haric eine inspirierende Unterstützung. Gudrun Fabian und Nipawan Mandalay haben mich in der Endphase des Manuskripts mit Geduld und Verständnis begleitet. Und nicht zuletzt danke ich Martin Janik, der mich mit Nachsicht durch die Klippen der Verlagsprozedur lenkte.

P.S. Wenn Sie glauben, dass Sie schon zu alt seien zum Gründen, sprechen Sie mit unserem „jüngsten" Gründer, Bernhard Heising, 79 Jahre alt. (Gründen hält Sie jung!)

Für Ihre nächsten Schritte auf dem Weg zum eigenen Unternehmen:

Nutzen Sie unsere Texte, die Interviews mit Gründern und das Online-Training des Entrepreneurship Campus.

Die Teilnahme ist kostenlos.
Der Campus wurde eigens für die individuellen Arbeitsprozesse der einzelnen Teilnehmer entwickelt. Er soll Ihnen helfen, Ihr eigenes Entrepreneurial Design systematisch zu erarbeiten.

Sie finden uns unter
www.entrepreneurship.de.

Schicken Sie eine leere E-Mail mit dem Betreff „Mehr Gründer braucht das Land" an
faltin@kopfschlaegtkapital.com,
damit ich Sie über die laufenden Angebote der Stiftung Entrepreneurship informieren kann.

KARL-HEINZ PAQUÉ

Vollbeschäftigt

Das neue deutsche Jobwunder

280 Seiten; ISBN 978-3-446-43211-6, auch als E-Book erhältlich

Die Finanz- und Wirtschaftskrise führte in Deutschland zum stärksten Einbruch der Produktion seit der Weltwirtschaftskrise 1930-32. Doch gleichzeitig war der Einbruch auf dem Arbeitsmarkt weit schwächer und kürzer, als alle Experten vermutet hatten. Inzwischen erreicht die Arbeitslosenquote – und zwar in West und Ost – das niedrigste Niveau seit 1990. Das ist sensationell.

Karl-Heinz Paqué zeigt in seinem neuen Buch: Dieser historische Tiefstand der Arbeitslosigkeit ist kein vorübergehendes Phänomen. Die demographischen Veränderungen in Deutschland sorgen für einen grundlegenden Wandel, der jetzt bereits zügig und kraftvoll einsetzt und schon in den nächsten Jahren die Wirtschaft radikal verändern wird. Nicht die Unternehmen werden im Arbeitsmarkt von morgen am längeren Hebel sitzen, sondern die Arbeitnehmer. Das wird auf lange Sicht so bleiben – und wer sich jetzt darauf einstellt, kann davon profitieren.

HANS-WERNER SINN

Die Target-Falle

Gefahren für unser Geld und unsere Kinder

418 Seiten; ISBN 978-3-446-43353-3, auch als E-Book erhältlich

Im Januar 2002 wurde der Euro mit großen Hoffnungen eingeführt – heute, nur zehn Jahre später, stehen wir vor einem Scherbenhaufen: Was als großes europäisches Friedensprojekt begann, hat zu Streit und Unfrieden geführt, der nur durch den tiefen Griff in das Sparkonto der Deutschen im Zaum gehalten wird. Die Länder des Südens haben über ihre Verhältnisse gelebt und hohe Außenschulden aufgebaut. Griechenland, Irland und Portugal sind eigentlich schon lange pleite. Doch die Notenbanken dieser Länder bedienen sich einfach der Notenpresse, um die Finanzprobleme der Wirtschaft zu lösen und den Lebensunterhalt der Bevölkerung weiter zu bestreiten. Ungehemmt ziehen sie mit Billigung der EZB unsere Ersparnisse aus dem Kassenautomaten, den sie mit dem Beitritt des Euro bei sich aufstellen durften. Um sie davon abzuhalten, bleibt uns nichts anderes übrig, als ihnen nun auch noch Geld über die offiziellen Rettungsschirme zuzuleiten. Deutschland sitzt in der Falle.